电工电子技术实验及课程设计

邓海琴　张志立　张明霞　顾亭亭　编著

清华大学出版社
北京

内 容 简 介

本书分为上、下两篇，共8章。上篇为“电工电子技术实验基础”，介绍了常用电子元器件的基础知识、常用电工仪表及电子仪器的使用方法、实验技术基本知识与安全用电的常识；下篇为“电工电子技术实验及课程设计”，介绍了电工技术实验、电子技术实验、综合设计性实验及课程设计。

本书实验内容安排由浅入深，由验证性实验过渡到综合性、设计性实验及课程设计，旨在逐步提高学生的实际动手能力与理论联系实践的能力。本书可作为应用型本科院校机电、车辆和民航等非电类专业的实验实践教材，也可供相关领域的工程技术人员参考。

版权所有，侵权必究。举报：010-62782989，beiqinquan@tup.tsinghua.edu.cn。

图书在版编目(CIP)数据

电工电子技术实验及课程设计/邓海琴等编著. —北京：清华大学出版社，2021.9
ISBN 978-7-302-58309-7

Ⅰ. ①电… Ⅱ. ①邓… Ⅲ. ①电工技术－实验－高等学校－教材 ②电子技术－实验－高等学校－教材 ③电工技术－课程设计－高等学校－教材 ④电子技术－课程设计－高等学校－教材 Ⅳ. ①TM ②TN

中国版本图书馆 CIP 数据核字(2021)第 103006 号

责任编辑：王　欣　赵从棉
封面设计：常雪影
责任校对：赵丽敏
责任印制：丛怀宇

出版发行：清华大学出版社
网　　址：http://www.tup.com.cn，http://www.wqbook.com
地　　址：北京清华大学学研大厦 A 座　　**邮　　编**：100084
社 总 机：010-62770175　　**邮　　购**：010-62786544
投稿与读者服务：010-62776969，c-service@tup.tsinghua.edu.cn
质量反馈：010-62772015，zhiliang@tup.tsinghua.edu.cn
印 装 者：三河市科茂嘉荣印务有限公司
经　　销：全国新华书店
开　　本：185mm×260mm　　**印　　张**：14　　**字　　数**：341 千字
版　　次：2021 年 9 月第 1 版　　**印　　次**：2021 年 9 月第 1 次印刷
定　　价：48.00 元

产品编号：092317-01

前 言

本书是根据教育部电工电子基础课程教学指导分委员会对电工技术、电子技术课程教学的基本要求，结合“电工基础”“电工学”“电工电子技术基础”等课程的教学实验要求，以培养高级应用型人才为目标，精心编写的一本实用的实验及课程设计指导书，可作为机电类、车辆类、管理类以及相近专业本、专科学生的实验与课程设计教材，也可作为学生电子竞赛、毕业设计的参考资料，还可供有关工程技术人员参考。

该书有以下特色：

(1) 知识覆盖面广，包含电工电子实验必备的基础知识、电工电子技术课程的基础性实验、设计应用性实验以及课程设计实例等内容；

(2) 理论与实践并重，在内容的安排上不仅注重实验原理的阐述，同时注重对学生基础实验技能的训练以及综合性和设计性实验能力的培养；

(3) 在实验流程上，增加预习要求，引导学生在动手实验前有针对性地查阅资料、提前学习，提高学生在实验教学过程中的自主学习能力与主体地位；

(4) 注重将新的计算机技术引入教学中，介绍了一种广泛使用的仿真软件(Multisim)，结合实验实例简明扼要地介绍了该软件的使用方法。

全书分为上、下两篇和5个附录。上篇为电工电子技术实验基础，下篇是电工电子技术实验及课程设计，附录分别为实验箱相关介绍及常用数字集成电路的引脚排列。上篇包括第1～4章，系统地介绍了电工电子技术常用元器件的基础知识、常用电工电子仪器仪表的使用方法与注意事项、电工电子实验的实验数据处理、实验报告撰写要求等内容，以及安全用电常识与实验室安全用电须知。下篇为电工电子技术实验及课程设计，包括第5～8章。其中第5、6章为电工电子技术实验，包括11个电工技术实验与8个电子技术实验，每个实验均提出了预习要求，重点阐述了各实验的目的、原理、任务、注意事项以及报告要求、思考题等内容。第7章对Multisim软件的使用方法进行了简单介绍，并给出4个仿真实验。第8章介绍了电子电路的设计、安装与调试方法，并给出了4个综合、设计性实验与4个课程设计实例。书中编写的实验与课程设计实例丰富，使用时可根据教学时数及需要灵活选用。

本书由邓海琴、张志立、张明霞、顾亭亭、鲍宁宁、戴丽佼、李红霞共同编写。前言、第2章、6.5节～6.8节、8.1节、8.2节、8.10节、附录由邓海琴编写。第1章、6.1节～6.4节、第7章、8.3节～8.6节由张志立编写。第3章、5.1节～5.8节由顾亭亭编写。第4章、5.9节～5.11节由张明霞编写。8.7节由鲍宁宁编写。8.8节由戴丽佼编写。8.9节由李红霞编写。全书由邓海琴统稿。

本书的编写参考了大量近年出版的相关技术资料与教材，参照了南京航空航天大学电工电子实验中心相关实验内容，在此向他们深表谢意。清华大学出版社的王欣、赵从棉编辑为本书的出版做了大量的工作，在此一并表示感谢。

由于编者水平有限，书中难免存在错误与不足之处，恳请读者批评指正。

编　者

2021 年 4 月

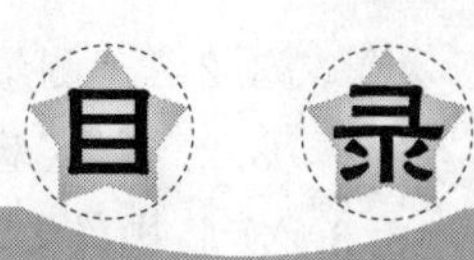

上篇　电工电子技术实验基础

上篇　电工电子技术实验基础

常用电子元器件基础知识

电子电路都是由各类电子元器件组成的，常用的元器件有电阻、电容、电感和各种半导体器件(如二极管、三极管、集成电路等)。为了能正确地选择和使用这些元器件，就必须掌握它们的性能、结构与主要参数性能等相关知识。

1.1 电阻、电容和电感

1.1.1 常用电阻

1. 电阻的分类

电阻是电路元件中应用最广泛的一种，在电子设备中约占元件总数的30%以上，其质量的好坏对电路工作的稳定性有极大影响。它的主要用途是稳定和调节电路中的电流和电压，其次还作为分流器、分压器和负载使用。

电阻按结构可分为固定式和可变式两大类。固定式电阻一般称为"电阻"，常用电阻外形及符号如图1-1所示。由于制作材料和工艺不同，电阻可分为膜式电阻、实心电阻、金属线绕电阻(RX)、特殊电阻四种类型。

可变式电阻分为滑线式变阻和电位器。其中应用最广泛的是电位器。电位器是一种具有三个接头的可变电阻，其阻值可在一定范围内连续可调。常用电位器外形及符号如图1-2所示。

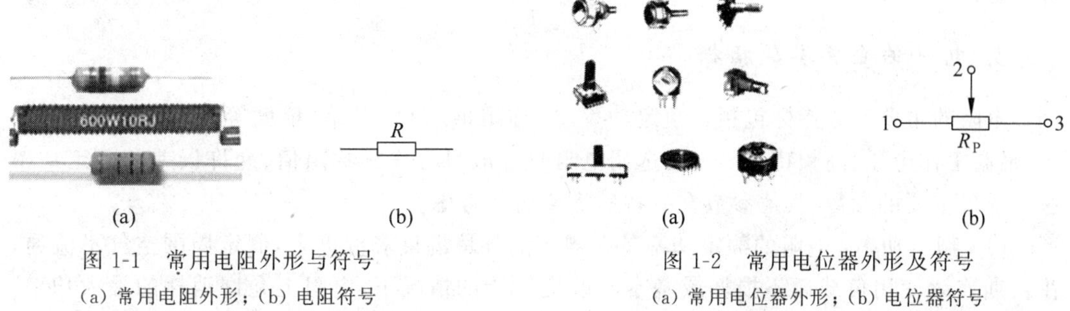

图1-1 常用电阻外形与符号
(a) 常用电阻外形；(b) 电阻符号

图1-2 常用电位器外形及符号
(a) 常用电位器外形；(b) 电位器符号

2. 电阻的型号命名

电阻的型号命名如表1-1所示。

表 1-1 电阻的型号命名法

第一部分		第二部分		第三部分		第四部分
用字母表示主称		用字母表示材料		用数字或字母表示特征		用数字表示序号
符号	意义	符号	意义	符号	意义	
R	电阻	T	碳膜	1,2	普通	包括额定功率、阻值、允许误差、精度等级
RP	电位器	P	硼碳膜	3	超高频	
		U	硅碳膜	4	高阻	
		C	沉积膜	5	高温	
		H	合成膜	7	精密	
		I	玻璃釉膜	8	电阻—高压	
		J	金属膜(箔)		电位器—特殊函数	
		Y	氧化膜	9	特殊	
		S	有机实心	G	高功率	
		N	无机实心	T	可调	
		X	线绕	X	小型	
		R	热敏	L	测量用	
		G	光敏	W	微调	
		M	压敏	D	多圈	

例如：RJ71-0.25-10KI 型电阻的命名含义如图 1-3 所示。

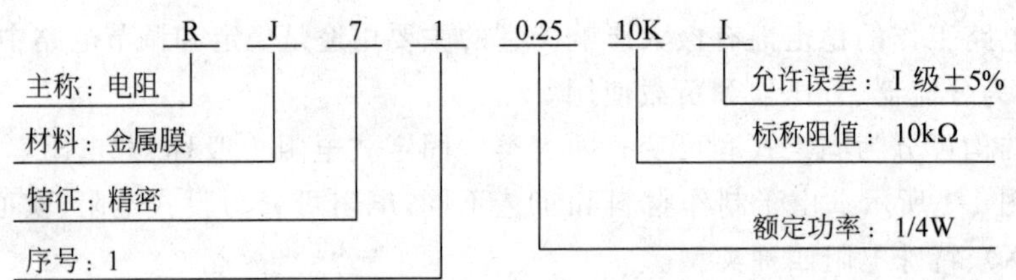

图 1-3 RJ71-0.25-10KI 型电阻的命名含义

由图 1-3 可知，这是精密金属膜电阻，其额定功率为 1/4W，标称阻值为 10kΩ，允许误差为±5%。

3. 电阻的主要参数指标

电阻的主要参数指标包括：额定功率、标称阻值、允许误差(精度等级)、温度系数、噪声、最高工作电压、高频特性等。在选用电阻时一般只考虑标称阻值、允许误差和额定功率这三项最主要的参数，其他参数在有特殊需要时才考虑。

(1) 额定功率：电阻的额定功率是在规定的环境温度和湿度下，假定周围空气不流通，在长期连续使用负载而不损坏或基本不改变性能的情况下，电阻上允许消耗的最大功率。当超过额定功率时，电阻的阻值将发生变化，甚至发热烧毁。为保证安全使用，一般选用额定功率比它在电路中消耗的功率高 1～2 倍。

额定功率分 19 个等级，常用的有 1/8W、1/4W、1/2W、1W、2W、4W……。在电路图中，非线绕电阻额定功率的符号表示法如图 1-4 所示。

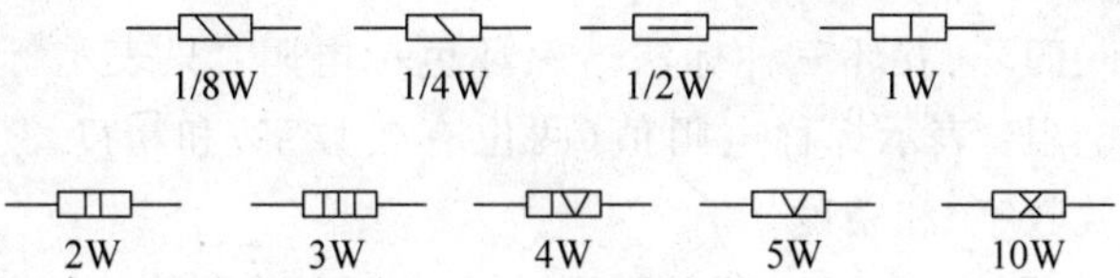

1/8W　1/4W　1/2W　1W

2W　3W　4W　5W　10W

图 1-4　额定功率的符号表示法

(2) 标称阻值：标称阻值是产品标志的“名义”阻值，其单位为欧姆(Ω)，千欧(kΩ)，兆欧(MΩ)。标称阻值系列如表 1-2 所示。

任何固定电阻的阻值都应符合表 1-2 所列数值乘以 $10^n\Omega$，其中 n 为整数。

表 1-2　标称阻值系列

系列代号	允许误差/%	标称阻值系列
E6	±20	1.0　1.5　2.2　3.3　4.7　6.8
E12	±10	1.0　1.2　1.5　1.8　2.2　2.7　3.3　3.9　4.7　5.6　6.8　8.2
E24	±5	1.0　1.1　1.2　1.3　1.5　1.6　1.8　2.0　2.2　2.4　2.7　3.0　3.3　3.6 3.9　4.3　4.7　5.1　5.6　6.2　6.8　7.5　8.2　9.1

(3) 允许误差：允许误差是指电阻和电位器的实际阻值相对于标称阻值的最大允许偏差范围。它表示产品的精度。允许误差等级如表 1-3 所示。线绕电位器的允许误差一般小于±10%，非线绕电位器的允许误差一般小于±20%。

表 1-3　允许误差等级

级别	005	01	02	Ⅰ	Ⅱ	Ⅲ
允许误差/%	±0.5	±1	±2	±5	±10	±20

电阻的阻值和误差，一般都用数字标印在电阻上，但字体很小。一些合成电阻，其阻值和误差常用色环来表示。也就是用不同颜色的色环在电阻的表面标志出其最主要的参数的标记，色标所代表的意义如表 1-4 所示。

表 1-4　色标所代表的意义

色环颜色	有效数字	乘数	允许误差/%	工作电压/V
银色	—	10^{-2}	±10	—
金色	—	10^{-1}	±5	—
黑色	0	10^{0}	—	4
棕色	1	10^{1}	±1	6.3
红色	2	10^{2}	±2	10
橙色	3	10^{3}	—	16
黄色	4	10^{4}	—	25
绿色	5	10^{5}	±0.5	32
蓝色	6	10^{6}	±0.2	40
紫色	7	10^{7}	±0.1	50
灰色	8	10^{8}	—	63
白色	9	10^{9}	+5～−20	—
无色	—	—	±20	—

* 此表也适用于电容，其工作电压的颜色标记只适用于电解电容，同时色点应在正极。

色环电阻有三环、四环、五环三种标法。三环色标电阻：只表示标称电阻值(精度均为±20%)。四环色标电阻：表示标称电阻值(两位有效数字)和精度。五环色标电阻：表示标称电阻值(三位有效数字)和精度。

电阻色环的含义如图1-5所示，靠电阻引出端最近的色环为第一环。如：有一个三环电阻，其色环为棕、红、红，则此电阻的阻值为1200Ω，误差为±20%。如有一个五环电阻，其色环为棕、紫、绿、金、棕，则此电阻的标称阻值为17.5Ω，允许误差为±1%。为区分五环电阻的色环顺序，第五色环的宽度比另外四环要大。

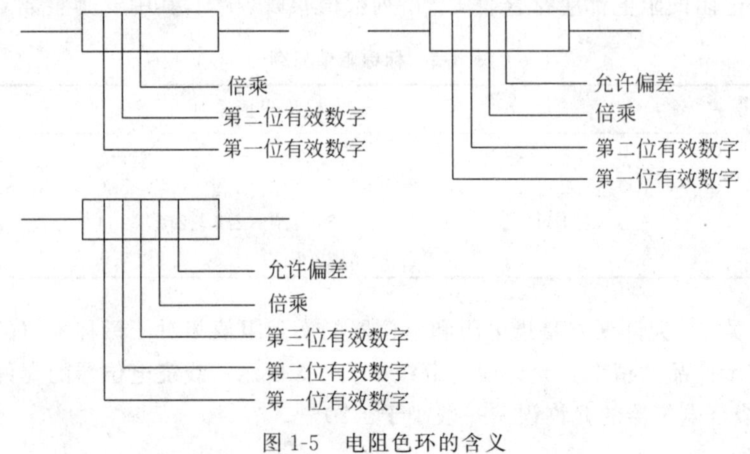

图1-5　电阻色环的含义

在读取色环电阻的阻值时应注意以下几点：①熟记表1-4中色数对应关系。②找出色环电阻的第一环，其方法有：色环靠近引出端最近的一环为第一环，四环电阻多以金、银色作为误差环，五环电阻多以棕色作为误差环。③色环电阻标记不清或个人辨色能力差时，只能用万用表测量。

例如，已知某四色环电阻的第一、二、三、四道色环分别为绿、棕、红、金色，则该电阻的阻值和误差分别为：

$$R=(5\times 10+1)\times 10^2\,\Omega=5.1\text{k}\Omega \quad 误差为\pm 5\%$$

数码法是用三位数码表示电阻的标称值。数码从左到右，前两位为有效数字，第三位是指有效数字后零的个数，即表示在前两位有效数字后所加零的个数，单位为“Ω”。例如：152表示在15后面加2个“0”，即1500Ω=1.5kΩ。此种方法在贴片电阻中使用较多。

(4) 最高工作电压：最高工作电压是由电阻、电位器最大电流密度、电阻体击穿及其结构等因素所规定的工作电压限度。对阻值较大的电阻，当工作电压过高时，虽功率不超过规定值，但内部会发生电弧火花放电，导致电阻变质损坏。一般1/8W碳膜电阻或金属膜电阻，最高工作电压分别不能超过150V或200V。

4. 电阻的测试方法

测量电阻的方法很多，可用欧姆表、电阻电桥和数字欧姆表直接测量，也可根据欧姆定律 $R=U/I$，通过测量流过电阻的电流 I 及电阻上的压降 U 来间接测量电阻值。

当测量精度要求较高时，可采用电阻电桥来测量电阻。电阻电桥有单臂电桥(惠斯通电桥)和双臂电桥(开尔文电桥)两种。这里不作详细介绍。

当测量精度要求不高时，可直接用欧姆表测量电阻。现以MF-47型指针式万用表为例，介绍测量电阻的方法。首先将万用表的功能选择挡位开关置Ω挡，量程选择合适挡位。将两根测试笔短接，表头指针应在刻度线零点；若不在零点，则要调节“Ω”旋钮（零欧姆调整电位器）回零。调回零后即可把被测电阻接于两根测试笔之间，此时表头指针偏转，待稳定后可从刻度线上直接读出所示数值，再乘上事先所选择的量程，即可得到被测电阻的阻值。此外，每换一量程挡，必须再次短接测试笔，重新调零。

特别要指出的是，测大阻值电阻，不能用手捏着电阻引线，防止人体电阻与被测电阻并联，测量不准。测小阻值电阻，要将引线刮干净，保证表笔与电阻引线的良好接触。

5. 电阻选择常识

(1) 根据电子设备的技术指标和电路的具体要求选用电阻的型号和误差等级。

(2) 使用时要注意电阻所承受的功率是否合适，防止其受热损坏，要求额定功率比承受功率大1.5～2倍。

(3) 电阻装配前应进行测量、核对，尤其是在精密电子仪器设备装配时，还需经人工老化处理，以提高稳定性。

(4) 在装配电子仪器时，若选用非色环电阻，则应将电阻标称值标志朝上，且标志顺序一致，以便于观察。

(5) 焊接电阻时，烙铁停留时间不宜过长。

(6) 电阻种类繁多，性能各不相同，应用范围有很大区别。在耐热性、稳定性、可靠性要求较高的电路中，应选用金属膜或金属氧化膜电阻；在要求功率大、耐热性好、工作频率不高的电路中，可选用线绕电阻。

(7) 电路中阻值不满足实际需要时，可采用串、并联的方法。串联或者并联时，应考虑其额定功率。阻值相同的电阻串或并联，额定功率等于各个电阻额定功率之和；阻值不同的电阻串联时，额定功率取决于高阻值电阻；阻值不同的电阻并联时，额定功率取决于低阻值电阻，且需计算方可应用。

1.1.2 常用电容

1. 电容的分类

电容是电子电路中常用的元件，它是由两个金属电极，中间夹一层电介质构成。电容是储能元件。电容在电路中具有隔断直流、通过交流的特性，通常可完成滤波、旁路、级间耦合以及与电阻或电感组成振荡回路等功能。电容的种类可按以下两种情况进行分类。

(1) 按其结构可分为三种：①固定电容：电容量是固定不可调的。图1-6所示为几种固定电容的外形和电路符号。②半可变电容（微调电容）：电容容量可在小范围内变化，其可变容量为几至几十pF，最高达100pF（以陶瓷为介质时），适用于整机调整后电容量不需经常改变的场合。通常以空气、云母或陶瓷作为介质。其外形和电路符号如图1-7所示。③可变电容：电容容量可在一定范围内连续变化。常有“单联”“双联”之分，它们由若干片状相同的金属片拼接成一组定片和一组动片，其外形及符号如图1-8所示。动片可以通过转轴转动，以改变动片插入定片的面积，从而改变电容量。

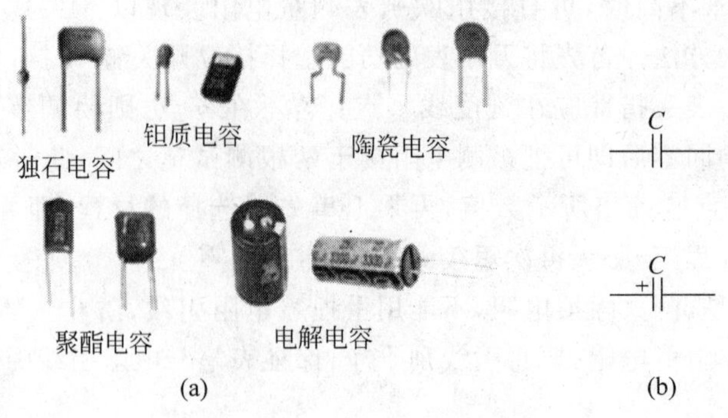

图 1-6 固定电容的外形及符号

(a) 固定电容的外形；(b) 固定电容的符号

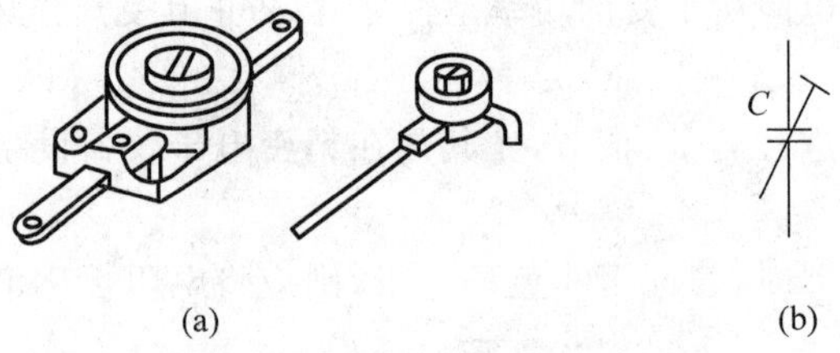

图 1-7 半可变电容(微调电容)的外形及符号

(a) 微调电容外形；(b) 微调电容符号

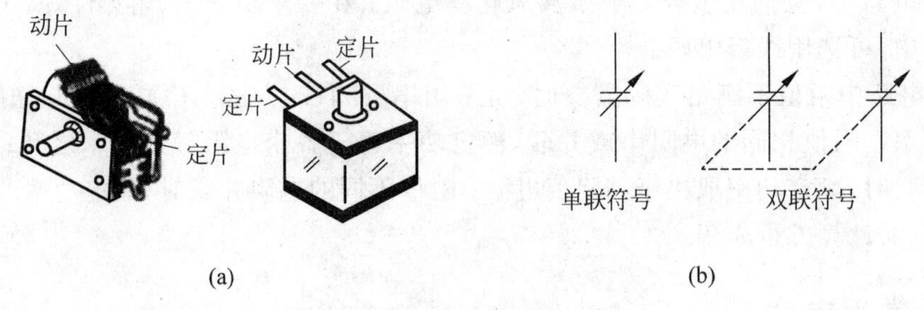

图 1-8 可变电容的外形及符号

(a) 可变电容外形；(b) 可变电容符号

(2) 按电容介质材料可分为以下几种：①云母电容：以云母片作介质的电容。其特点是高频性能稳定、损耗小、漏电流小、耐压高(几百伏到几千伏)，但容量小(几十皮法到几十千皮法)。②瓷介电容：以高介电常数、低损耗的陶瓷材料为介质，故体积小、损耗小、温度系数小，可工作在超高频范围，但耐压较低(一般为 60～70V)，容量较小(一般为 1～1000pF)。为克服容量小的缺点，现在采用了铁电陶瓷和独石电容。它们的容量分别可达 680pF～0.047μF 和 0.01μF 至几微法，但其温度系数大、损耗大、容量误差大。③玻璃釉电容：以玻璃釉做介质，它具有瓷介电容的优点，且体积比同容量的瓷介电容小。其容量范围为 4.7pF～4μF。另外，其介电常数在很宽的频率范围内保持不变，还可应用到 125℃高温下。④电解电容：以铝、钽、铌、钛等金属氧化膜作介质的电容。应用最广的是铝电解电容。它容量大、体积小、耐压高(耐压越高，体积越大)，一般在 500V 以下，常用于交流旁路和滤波；缺点是容量误差大，且随频率而变动，绝缘电阻低。注意：电解电容有正、负之分，一般来说，其外壳上都标有“＋”“－”记号，如无标记则引线长的为“＋”端，引线短的为“－”端，使用时必须注意不要接反。⑤纸介电容：纸介电容的电极用铝箔或锡箔做成，绝缘介质是浸蜡的纸，相叠后卷成圆柱体，外包防潮物质，有时外壳采用密封的铁壳以提高防潮性。大容量的电容常在铁壳里灌满电容油或变压器油，以提高耐压强度，被称为油浸纸介电容。纸介电容的优点是在一定体积内可以得到较大的电容量，且结构简单，价格低廉。但介质损耗大，稳定性不高，主要用于低频电路的旁路和隔直电容，其容量一般为 100pF～10μF。⑥有机薄膜电容：用聚苯乙烯、聚四氟乙烯或涤纶等有机薄膜代替纸介质，做成的各种电容。与纸介电容比，它的优点是体积小、耐压高、损耗小、绝缘电阻大、稳定性好，但温度系数大。

2. 电容的型号命名法

电容的型号命名法如表 1-5 所示。

表 1-5　电容的型号命名法

第一部分		第二部分		第三部分		第四部分
用字母表示主称		用字母表示材料		用字母表示特征		用字母或数字表示序号
符号	意义	符号	意义	符号	意义	
C	电容	C	瓷介	T	铁电	包括品种、尺寸代号、温度特性、直流工作电压、标称值、允许误差、标准代号
		I	玻璃釉	W	微调	
		O	玻璃膜	J	金属化	
		Y	云母	X	小型	
		V	云母纸	S	独石	
		Z	纸介	D	低压	
		J	金属化纸	M	密封	
		B	聚苯乙烯	Y	高压	
		F	聚四氟乙烯	C	穿心式	
		L	涤纶(聚酯)			
		S	聚碳酸酯			
		Q	漆膜			
		H	纸膜复合			
		D	铝电解			
		A	钽电解			
		G	金属电解			
		N	铌电解			
		T	钛电解			
		M	压敏			
		E	其他材料电解			

例如：CJX-250-0.33-±5%电容的命名含义如图 1-9 所示。

3. 电容的主要性能指标

(1) 标称电容量：是标志在电容上的“名义”电容量。常用单位是：法(F)、微法(μF)和

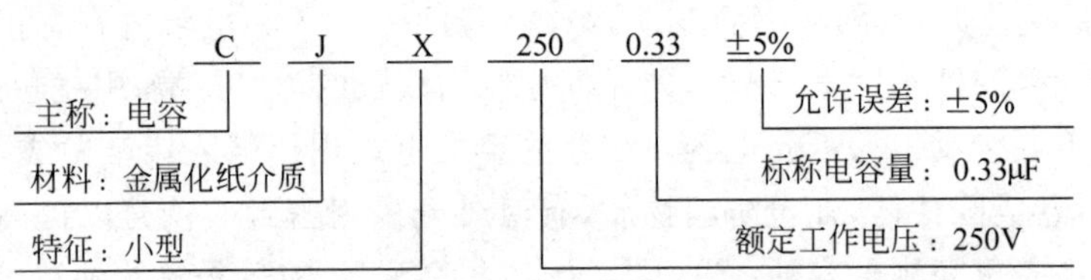

图 1-9 CJX-250-0.33-±5%电容的命名含义

皮法(pF)。它们三者的关系为

$$1\text{pF}=10^{-6}\mu\text{F}=10^{-12}\text{F}$$

电容上一般都直接写出其容量，但也有的是用数字来标志电容量。例如，有的电容上只标出“105”三位数值，左起两位数字给出电容量的第一、二位有效数字，而第三位数字则表示附加零的个数，以“pF”为单位。因此，“105”表示的电容量大小为 10×10^5 pF=1μF。

(2) 允许误差：允许误差是实际电容量相对于标称电容量的最大允许偏差范围。固定电容的允许误差分 8 级，如表 1-6 所示。

表 1-6 固定电容的允许误差等级

级别	01	02	Ⅰ	Ⅱ	Ⅲ	Ⅳ	Ⅴ	Ⅵ
允许误差/%	±1	±2	±5	±10	±20	20～－30	50～－20	100～－10

(3) 额定工作电压：是电容在规定的工作温度范围内，长期、可靠地工作所能承受的最大直流电压或最大交流电压的有效值或脉冲电压的峰值。常用固定电容的直流工作电压系列为：6.3V、10V、16V、25V、40V、63V、100V、250V 和 400V。

(4) 绝缘电阻：由于电容两极之间的介质不是绝对的绝缘体，它的电阻不是无限大，而是一个有限的数值，电容两极之间的电阻叫作绝缘电阻，大小是加在电容上的直流电压与通过它的漏电流的比值。绝缘电阻越小，漏电越严重。电容漏电会引起能量损耗，这种损耗不仅影响电容的寿命，而且会影响电路的工作情况。因此，绝缘电阻越大越好。绝缘电阻一般应在 5000MΩ 以上，优质电容的绝缘电阻可达 TΩ(10^{12}Ω，即太欧)级。

(5) 介质损耗：理想的电容应没有能量损耗。但实际上电容在电场的作用下，总有一部分电能转换成为热能，所损耗的能量称为电容损耗。通常用损耗功率和电容的无功功率之比，即损耗角的正切值表示：

$$\tan\delta=\frac{\text{损耗功率}}{\text{无功功率}}$$

在同容量、同工作条件下，损耗角越大，电容的损耗也越大。损耗角大的电容不适于高频情况下工作。

4. 电容的性能测试

通常采用指针式万用表的欧姆挡就可以简单地测量出电解电容的优劣情况，粗略地辨别其漏电、容量衰减或失效的情况。具体方法是：选用“R×1k”或“R×100”挡，将黑表笔接电容的正极，红表笔接电容的负极。①若表针摆动大，且返回慢，返回位置接近∞，说明该电容正常，且电容量大；②若表针摆动大，但返回时，表针显示的 Ω 值较小，说明该电容漏电流较大；③若表针摆动很大，接近于0Ω，且不返回，说明该电容已击穿；④若表针不摆动，则说明该电容已开路，失效。

该方法也适用于辨别其他类型的电容，但如果电容容量较小时，应选择万用表的"R×1k"挡测量。此外，如果需要对电容再一次测量时，必须将其放电后方能进行。

5. 电容使用常识

(1) 电容在装配前应进行测量，看其是否短路、断路或漏电严重，并在装入电路时，使电容的标志易于观察，且标志顺序一致。

(2) 电路中，电容两端的电压不能超过电容本身的工作电压。装配电解电容时一定要注意"＋""－"极不能接反。

(3) 当现有电容与电路要求的容量或耐压参数不合适时，可以采用串联或并联的方法来满足电路要求。当两个工作电压不同的电容并联时，耐压值取决于低的电容；当两个电容量不同的电容串联时，容量小的电容所承受的电压高于容量大的电容。

(4) 技术要求不同的电路，应选用不同类型的电容。例如，谐振回路中需要介质损耗小的电容，应选用高频陶瓷电容(CC型)；隔直、耦合电容可选用纸介、涤纶、电解等电容；低频滤波电路一般选用电解电容，旁路电容可选涤纶、纸介、陶瓷和电解电容。

1.1.3 常用电感

1. 电感的分类

电感是依据电磁感应原理制成，一般由导线绕制而成。在电路中具有通直流电、阻止交流电通过的能力。它广泛应用于调谐、振荡、滤波、耦合、均衡、延迟、匹配、补偿等电路。

通常为了增加电感的电感量 L，提高品质因数 Q 和减小体积，会在线圈中加入软磁性材料的磁芯。根据电感的电感量是否可调，电感分为固定、可调和微调电感。常用电感的符号如图1-10所示。

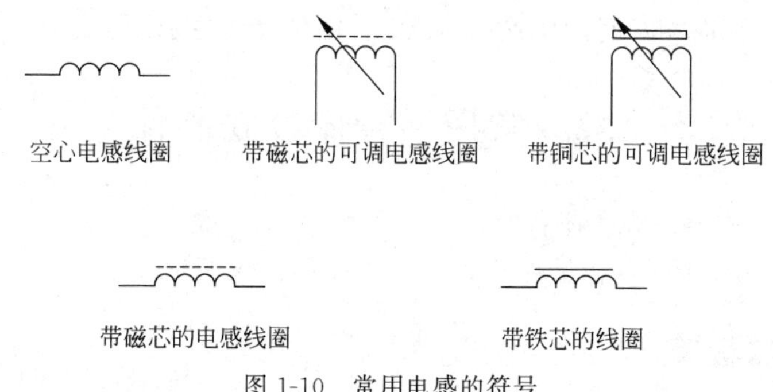

图1-10　常用电感的符号

可变电感的电感量可利用磁芯在线圈内移动而在较大的范围内调节。它与固定电容配合应用于谐振电路中起调谐作用。微调电感可以满足整机调试的需要和补偿电感生产中的分散性，一次调好后，一般不再变动。

按结构特点可分为单层线圈、多层线圈、蜂房线圈、带磁芯线圈、可变电感线圈以及低频扼流圈。各种电感线圈都具有不同的特点和用途，但它们都是用漆包线、纱包线、裸铜线绕在绝缘骨架上或铁芯上构成，而且每圈之间都要彼此绝缘。

2. 电感的主要参数指标

(1) 电感量 L：电感量是指电感通过变化电流时产生感应电动势的能力。电感量常用单位为亨(H)，毫亨(mH)，微亨(μH)，它们三者之间的关系为

$$1\text{H}=10^3\text{mH}=10^6\mu\text{H}$$

电感量的大小与线圈匝数、直径、内部有无磁芯、绕制方式等有直接关系。

(2) 品质因数 Q：品质因数 Q 反映电感传输能量的本领。线圈的 Q 值越高，传输能量的本领越大，即回路的损耗越小，一般要求 $Q=50\sim300$。$Q=\omega L/R$，式中，ω 为工作角频率；L 为线圈电感量；R 为线圈电阻。

(3) 分布电容：线圈匝与匝之间，线圈与屏蔽罩之间，线圈与底板间存在电容，这一电容称为"分布电容"。分布电容的存在使线圈的 Q 值下降，稳定性变差，因而线圈的分布电容越小越好。可采用分段绕法来减少分布电容。

(4) 额定电流：额定电流主要对高频电感和大功率调谐电感而言。通过电感的电流超过额定值时，电感将发热，严重时会烧坏。

3. 电感的性能测量

通常采用指针式万用表的欧姆挡就可以简单地测量出电感的优劣情况，粗略地辨别其好坏情况。具体方法是：选用"R×1"或"R×10"挡，测电感的阻值，若为无穷大，表明电感断开；如电阻很小，说明电感正常。在电感量相同的多个电感中，如果电阻值小，则表明 Q 值高。

4. 电感的使用常识

(1) 使用线圈时注意不要随意改变线圈的形状、大小和线圈间的距离，否则会影响线圈原来的电感量。

(2) 线圈在装配时相互间的位置和其他元件的位置要特别注意，以免相互影响。

1.2 常用半导体分立器件

常用半导体分立器件型号命名如表 1-7 所示。

例如：3DG180A 型半导体器件的命名含义如图 1-11 所示。

1.2.1 晶体二极管

1. 晶体二极管的分类和图形符号

晶体二极管又称为半导体二极管，简称二极管，是常用的半导体分立器件之一。二极管的内部构成本质上是一个 PN 结，P 端引出电极为正极，N 端引出电极为负极。主要特性为单向导电性，广泛应用于整流、稳压、检波、变容、显示等电子电路中。

表 1-7　半导体分立器件型号命名

第一部分		第二部分		第三部分				第四部分	第五部分
用数字表示器件的电极数目		用字母表示器件的材料		用字母表示器件的类型				用数字表示器件的序号	用字母表示规格号
符号	意义	符号	意义	符号	意义	符号	意义	意义	意义
2	二极管	A	N 型 锗材料	P	普通管	D	低频大功率管	反映了极限参数、直流参数和交流参数的差别	反映了承受反向击穿电压的程度。如规格号为 A、B、C、D……，其中 A 承受的反向击穿电压最低，B 次之……
		B	P 型 锗材料	V	微波管	A	高频大功率管		
		C	N 型 硅材料	W	稳压管	Y	体效应器件		
		D	P 型 硅材料	X	参量管	B	雪崩管		
				Z	整流器	J	阶跃恢复管		
				L	整流堆	CS	场效应器件		
3	三极管	A	PNP 锗材料	S	隧道管	BT	半导体特殊器件		
		B	NPN 锗材料	N	阻尼管	FH	复合管		
				U	光电器件	PIN	PIN 型管		
		C	PNP 硅材料	X	低频小功率管	JG	激光器件		
		D	NPN 硅材料	G	高频小功率管	T	晶闸管器件		
		E	化合物材料			FG	发光管		

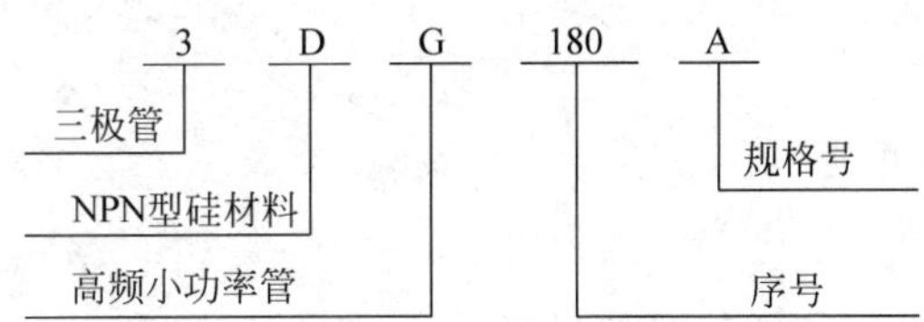

图 1-11　3DG180A 半导体器件的命名含义

晶体二极管的种类很多，其分类如下。

(1) 按材料分类：锗材料二极管、硅材料二极管。

(2) 按结构分类：点接触型二极管、面接触型二极管。

(3) 按用途分类：检波二极管、整流二极管、高压整流二极管、硅堆二极管、稳压二极管、开关二极管。

(4) 按封装分类：玻璃外壳二极管(小型用)、金属外壳二极管(大型用)、塑料外壳二极管、环氧树脂外壳二极管。

(5) 按用途分类：发光二极管、光电二极管、变容二极管、磁敏二极管、隧道二极管。

常用二极管所对应的电路图形符号如图 1-12 所示。

2. 晶体二极管的主要参数指标

不同类型晶体二极管所对应的主要特性参数有所不同，具有普遍意义的特性参数有以下几个。

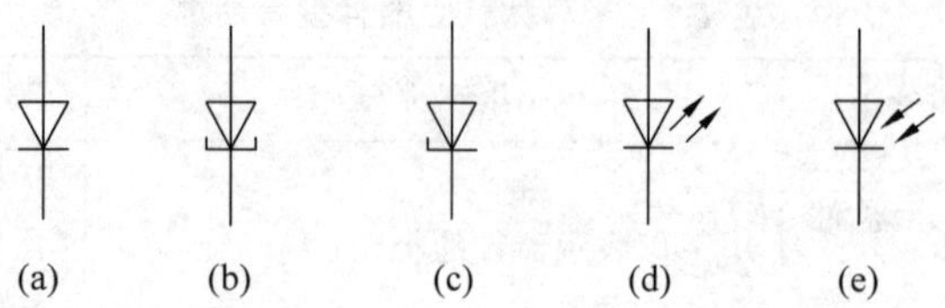

图 1-12　常用二极管电路图形符号

(a) 普通二极管；(b) 隧道二极管；(c) 稳压二极管；(d) 发光二极管；(e) 光电二极管

1) 额定正向工作电流

额定正向工作电流是指二极管长期连续工作时允许通过的最大正向电流值。因为电流通过二极管时会使管芯发热，温度上升，温度超过容许限度(硅管为 140℃左右，锗管为 90℃左右)时，就会使管芯发热而损坏，因此，使用二极管时不要超过额定正向工作电流。例如：常用的 IN4001～IN4007 型锗整流二极管的额定正向工作电流为 1A。

2) 最高反向工作电压

当加在二极管两端的反向电压高到一定值时，会将二极管击穿，使其失去单向导电能力。为了保证使用安全，规定了最高反向工作电压值。例如：IN4001 型二极管反向耐压为 50V，IN4007 型二极管反向耐压为 1000V。

3) 反向电流

反向电流是指二极管在规定的温度和最高反向电压作用下，流过二极管的电流。反向电流越小，则二极管的单向导电性能越好。值得注意的是，反向电流与温度有密切的关系，温度每升高约 10℃，反向电流将增大 1 倍。硅二极管比锗二极管在高温下具有较好的稳定性。

3. 常用晶体二极管

1) 普通二极管

普通二极管一般有玻璃和塑料两种封装形式，如图 1-13 所示。它们的外壳上均印有型号和标记，识别很简单：小功率二极管的负极(N 极)，外壳上大多采用一道色环标识，也有的采用符号“P”“N”来确定二极管的极性。发光二极管的正负极可从引脚长短来识别，长脚为正，短脚为负。

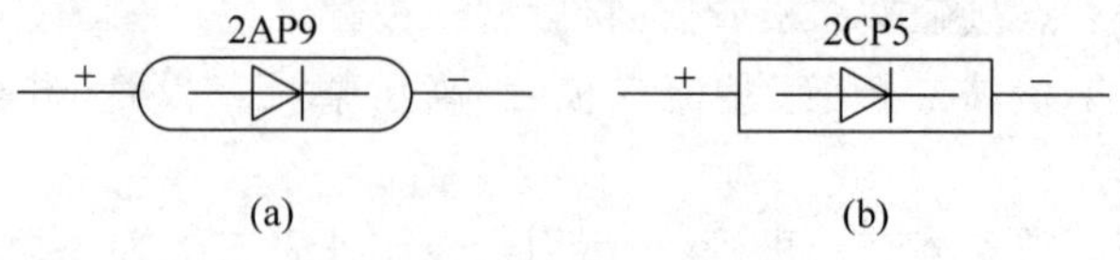

图 1-13　普通二极管封装图

(a) 玻璃封装；(b) 塑料封装

若遇到型号标记不清时，可以借助万用表的欧姆挡作简单判别。由于万用表正端(＋)红表笔接表内电池的负极，而负端(－)黑表笔接表内电池的正极，根据 PN 结正向导通电阻值小，反向截止电阻值大的原理来简单确定二极管的好坏和极性。具体做法是：万用表欧姆挡置“R×100”或“R×1k”处，将红、黑两表笔接触二极管两极，则得到一指示，然后反过来再次接触二极管两端，表头又将有一指示。若两次指示的阻值相差很大，说明该二极管单向导电性好，并且阻值大（几百千欧以上）的那次红表笔所接为二极管的阳极，如图1-14(b)所示。

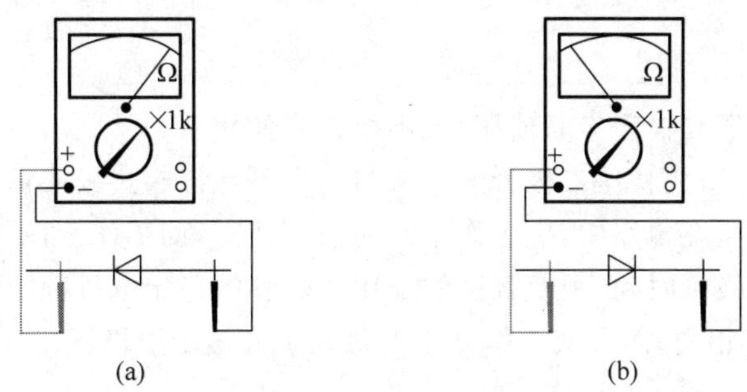

(a)　(b)

图1-14　二极管极性判别

(a) 二极管正向导通，阻值小；(b) 二极管反向截止，阻值大

若两次指示的阻值相差很小，说明该二极管已失去单向导电性；若两次指示的阻值均很大，则说明该二极管已开路。

2）稳压二极管

稳压二极管又称齐纳二极管，有玻璃封装、塑料封装和金属外壳封装三种。稳压二极管是利用PN结反向击穿时电压基本上不随电流变化的特点来达到稳压的目的。稳压二极管正常工作时工作于反向击穿状态，外电路要加合适的限流电阻，以防止烧毁稳压二极管。

选用稳压二极管时应满足应用电路中主要参数的要求。稳压二极管的稳定电压值应与应用电路的基准电压值相同，稳压二极管的最大稳定电流应高于应用电路的最大负载电流50%左右。

3）发光二极管

发光二极管(LED)能把电能直接快速地转换成光能，属于主动发光器件。常用作显示、状态信息指示等。给发光二极管外加正向电压时，它处于导通状态，当正向电流流过管芯时，发光二极管就会发光，将电能转换成光能。发光二极管的发光颜色主要由制作材料以及掺入的杂质种类决定。目前常见的发光二极管的发光颜色主要有蓝色、绿色、黄色、橙色、红色、白色等。

4）光电二极管

光电二极管是一种将光信号转换成电信号的半导体器件。当有光照时，光电二极管反向电流与光照度成正比，常应用于光电转换及光控、测光等自动控制电路中。

4. 晶体二极管使用常识

1）普通二极管

(1) 在电路中应按注明的极性进行连接。

(2) 根据需要选择正确的型号。

(3) 引出线的焊接或弯曲处，离管壳距离不得小于10mm。为防止因焊接时过热而损坏，要使用功率低于60W的电烙铁，焊接时间要快(2～3s)。

(4) 切勿超过二极管器件手册中规定的最大允许电流和电压值。

(5) 应避免靠近发热元件，并保证散热良好。

(6) 硅管和锗管不能互相代换。二极管代换时,代换的二极管其最高反向工作电压和最大整流电流不应小于被代替管。根据工作特点,还应考虑其他特性,如截止频率、结电容、开关速度等。

2) 稳压二极管

(1) 可将任意稳压二极管串联使用,但不得并联使用。

(2) 工作过程中,所用稳压二极管的电流与功率不允许超过极限值。

(3) 稳压二极管接在电路中,应工作于反向击穿状态,即工作于稳压区。

(4) 替换稳压二极管时,必须使替换的稳压二极管的稳定电压额定值U_Z与原稳压二极管的稳定电压额定值相同,而最大工作电流则要大于或等于原稳压二极管。

1.2.2 晶体三极管

晶体三极管是电子电路中广泛应用的有源器件之一,在模拟电子电路中主要起放大作用。晶体三极管还能用于开关、控制、振荡等电路中。

1. 晶体三极管的分类和图形符号

1) 晶体三极管的分类

(1) 按导电类型分类:NPN 型晶体三极管,PNP 型晶体三极管。

(2) 按频率分类:高频晶体三极管,低频晶体三极管。

(3) 按功率分类:小功率晶体三极管,中功率晶体三极管。

(4) 按电性能分类:开关晶体三极管,高反压晶体三极管,低噪声晶体三极管。

(5) 按工艺方法和管芯结构分类:合金晶体三极管,合金扩散晶体三极管,台面晶体三极管,平面晶体三极管,外延平面晶体三极管。

2) 晶体三极管的外形及管脚识别

晶体三极管按内部半导体极性结构的不同,划分为 NPN 型和 PNP 型,这两类三极管的电路符号如图 1-15(c)与(d)所示。

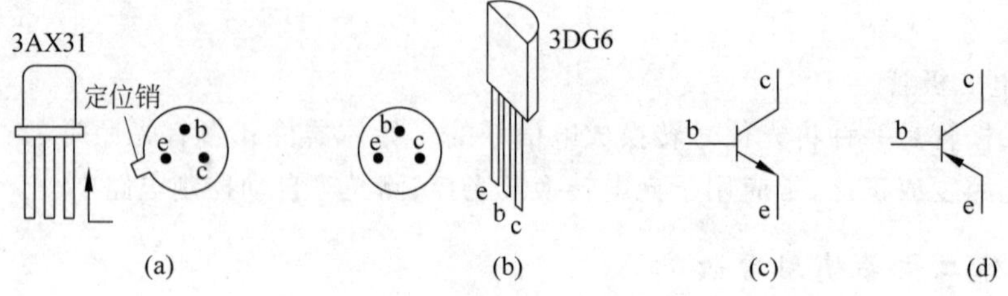

图 1-15 小功率三极管引脚排列和图形符号

(a) 金属封装;(b) 塑料封装;(c) NPN 管;(d) PNP 管

三极管外引脚排列因型号、封装形式与功能等的不同而有所区别,小功率三极管的封装形式有金属外壳封装和塑料外壳封装两种。金属外壳封装的三极管,如果管壳上带有定位销,那么将管底朝上,从定位销起,按顺时针方向,三根电极依次为 e、b、c。如果管壳上无定位销,且三根电极在半圆内,将有三根电极的半圆置于上方,按顺时针方向,三根电极依次为 e、b、c,如图 1-15(a)所示。塑料外壳封装的三极管,三根电极置于下方,面对平面,从左往右，三根电极依次为 e、b、c，如图 1-15(b)所示。

2. 晶体三极管的主要参数指标

(1) 集电极-基极反向电流 I_{CBO}：发射极开路，集电极与基极间的反向电流。

(2) 集电极-发射极反向电流 I_{CEO}：基极开路，集电极与发射极间的反向电流(俗称穿透电流)，$I_{CEO} \approx \beta I_{CBO}$

(3) 基极-发射极饱和压降 U_{BES}：晶体三极管处于导通状态时，输入端 B、E 之间的电压降。

(4) 集电极-发射极饱和压降 U_{CES}：在共发射极电路中，晶体三极管处于饱和状态时，C、E 端间的输出压降。

(5) 输入电阻 r_{BE}：晶体三极管输出端交流短路即 $\Delta U_{CE}=0$ 时，B、E 极间的电阻 $r_{BE}=\Delta U_{BE}/\Delta I_B(U_{CE}=$常数)。

(6) 共发射极小信号直流电流放大系数 h_{FE}：$h_{FE}=I_C/I_B$。

(7) 共发射极小信号交流电流放大系数 β：$\beta=\Delta I_C/\Delta I_B(U_{CE}=$常数)。通常晶体三极管采用色点来表示 β 值，如表 1-8 所示。

表 1-8　晶体三极管用色点表示的 β 值

项目	颜色									
	棕	红	橙	黄	绿	蓝	紫	灰	白	黑
β	5～15	15～25	25～40	40～55	55～80	80～120	120～180	180～270	270～400	400 以上

(8) 共基极电流放大系数 α：$\alpha=I_C/I_E$。

(9) 共发射极截止频率 f_β：晶体三极管共发射极应用时，其 β 值下降至最大值的 0.707 倍时所对应的频率。

(10) 共基极截止频率 f_α：晶体三极管共基极应用时，其 α 值下降至最大值的 0.707 倍时所对应的频率。

(11) 特征频率 f_T：当晶体三极管共发射极应用时，其 β 下降为 1 时所对应的频率，它表征晶体三极管具备电流放大能力的极限。

(12) 集电极-基极反向击穿电压 U_{CBO}：发射极开路时集电极与基极间的击穿电压。

(13) 集电极最大允许电流 I_{CM}：集电极电流下降到电流最大值的 1/2 或 1/3 时的值。

(14) 集电极最大耗散功率 P_{CM}：是集电极允许耗散功率的最大值。

(15) 噪声系数 N_F：晶体三极管输入端信噪比与输出端信噪比的相对比值。

3. 晶体三极管的检测方法

使用晶体三极管时必须正确确认三个管脚，否则，接入电路不但不能正常工作，还可能烧坏管子。当一个三极管没有任何标记时，可以用万用表初步确定该三极管的好坏及其类型(NPN 型还是 PNP 型)，以及辨别出 e、b、c 三个电极，步骤如下：

(1) 先判断基极 b 和三极管类型。

将万用表欧姆挡置“R×100”或“R×1k”处，先假设三极管的某极为“基极”，并将黑表笔接在假设的基极上，再将红表笔先后接到其余两个电极上，如果两次测得的电阻值都很大

(或者都很小),约为几千欧至几十千欧(或约为几百欧至几千欧),而对换表笔后测得两个电阻值都很小(或都很大),则可确定假设的基极是正确的。如果两次测得的电阻值是一大一小,则可肯定原假设的基极是错误的,这时就必须重新假设另一电极为"基极",再重复上述的测试。最多重复两次就可找出真正的基极。

当基极确定以后,将黑表笔接基极,红表笔分别接其他两极。此时,若测得的电阻值都很小,则该三极管为 NPN 型管;反之,则为 PNP 型管。

(2) 判断集电极 c 和发射极 e。

以 NPN 型管为例,把黑表笔接到假设的集电极 c 上,红表笔接到假设的发射极 e 上,并且用手捏住 b 和 c 极(不能使 b、c 直接接触),通过人体,相当于在 b、c 之间接入偏置电阻。读出表头所示 c、e 间的电阻值,然后将红、黑两表笔反接重测。若第一次电阻值比第二次小,说明原假设成立。黑表笔所接为三极管集电极 c,红表笔所接为三极管发射极 e。因为 c、e 间电阻值小说明通过万用表的电流大,偏置正常,如图 1-16 所示。

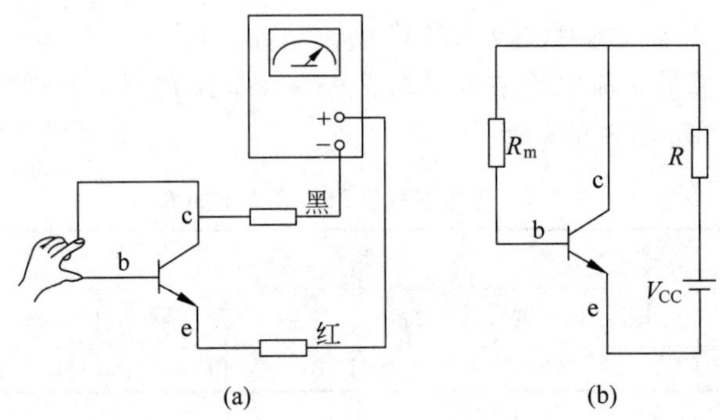

图 1-16 判别三极管 c、e 电极的原理示意图

(a) 示意图;(b) 等效电路

4. 晶体三极管使用常识

(1) 加到晶体三极管上的电压极性应正确。PNP 管的发射极对其他两个电极是正电位,而 NPN 管则应是负电位。

(2) 不论是静态、动态或不稳定态(如电路开启、关闭时),均需防止电流、电压超出最大极限,也不得有两项以上参数同时达到极限。

(3) 选用晶体三极管主要应注意极性和下述参数:P_{CM}、I_{CM}、U_{CEO}、U_{CBO}、β、f_T 和 f_β。由于 $U_{CBO}>U_{CES}>U_{CEO}$,因此只要 U_{CEO} 满足要求就可以了。

(4) 更换晶体三极管时,只要其基本参数相同就能更换,性能高的可替代性能低的。

(5) 工作于开关状态的晶体三极管,因 U_{CEO} 一般较低,所以应考虑是否要在基极回路加保护线路(如线圈两端并联续流二极管),以防止线圈反电动势损坏晶体三极管。

(6) 晶体三极管应避免靠近发热元件,减小温度变化和保持管壳散热良好。

1.2.3 场效应晶体管

1. 场效应晶体管的特点

场效应晶体管(field effect transistor,FET)是:当给晶体管加上一个变化的输入信号时，信号电压的改变使加在晶体管上的电场改变，从而改变晶体管的导电能力，使晶体管的输出电流随电场信号改变而改变。场效应晶体管的内部基本构成也是PN结，是一种通过电场实现电压对电流控制的新型三端电子元器件，其外部电路特性与晶体管相似。场效应晶体管的特点是：输入阻抗高，在电路中便于直接耦合；结构简单，便于设计，容易实现大规模集成；温度稳定性好，不存在电流集中的问题，避免了二级击穿现象；为多子导电的单极器件，不存在少子存储效应，开关速度快，截止频率高，噪声系数低；其 I、U 成平方律关系，是良好的线性器件。因此，场效应晶体管用途广泛，可用于开关、阻抗匹配、微波放大、大规模集成等领域，构成交流放大器、有源滤波器、直流放大器、电压控制器、源极跟随器、斩波器、定时电路等。

2. 场效应晶体管的分类

1）按内部构成特点分类

主要分为结型场效应管和金属-氧化物-半导体场效应管（metal-oxide-semiconductor FET，MOSFET）两种类型。

2）按工作原理分类

结型场效应管分为N沟道和P沟道两种类型；MOSFET也分为N沟道和P沟道两种类型，但每一类又分为增强型和耗尽型两种，因此MOSFET有四种类型，即N沟道增强型MOSFET、N沟道耗尽型MOSFET、P沟道增强型MOSFET、P沟道耗尽型MOSFET。图形符号如图1-17所示。

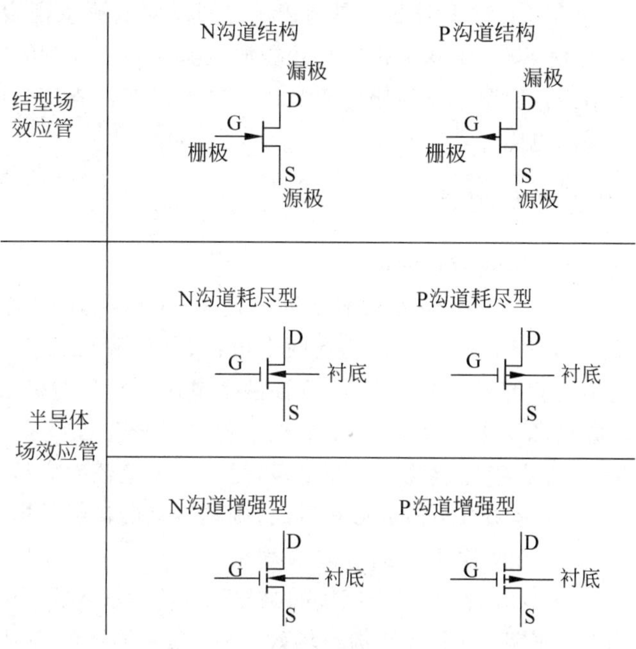

图1-17　场效应管的图形符号

3）按导电沟道分类

（1）N沟道FET：沟道为N型半导体材料，导电载流子为电子的FET。

（2）P沟道FET：沟道为P型半导体材料，导电载流子为空穴的FET。

4）按工作状态分类

(1) 耗尽型：当栅源电压为 0 时已经存在导电沟道的 FET。

(2) 增强型：当栅源电压为 0 时，导电沟道夹断，当栅源电压为一定值时才能形成导电沟道的 FET。

3. 场效应晶体管主要参数指标

(1) 漏源饱和电流 I_{DSS}：栅源短路($U_{GS}=0$)、漏源电压足够大时，漏源电流几乎不随漏源电压变化，此时所对应的漏源电流为漏源饱和电流。此定义适用于耗尽型 MOSFET。

(2) 夹断电压 U_P：在规定的漏源电压下，使漏源电流下降到规定值(即使沟道夹断)时的栅源电压 U_{GS}。此定义适用于耗尽型结型场效应管(PN junction FET，JFET)和 MOSFET。

(3) 开启电压(阈值电压)U_T：在规定的漏源电压 U_{DS} 下，使漏源电流 I_{DS} 达到规定值时的栅源电压 U_{GS}。此定义适用于增强型 MOSFET。

(4) 跨导 g_m：漏源电压一定时，栅压变化量与由此而引起的漏电流变化量之比。它表征栅电压对栅电流的控制能力，单位为西门子(S)：

$$g_m = \left.\frac{\Delta I_D}{\Delta U_{GS}}\right|_{U_{DS}=\text{常数}}$$

(5) 漏源击穿电压 U_{DS}：漏源电流开始急剧增加时所对应的漏源电压。

(6) 栅源击穿电压 U_{GS}：对于 JFET，是指栅源之间反向电流急剧增长时对应的栅源电压；对于 MOSFET，是使 SiO_2 绝缘层击穿导致栅源电流急剧增长时的栅源电压。

(7) 直流输入电阻 r_{GS}：栅电压与栅电流之比。对于 JFET 是 PN 结的反向电阻；对于 MOSFET 是栅绝缘层的电阻。

4. 场效应晶体管的检测方法

1）用万用表判别结型场效应管的电极

根据场效应管的 PN 结正、反向电阻值不同的现象，可以判别结型场效应管的 3 个电极。具体方法是：用万用表“R×1k”挡，任选两个电极，分别测出其正、反向电阻值。当某两个电极正、反向电阻值相等且为几千欧时，则该两个电极分别是漏极 D 和源极 S。因为对结型场效应管而言，漏极和源极可互换，剩下的电极肯定是栅极 G。

也可以将万用表的黑表笔任意接触一个电极，另一只表笔依次去接触其余两个电极，测其电阻值。当出现两次测得的电阻值近似相等时，则黑表笔所接触的电极为栅极，其余两个电极分别为漏极和源极。若两次测出的电阻值均很大，说明是反向 PN 结，即都是反向电阻，可以判定是 N 沟道场效应管，且黑表笔接的是栅极；若两次测出的电阻值均很小，说明是正向 PN 结，即是正向电阻，判定为 P 沟道场效应管，黑表笔接的也是栅极。若不出现上述情况，可以调换黑、红表笔按上述方法进行测试，直到判别出栅极为止。

制造工艺决定了场效应管的源极和漏极是对称的，可以互换使用，并不影响电路的正常工作，所以不必加以区分。

2）估测场效应管的放大能力

具体方法是：使用万用表“R×100”挡，红表笔接源极 S，黑表笔接漏极 D，相当于给场

效应管加上 1.5V 的电源电压。这时表针指示出的是 D-S 极间电阻值。然后用手指捏栅极 G，将人体的感应电压作为输入信号加到栅极上。由于管子的放大作用，U_{DS} 和 I_D 都将发生变化，也相当于 D-S 极间电阻发生变化，可观察到表针有较大幅度的摆动。如果手捏栅极时表针摆动很小，说明管子的放大能力较弱；若表针不动，说明管子已经损坏。

本方法也适用于测 MOS 管。为了保护 MOS 场效应管，必须用手握住螺丝刀的绝缘柄，用金属杆去碰栅极，以防止人体感应电荷直接加到栅极上，将管子损坏。

MOS 管每次测量完毕，G-S 结电容上会充有少量电荷，建立起电压 U_{GS}，再接着测时表针可能不动，此时将 G-S 极间短路即可。

5. 场效应晶体管使用常识

(1) 为安全使用场效应晶体管，在电路设计中不能超过场效应晶体管的耗散功率、最大漏源电压、最大栅源电压和最大电流等参数的极限值。

(2) 各类型场效应晶体管在使用时，都要严格按要求的偏置接入电路中，要遵守场效应晶体管偏置的极性。

(3) MOSFET 由于输入阻抗极高，所以在运输、储藏中必须将引脚短路，要用金属屏蔽包装，以防止外来感应电势将栅极击穿。

(4) 为了防止场效应晶体管栅极感应击穿，要求一切测试仪器、工作台、电烙铁、电路本身都必须有良好的接地；在焊接引脚的时候，先焊源极；在连入电路之前，场效应晶体管的全部引线端保持互相短接状态，焊接完再把短接材料去掉；从元器件架上取下管时，应以适当的方式确保人体接地，如采用接地环等；在未关电源时，绝对不可以把管插入电路或从电路中拔出。

(5) 结型场效应管的栅源电压不能接反，可以在开路状态下保存，而绝缘栅型场效应管在不使用时，由于它的输入电阻非常高，须将各电极短路，以免外电场作用而使管子损坏。

(6) 在安装场效应管时，注意安装的位置要尽量避免靠近发热元件；为了防止场效应管振动，有必要将管壳体紧固起来。

常用电工仪表及电子仪器的使用

2.1 常用电工仪表的基本知识

电路中各个物理量(如电压、电流、功率)的大小可以使用电工仪表去测量。使用电工仪表测量具有下列优点:结构简单,使用方便,可根据实际测量环境选择足够精确度的电工仪表测量,还可以将电工仪表灵活地接入测量电路,并可实现远距离测量等。

2.1.1 常用电工仪表的分类和选用

常用的电工测量仪表是直读式仪表,可按照下列几个方法来分类。

1. 按照被测量电路参数的种类分类

电工测量仪表按照被测量电路参数的种类来分,如表 2-1 所示。

表 2-1 按被测量电路参数种类分类的电工测量仪表

序 号	被测量电路参数	仪表名称	符 号
1	电流	电流表	(A)
2	电压	电压表	(V)
3	电功率	功率表	(W)
4	电能量	电度表	[kWh]
5	相位差	相位表	(φ)
6	频率	频率计	(Hz)
7	电阻	电阻表	(Ω)

2. 按照被测量电路参数的性质分类

电工测量仪表根据被测量电路参数的性质可以分为直流仪表、交流仪表、交直流两用表等。

3. 按照仪表的工作原理分类

电工测量仪表根据其工作原理可以分为磁电式、电磁式、电动式、整流式等，如表 2-2 所示。

表 2-2　按工作原理分类的电工测量仪表

类　型	符　号	被测量电路参数	电流的种类与频率
磁电式		电流、电阻、电压	直流
电磁式		电流、电压	直流及工频交流
电动式	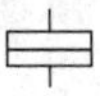	电流、电压、电功率、功率因数	直流、工频及较高频率的交流
整流式	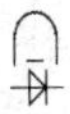	电流、电压	工频及较高频率的交流

4. 按照仪表的准确等级分类

根据电工测量仪表基本误差的不同情况，国家标准规定电工测量仪表的准确等级分七级，如表 2-3 所示。

表 2-3　电工测量仪表的准确等级

准确度等级	0.1	0.2	0.5	1.0	1.5	2.5	5.0
引用误差/%	±0.1	±0.2	±0.5	±1.0	±1.5	±2.5	±5.0

电工测量仪表准确等级为 α，说明该仪表的最大引用误差不超过 $\alpha\%$。如某仪表的满刻度值为 X_N，测量点 X，则该仪表在 X 点邻近处的示值误差为

$$\Delta X \leqslant X_N \times \alpha \times 100\% \tag{2-1}$$

测量误差(相对误差)为

$$\gamma \leqslant \frac{X_N}{X} \times \alpha \times 100\% \tag{2-2}$$

例如，有一准确度为 2.5 级的电压表，其最大量程为 50V，用来测量 50V 电压时，测量误差(相对误差)为

$$\gamma_1 \leqslant \frac{50}{50} \times 2.5\% \times 100\% = 2.5\%$$

用该表来测量 25V 时，测量误差为

$$\gamma_2 \leqslant \frac{50}{25} \times 2.5\% \times 100\% = 5\%$$

用该表来测量 10V 时，测量误差为

$$\gamma_3 \leqslant \frac{50}{10} \times 2.5\% \times 100\% = 12.5\%$$

因此，在测量时要根据被测量电路参数的大小选择合适量限的仪表。为充分利用仪表的准确度，被测量的值应大于其测量上限的 1/2。

选用电工测量仪表时要注意以下几点。

(1) 仪表的表头、刻度表标记：仪表的表头、刻度表上标记的不同符号代表仪表的使用条件不同，选用时必须按仪表使用说明来选用。

(2) 仪表的正常工作条件：测量时要使仪表满足正常工作条件，否则会引起一定的附加误差。例如，使用仪表时，应按规定的位置放置，仪表要远离外磁场和外电场；使用前要使仪表指针指示零位置；对于交流仪表，波形要满足要求，频率要在仪表的允许范围内等。

(3) 仪表的正确接线：仪表的接线必须正确，电流表要串联在被测支路中；电压表要并联在被测支路两端；直流表要注意正、负极性，电流从标有"+"端流入。

(4) 仪表的量程：被测量必须小于仪表的量程，否则容易烧坏仪表。为了提高测量的准确度，一般使指针偏转超过量程的1/2以上读取数据。如果无法预知被测量的大小，则必须先选用大量程进行测量，测出大概数值，然后逐步转换到小量程测量。

(5) 读数：指针式仪表要做到"眼、针、影重合"。要根据所选用仪表量程和刻度的实际情况合理取舍读数的有效数字。

此外，在仪表上通常标有仪表的型式、准确度等级、电流的种类及仪表的绝缘耐压强度和放置符号，其他常见符号如表2-4所示。

表2-4 电工测量仪表的表头常见符号及其意义

符 号	意 义	符 号	意 义
—	直流	⚡2kV	仪表绝缘试验电压2000V
～	交流	↑	仪表直立放置
≃	交直流	→	仪表水平放置
3～或≋	三相交流	∠60°	仪表倾斜60°

2.1.2 磁电式、电磁式、电动式电工测量仪表的结构与工作原理

常用的直读式电工测量仪表按原理主要分为磁电式、电磁式和电动式等几种。

直读式电工测量仪表测量的基本原理主要是利用仪表中通入电流之后产生的电磁作用，使测量机构在转矩作用下发生偏转。转矩大小与通入的电流之间存在如下关系：

$$T = f(I) \tag{2-3}$$

为了使仪表可动部分的偏转角与被测量成一定比例，必须有一个与偏转角成比例的阻转矩 T_c 来与转矩 T 相平衡，即 $T=T_c$，这样才能使仪表的可动部分平衡在一定位置，从而反映出被测量的大小。

此外，由于惯性的关系，当仪表开始通电或被测量发生变化时，仪表的可动部分不能马上达到平衡，而需要在平衡位置附近经过一定时间的振动才能静止下来。为了使仪表的可动部分迅速静止在平衡位置，以缩短测量时间，还要有一个能产生制动力(阻尼力)的装置阻尼器。阻尼器只在指针转动过程中才起作用。

在通常的直读式仪表中主要有下述3个部分：产生转动转矩的部分、产生阻动转矩的部分和阻尼器。

下面对磁电式(永磁式)、电磁式和电动式三种仪表的基本结构、工作原理及主要用途进

行讨论。

1. 磁电式仪表

磁电式仪表的构造示意图如图 2-1 所示。

磁电式仪表的固定部分包括马蹄形永久磁铁、极靴及圆柱形铁芯等。极靴与铁芯之间的空隙宽度是均匀的，形成一个均匀的磁场。仪表的可动部分包括铝框及活动线圈、前后两根半轴、螺旋弹簧及指针等。

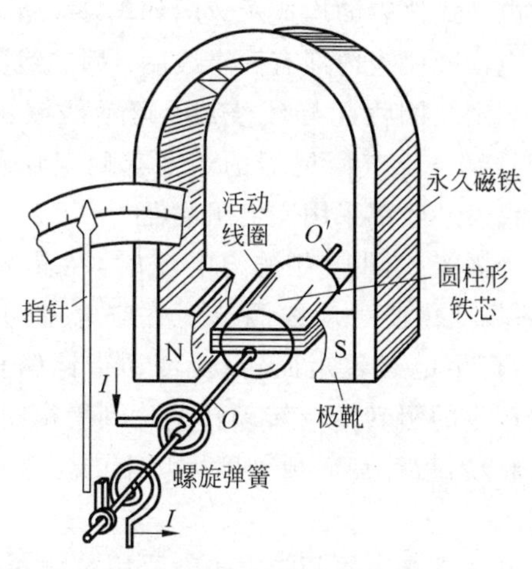

图 2-1　磁电式仪表的构造示意图

当活动线圈通过电流 I 时，线圈的两个有效边受到大小相等、方向相反的力，使线圈受到电磁转矩的作用，线圈和指针便转动起来。同时，螺旋弹簧被扭紧而产生阻转矩。当弹簧的阻转矩与转动转矩达到平衡时，可动部分便停止转动。指针在面板刻度标尺上的位置指示出被测数据。

磁电式仪表的优点是：刻度均匀、灵敏度高、准确度高、阻尼强；且由于仪表本身的磁场强，所以受外界的磁场影响小。其缺点有：只能测量直流、价格昂贵、过载能力差。

磁电式仪表常用来测量直流电压、直流电流及电阻等，使用时一定要注意极性。

2. 电磁式仪表

电磁式仪表的测量机构有吸引型和推斥型，实际应用中常采用推斥型结构，如图 2-2 所示。

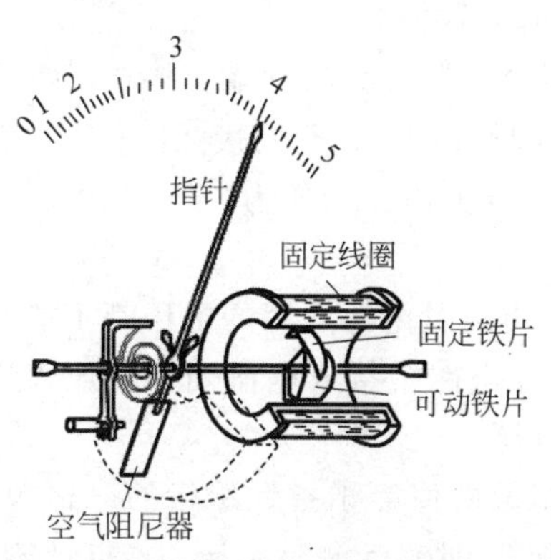

图 2-2　推斥式电磁式仪表的构造示意图

推斥式电磁式仪表的主要部分是固定的圆形线圈、线圈内部的固定铁片、固定在转轴上的可动铁片。当固定线圈通有电流时，线圈内部产生磁场，固定铁片、可动铁片同时被磁化且同一端的极性相同，因而相互推斥，可动铁片因受斥力而带动指针转动。即使在固定线圈内通交流电流的情况下，由于两铁片的极性同时改变，所以仍然产生推斥力。在推斥力的作用下，可动铁片带动指针转动，同时转轴上的螺旋弹簧将产生相应的阻转矩。当动转矩与阻转矩达到平衡时，可动部分停止转动，指针在面板刻度标尺上的位置指示出被测数据。

电磁式仪表的优点是：结构简单、价格低廉、可用于测量交直流，能测量较多的电流和允许较大的过载。其缺点有：刻度不均匀、易受外界磁场及铁片中磁滞和涡流（测量交流时）的影响，因此准确度不高。

电磁式仪表常用来测量交流电压和电流，使用时注意表的指针在起始位置附近不能读数(刻度不均匀)。

3. 电动式仪表

电动式仪表的构造示意图如图 2-3 所示。

电动式仪表内部有两个线圈：固定线圈和可动线圈。固定线圈由粗导线绕成；可动线圈由细导线绕成，与指针、空气阻尼器的活塞都固定在转轴上。电动式仪表一般都采用空气阻尼器。

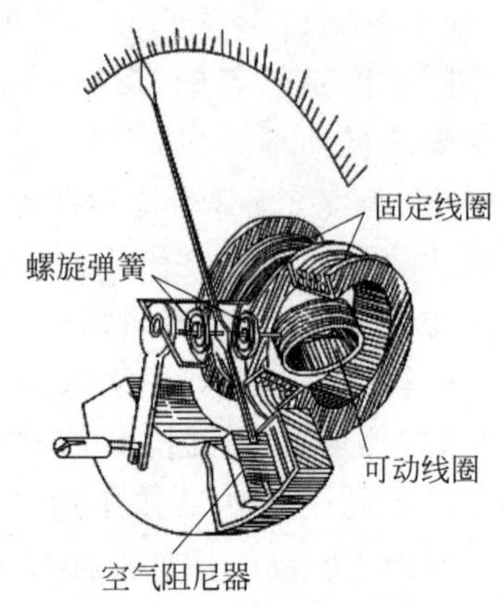

图 2-3 电动式仪表的构造示意图

当固定线圈通有被测电流时，在其内部产生磁场，磁场变化使可动线圈产生感应电流，并受此磁场作用，产生电磁转矩而转动，带动指针偏转。当螺旋弹簧产生的阻转矩与转动转矩达到平衡时，可动部分停止转动，指针在面板刻度标尺上的位置指示出被测数据。

电动式仪表可以交、直流两用。测量直流时，仪表的偏转角与流经两线圈电流的乘积成正比；而测量交流时，仪表的偏转角取决于一周期内转矩的平均值，即取决于流经两个线圈的交流电流的有效值及两个电流间相位差 φ 的余弦。

电动式仪表可以制成交、直流的电流表、电压表和功率表。电动式电流表、电压表主要作为交流标准表(0.2 级以上)用，电动式的功率表则应用得较为普遍。

电动式仪表作为功率表使用时，必须使可动线圈(电压线圈)中的电流与被测电路两端的电压成正比，使固定线圈(电流线圈)通过负载电流。使用电动式功率表时应注意如下几点。

(1) 接线时，电流线圈要与负载串联，电压线圈要与负载并联。

(2) 电压线圈与电流线圈的接线柱中各有一个标记“ * ”，称为极性端。接线时需将极性端连接在一起，并且一定要接在电源端，否则会产生测量误差，正确的接线图如图 2-4 所示。若功率表指针反偏，无法读数，则把功率表上的极性开关由“＋”换为“－”(或由“－”换为“＋”)。

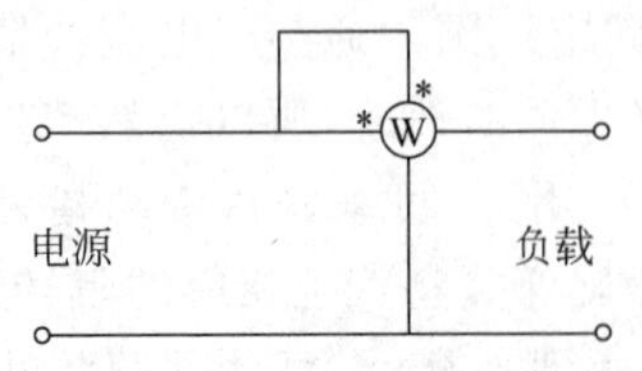

图 2-4 电动式功率表的接线示意图

(3) 电流线圈的电流及电压线圈的电压都不能超过规定值。测量时，应在电路中接入电流表和电压表以监测电路中的电流和电压。

(4) 功率表所测量的值等于指针所指的分格数(刻度)乘以仪表的常数 c，即实际测量值＝c×指针刻度。普通功率表常数

$$c=\frac{U_N I_N}{\alpha_m}\quad (\mathrm{W/div}) \tag{2-4}$$

式(2-4)中，U_N 和 I_N 分别是功率表的电压和电流量限，α_m 是仪表满偏格数。由于其 $\cos\varphi_N=1$，普通功率表又称为高功率因数功率表。

当负载功率因数较低时，有功功率 $P=UI\cos\varphi$ 很小，如果使用普通功率表测量，指针会指示在刻度盘的起始端，相对误差太大。因此要采用低功率因数功率表。低功率因数功率表常数

$$c=\frac{U_N I_N \cos\varphi_N}{\alpha_m} \quad (\mathrm{W/div}) \tag{2-5}$$

式(2-5)中 $\cos\varphi_N$ 的值在仪表盘上已标明。例如 D34 型单相功率表的 $\cos\varphi_N=0.2$，D34 型单相功率表常数如表 2-5 所示。

表 2-5　D34 型单相功率表常数

电流量限	电压/V		
	75	150	300
0.5A	0.05	0.1	0.2
1A	0.1	0.2	0.4

由表 2-5 可知，对于不同的测量电路，使用 D34 功率表测量有功功率时，选取的电压、电流量限不同，常数 c 的值不同。

注：低功率因数功率表上标明的 $\cos\varphi_N$ 并非被测负载的功率因数，而是制造该仪表的一个参数，即在额定电流、额定电压下使指针满偏时的功率因数。

例 2-1　已知 D34 功率表表盘刻度共有 150 小格，其连接方式如图 2-5 所示，问：图 2-5(a)中功率表测量读数时每一小格所代表的功率是________ W/div；图 2-5(b)中功率表测量读数时每一小格所代表的功率是________ W/div。

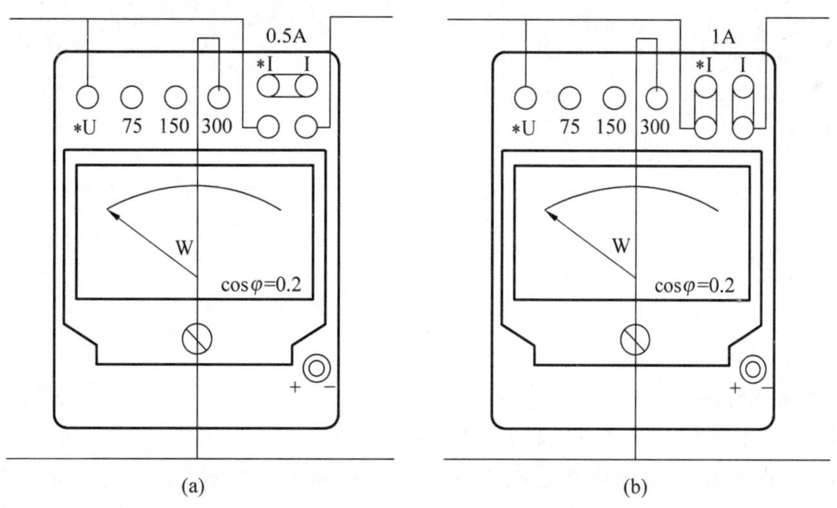

图 2-5　D34 低功率因数功率表连接示例

2.1.3　万用表的原理和使用

万用表(即三用表)是一种多功能的便携式仪表，其特点是用途广、量限多、使用简单、携带方便。它是从事电气维修、试验和研究的人员必备和必须掌握的测量工具之一。万用表

根据测量结果显示方式的不同，可以分为模拟式（指针式）和数字式两大类，其结构特点都是以表头（模拟式）或液晶显示器（数字式）来指示读数，使用转换器件、转换开关来实现各种不同测量目的的转换。

1. 模拟式（指针式）万用表

模拟式万用表主要由表头、转换装置和测量电路三部分组成。表头一般都采用灵敏度高的磁电式微安表头，其作用为指示被测量的大小；转换装置是用来选择测量对象和量限的；测量电路则用来把各种被测量转换成适合表头测量的微小电流。图 2-6 是 MF-47 型万用表的面板图。现将各部分电路分述如下。

1）直流电流的测量

测量直流电流的原理示意图如图 2-7 所示。

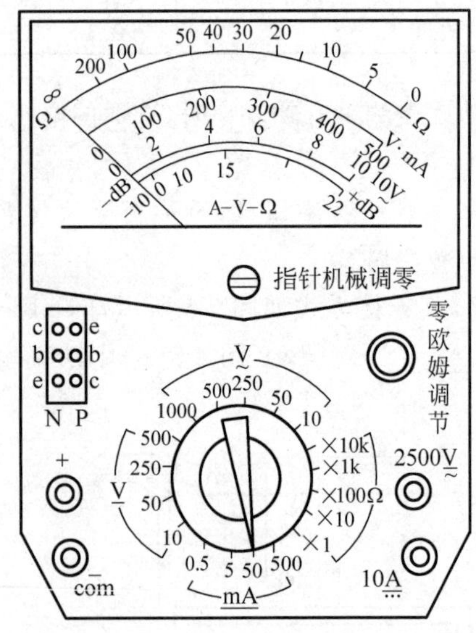

图 2-6　MF-47 型万用表面板

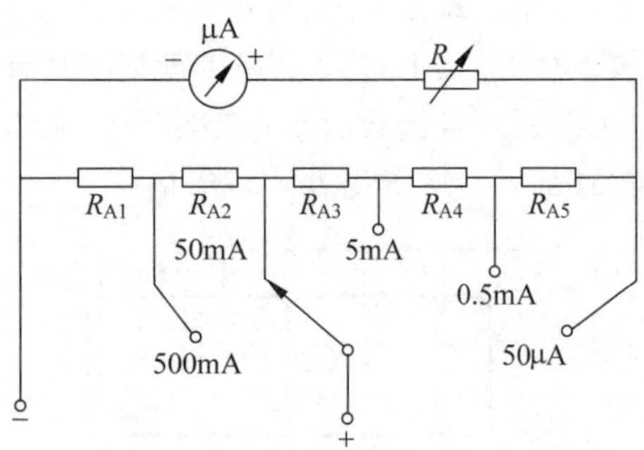

图 2-7　测量直流电流的原理示意图

被测电流从“+”端流入，从“−”端流出。$R_{A1} \sim R_{A5}$ 是分流器电阻，它们和微安表头联成一闭合电路。量程越大，分流器电阻越小。改变转换开关的位置，就改变了分流器的阻值，从而改变了电流的量程。

2）直流电压的测量

测量直流电压的原理示意图如图 2-8 所示。被测电压加在“+”“−”两端。R_{V1}、R_{V2} 是分压电阻。量程越大，分压电阻也越大。改变转换开关的位置，就改变了分压电阻阻值，从而改变了电压的量程。

3）交流电压的测量

测量交流电压的原理示意图如图 2-9 所示。磁电式仪表只能测量直流，如果要测量交流必须附有整流元件，即图 2-9 中的半导体二极管 D_1 和 D_2。二极管只允许一个方向的电流通过，反方向的电流不能通过。被测交流电压是加在“a”“b”两端，在正、负半周分别经过二极管 D_1、D_2 整流后，通过微安表头的电流变为半波电流，读数为该电流的平均值，所以指示的读数是正弦电压的有效值。普通万用表只适用于测量频率为 45～1000Hz 的正弦交流电压。

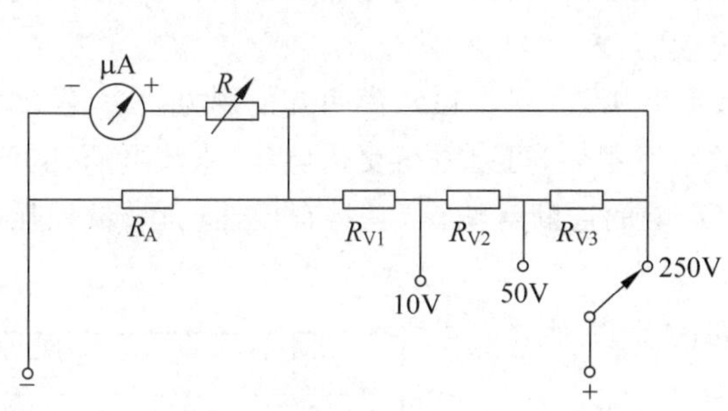

图 2-8　测量直流电压的原理示意图

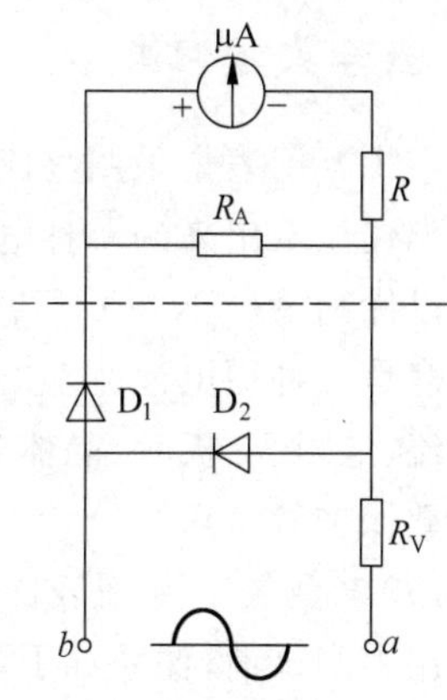

图 2-9　交流电压测量原理示意图

4）电阻的测量

测量电阻的原理示意图如图 2-10 所示。测量电阻时，电路中必须接入电池，被测电阻 R_x 接在“a”“b”两端。被测电阻越小，电流越大，则指针偏转角越大。测量前应先将“a”“b”两端短接，看指针是否偏转最大而指在零(刻度的最右处)，否则应转动“零欧姆调节”电位器进行校正。

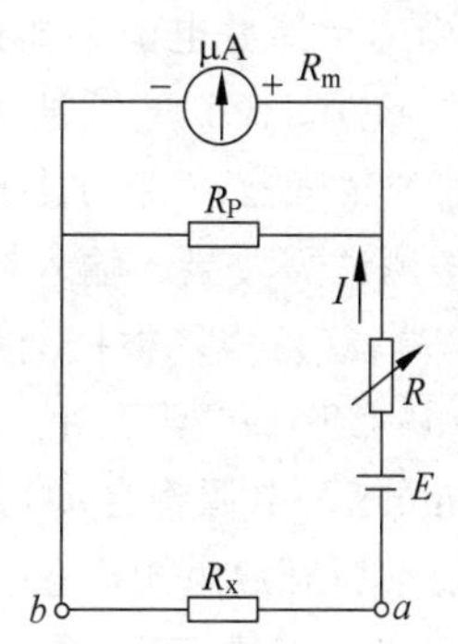

图 2-10　电阻测量原理示意图

5）万用表的正确使用

万用表的结构比较复杂，类型较多，表的面板各有差异，因此在使用万用表时应注意以下几点。

(1) 万用表在使用之前应检查表指针是否指示零位，若不指示零位，可以用小螺丝刀调节表头上的“指针机械调零”，进行机械调零。

(2) 万用表面板上的插孔都有极性标记，测量直流电时，注意正、负极性。使用电阻挡判别二极管极性时，注意“＋”插孔是表内电池的负极，而“－”插孔(或“＊”插孔)是表内电池的正极。

(3) 测量电流或电压时，如果无法预知被测电流、电压的大小，应先调整到最大量程上试测，防止打坏表针。然后再调整到合适的量程上测量(指针偏转在表头刻度 1/2 以上)，以减小测量误差。注意不能带电转换量程开关。

(4) 测量电阻时，首先要选择适当的分辨率挡，然后将表笔短接，调节“零欧姆调节”旋钮，使表指针指示零位，以确保测量的准确性。若“零欧姆调节”电位器不能将表针调整到零位，说明电池电压不足，需要更换新电池，或者内部接触不良需修理。不能带电测电阻，以免损坏万用表。测量大阻值电阻时，不要用双手分别接触电阻两端，以免人体电阻同被测电阻并联而产生误差。每转换一次量程，都需要重新调零。不能使用电阻挡直接测量微安表表头、检流计、标准电池等仪器仪表的内阻。

(5) 表盘上有许多条刻度尺，要根据不同的被测量对象来读数。测量直流量时读取“DC”或“—”刻度尺，测量交流时读取“AC”或“～”刻度尺，测量电阻时读取“Ω”刻度尺。

(6) 每次测量完毕，将转换开关拨到电压最高挡，或者拨到“OFF”挡，防止他人误用而损坏万用表。万用表长期不用时，应取出电池，防止电池液腐蚀损坏万用表的内部零件。

2. 数字式万用表

数字式万用表是采用集成电路模/数(A/D)转换器和液晶显示器,将被测量的数值直接以数字形式显示出来的一种电子测量仪表。

现以优利德(UNT-T)UT39A型数字万用表(图2-11),说明其使用方法。UT39A型数字万用表是一种用电池驱动的三位半数字万用表,可以进行交流电压、直流电压、交流电流、直流电流、电阻、二极管、晶体管h_{FE}、带声响的通断等测试,并具有极性选择、量程显示及全量程过载保护等特点。

UT39A型数字万用表面板结构如图2-11所示。使用万用表测试前,注意如下事项。

(1) 先按下"POWER"键,检查液晶屏显示状态。如在屏上显示"🔋",则说明电池电压不足,应打开后盖,更换9V层叠电池。如在屏上显示"H",则说明显示屏右下方"HOLD"键被按下,数据保持显示不变。

(2) 测试前应将功能开关置于所需的量程上,将表笔按测试需要接入输入插孔。一般将黑色表笔接入"com"端,红色表笔根据测量对象选择不同的插孔。

(3) UT39A型万用表具有休眠模式,当仪表工作约15min后,电源将自动切断,仪表进入休眠模式,此时若要重新开启电源需重复按两次"POWER"开关。

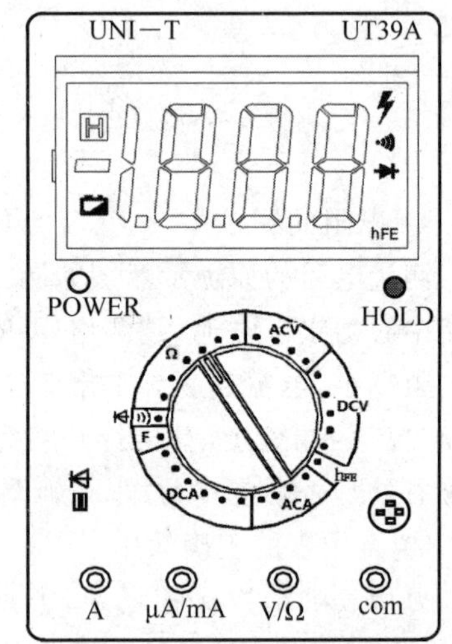

图2-11 UT39A型数字万用表面板

UT39A型数字万用表使用方法简介如下。

(1) 测量直流电压:将量程开关拨至"DCV"范围内的合适量程,红表笔接"V/Ω"插孔,黑表笔接"com"。将测试表笔接入被测源两端,显示屏将显示被测电压值。当显示值前有"－"号时表示黑表笔测试端为高电位,红表笔测试端为低电位。如无"－"号时,表示黑表笔测试端为低电位,红表笔测试端为高电位。如果显示屏只显示"1",表示超量程,应将量程开关置于更高的量程(以下测量同此)。

(2) 测量交流电压:将量程开关拨至"ACV"范围内合适量程,表笔接法同(1),将测试表笔接入被测源两端,显示屏将显示被测电压的有效值(无正负之分)。

(3) 测量直流电流:将量程开关拨至"DCA"范围内的合适量程,黑表笔接"com"插孔。当待测量小于200mA时,红表笔接"μA/mA"插孔;当测量值大于200mA,小于10A时,红表笔接"A"插孔。将测试表笔串入被测电路,当显示值前有"－"号时,表示电流是从黑表笔流入,红表笔流出。

(4) 测量交流电流:将量程开关拨至"ACA"范围内的合适量程,表笔接法同(3),将测试表笔串入被测电路,显示值为被测交流电流的有效值。

(5) 测量电阻:将量程开关拨至"Ω"范围内合适量程,红表笔接"V/Ω"插孔,黑表笔接"com"插孔(注:此时红表笔极性为"＋",与指针式万用表相反)。将表笔连接到被测电路上,显示屏将显示被测电阻值(注:显示值的单位是Ω、kΩ、MΩ,取决于当前选择的量限)。

(6) 二极管检测:将量程开关拨至"⊣◁"位置,表笔接法同(5),当红表笔接二极管正端,黑表笔接二极管负端时,二极管正向导通(注:与指针式万用表不同),显示值为二极管的正

向压降。当二极管反接时则显示过量程“1”。

(7) 声响的通断测试：将量程开关拨至“·))”(与二极管测试挡相同)，表笔接法同(5)。将测试表笔分别接至被检电路(被检电路需断开电源)两端，如果被检电路的电阻在20Ω以下，则表内蜂鸣器发声。

(8) 晶体管放大系数h_{FE}的测试：根据三极管是NPN或PNP型，将量程拨至“h_{FE}”，将三极管直接插入“E、B、C”各个相应插孔，即可直接读出其电流放大倍数。

2.1.4 其他电工仪表

1. 钳形电流表

用普通电流表测量电流，必须将被测电路断开，把电流表串入被测电路，操作很不方便。采用钳形电流表，可以测量正在运行的电气线路电流大小，可以在不断电的情况下测量，使用非常方便。

钳形电流表简称钳形表，图2-12所示为数字式钳形电流表外形。钳形电流表的工作部分主要由一只电磁式电流表和穿心式电流互感器组成。穿心式电流互感器的铁芯制成活动开口，且成钳形，故名钳形电流表。穿心式电流互感器的原边绕组为穿过互感器中心的被测导线，副边绕组则缠绕在铁芯上与整流电流表相连。旋钮实际上是一个量程选择开关，扳手的作用是开合穿心式互感器铁芯的可动部分，以便在其内钳入被测导线。

测量电流时，按动扳手，打开钳口，将被测载体导线置于穿心式电流互感器的中间，当被测导线中有交流电流通过时，交流电流的磁通在互感器副边绕组中感应出电流，该电流通过电磁式电流表的线圈，使指针发生偏转，在表盘刻度尺上显示出被测电流值。

图2-12　数字式钳形电流表

2. 兆欧表

兆欧表又称摇表，是一种检查电气设备、测量高电阻的仪表，通常用来测量电路、电动机绕组、电缆等绝缘电阻。兆欧表大都采用手摇发电机供电，其刻度以兆欧(MΩ)为单位。

兆欧表的原理示意图与外形如图2-13所示，它主要由手摇发电机、磁电式流比计、接线柱(L、E、G)组成。如测量电气设备的对地绝缘电阻时，“L”用单根导线接设备的待测部位，“E”用单根导线接设备外壳；如测电气设备内两绕组间绝缘电阻时，“L”和“E”分别接两绕组的接线端；如测量电缆绝缘电阻时，“L”接线芯，“E”接外壳，“G”接线芯与外壳之间的绝缘层，以消除表面漏电产生的误差。

使用兆欧表时摇动手柄，转速控制在120r/min左右，允许有±20%的变化，但不得超过25%。通常在摇动1min后，待指针稳定下来再读数。如被测电路中有电容，摇动时间要长一些，等电容充电完成，指针稳定下来再计数。测完后先拆接线，再停止摇动。测量中，若发现指针归零，应立即停止摇动手柄。

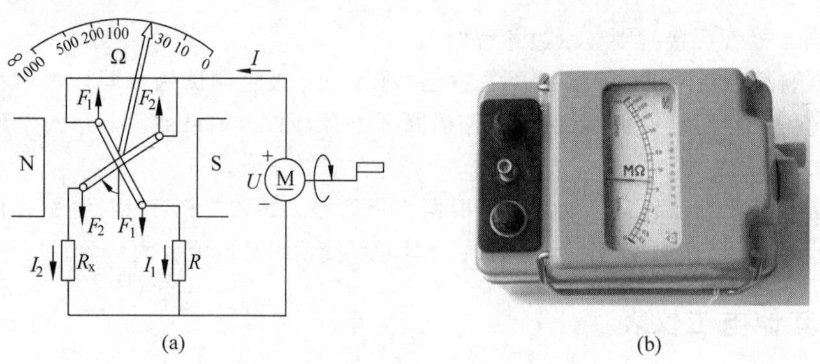

图 2-13 兆欧表的原理示意图和外形

(a) 原理示意图；(b) 外形

兆欧表未停止转动前，切勿用手触及设备的测量部分或摇表接线柱。测量完毕，应对设备充分放电，避免触电事故。

2.2 常用电子仪器及其使用

在电路与电子技术实验中，测试和定量分析电路的静态和动态工作状况时，最常用的电子仪器有：直流稳压源、单相调压变压器、函数信号发生器、交流毫伏表、示波器等。各实验仪器与实验电路之间的关系如图 2-14 所示。其中各电子仪器的作用简述如下：

直流稳压电源：为电路提供直流可调电压。

函数信号发生器：为电路提供不同波形、频率和幅度的输入信号。

示波器：观测、显示被测电压信号的波形（幅度、频率、周期、相位等参数）。

交流毫伏表：测量电路输入、输出的高频、正弦信号的有效值。

万用表：测量电路的静态工作点和直流信号值，也可测量工作频率较低时电路的交流电压、交流电流的有效值。

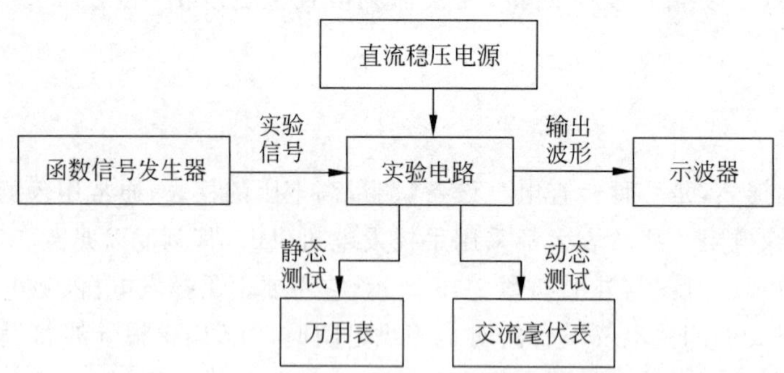

图 2-14 电子技术实验中测量仪器、仪表连接示意图

2.2.1 直流稳压电源

1. 直流稳压电源的工作原理及功能

直流稳压电源是可调直流电压的设备，其基本结构示意图如图 2-15 所示。首先由变压

器将稳压电源输入的 220V、50Hz 的交流电压变换为所需幅度的交流电压；其次，由整流电路将交流电压变换成直流脉动电压；再次，由滤波电路将脉动的直流分量降低；最后，经过直流稳压电路输出稳定的电压。直流稳压源的内阻非常小，在其输出的电压范围内，其伏安特性十分接近于理想电源。

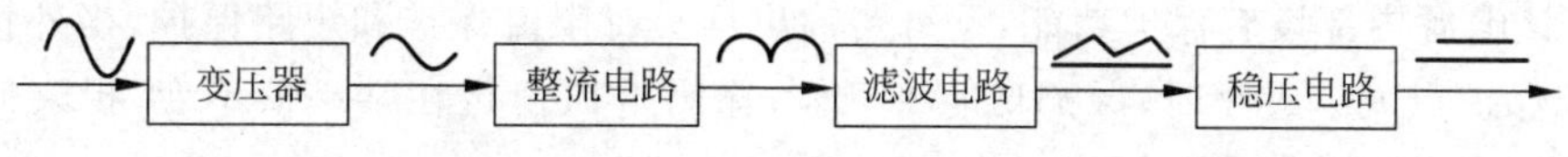

图 2-15　直流稳压电源的基本结构示意图

2. DF1731SC2A 型直流稳压电源的使用

直流稳压电源的型号很多，面板布局也有所不同，但使用方法基本相同。本书以 DF1731SC2A 型直流稳压电源为例进行说明。DF1731SC2A 型直流稳压电源是一款有三路输出的高精度直流稳压电源，其中两路为彼此完全独立的 0～30V、2A 连续可调的电压；另一路为输出电压固定为 5V 的稳压电源。

DF1731SC2A 型直流稳压电源面板如图 2-16 所示。

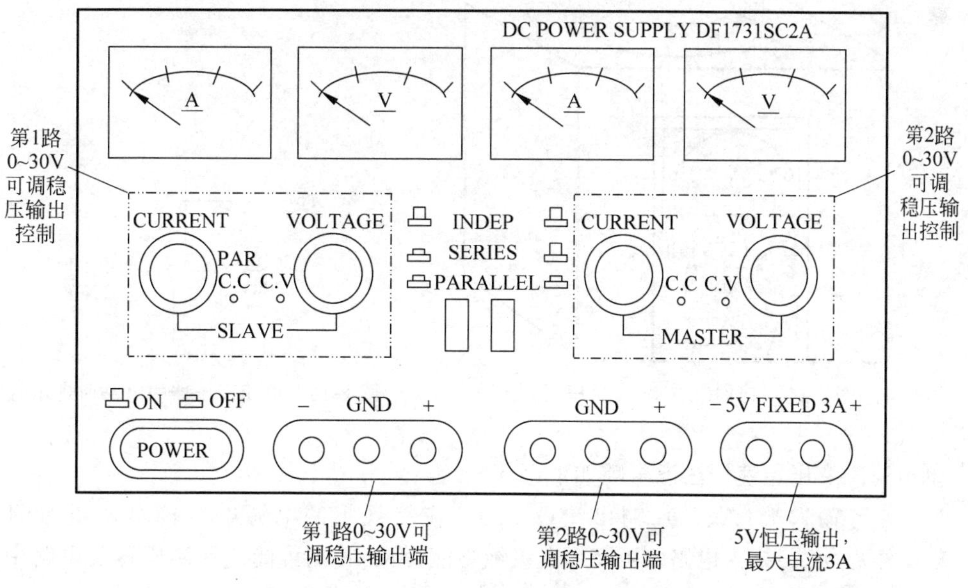

图 2-16　DF1731C2A 型直流稳压电源面板

(1) 电源面板上有 4 只表头，分别用来指示两路 0～30V 可调输出电源的输出电压、电流。注意，这 4 只表头的准确等级较低(5 级)，输出电压的确切大小应以电压表实际测量值为准。

(2) 电源面板上有四个旋钮，分成两组：标称为“CURRENT”的是输出电流调节旋钮，用来调节相对应的 0～30V 可调输出电源的最大输出电流(限流保护点调节)；标称为“VOLTAGE”的是输出电压调节旋钮，调节相对应的 0～30V 可调输出电源的输出电压值。

(3) 电源面板中间的两个按键，可将两路 0～30V 可调输出端电压进行三种组合：左、右键均弹起，两路电源输出相互独立使用；按下左键，右键弹起，两路电源串联使用，输出电压由第二路的电流调节旋钮与电压调节旋钮控制；左、右按键均按下，将两路电压源并联使用。

(4) 电源面板下方的接线柱：接线柱上标有“＋”“－”分别为直流电压输出的正、负极；接线柱上标有“GND”表明该接线柱与机壳相连。

(5) 该电源内部设有保护功能，且每路输出均具有限流保护和短路保护，当外接负载短路或限流保护点调节过小时，保护功能将工作，输出电压恒定在某一值不变，提醒使用者调节有关旋钮或及时排除电路故障。

2.2.2 单相调压变压器

单相调压变压器简称调压器或自耦变压器，是实验室用来调节交流电压的常用设备。单相调压变压器的初级输入接 220V 交流电压，次级输出 0～250V 的连续可调交流电压。使用时，通过调节调压器上手轮的位置来改变输出电压的大小。图 2-17 所示为 HOSSONI 公司型号为 TDGC2-1KVA 的单相调压变压器外形图，图 2-18 为该型号调压器的电路原理图。

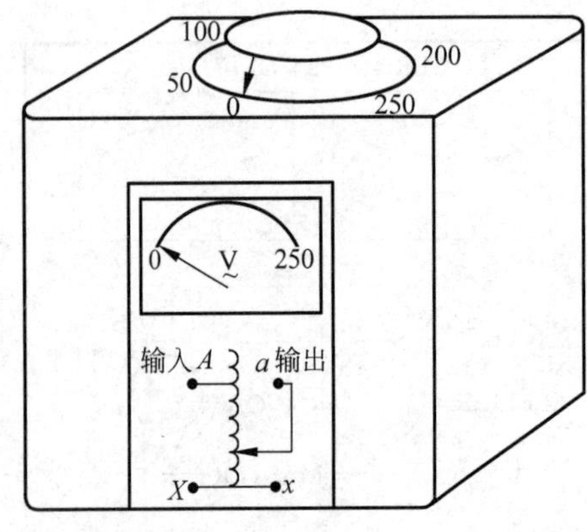

图 2-17 TDGC2-1KVA 调压器外形

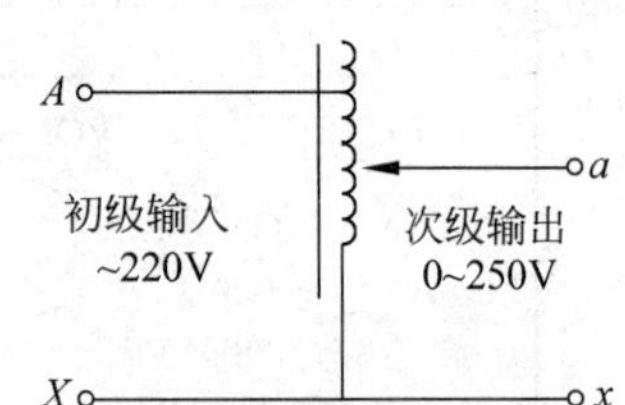

图 2-18 单相调压器的电路原理示意图

单相调压变压器使用注意事项如下：

(1) 分清输入端(A、X)、输出端(a、x)。应将规定的电源电压接至调压器的初级(A、X)，次级(a、x)接入电路；初级与次级绝不能弄反，否则可能烧坏调压器及电路中仪器设备。

(2) 调压器输入电压及输出电流不得超过额定值(调压器铭牌上有标称)。

(3) 为了安全，电源中线应接在其输入与输出的公共端钮上(X、x)，初级的另一端(A)应与电源的相(火)线相连接(注：在调压器内部已将初、次级的公共端钮 X 与 x 连在一起了)。

(4) 使用调压器要养成习惯：每次调压时都应该从零开始逐渐增加，直到所需的电压值。因此，在接通电源前，调压器的手轮位置应在零位；每次使用后，也应随手将手轮调回零位，以免发生意外。

(5) 调压器上的刻度值、面板上电压表头的读数只能作参考，输出电压值应用电压表测量。

2.2.3　函数信号发生器

函数信号发生器简称信号源，它可以按需要输出正弦波、方波、三角波三种信号波形。通过输出衰减开关和幅度调节旋钮，可使输出电压在毫伏级到伏级范围内连续调节。函数信号发生器的输出信号可以通过倍率选择和频率微调旋钮进行调节。注意，函数信号发生器作为信号源，它的输出端不允许短路。

本书以 SP1641D 型函数信号发生器为例详细说明其使用方法，图 2-19 所示为其前面板图。

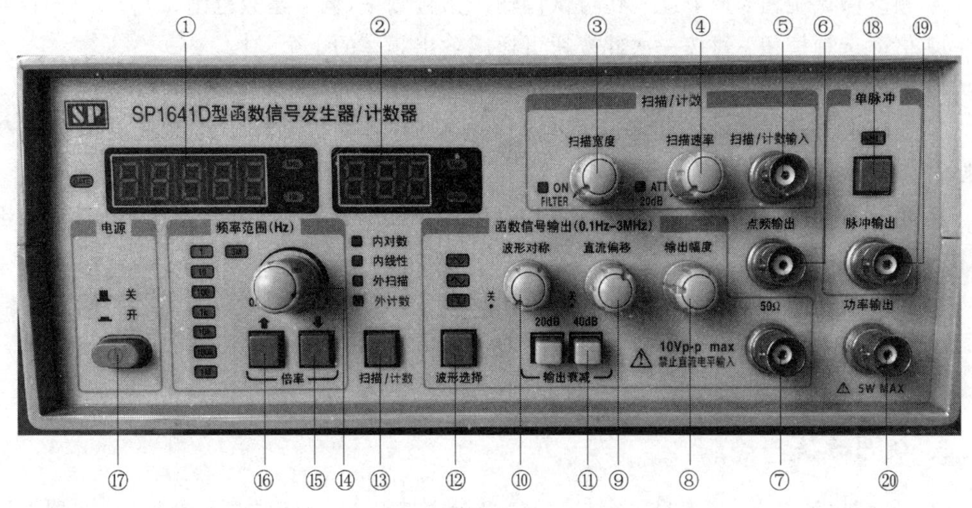

图 2-19　SP1641D 型函数信号发生器前面板示意图

1. 面板操作键及功能说明

① 频率显示窗口：显示输出信号的频率、外测频信号的频率。

② 幅度显示窗口：显示函数输出信号和功率输出信号的幅度。

③ 扫描宽度调节旋钮：调节此电位器可调节扫频输出的频率范围。在外测频时，逆时针旋到底(绿灯亮)，为外输入测量信号经过低通开关进入测量系统。

④ 扫描速率调节旋钮：调节此电位器可以改变内扫描的时间长短。在外测频时，逆时针旋到底(绿灯亮)，为外输入测量信号经过衰减"20dB"进入测量系统。

⑤ 扫描/计数输入插座：当"扫描/计数"⑬功能选择在外扫描状态或外测频功能时，外扫描控制信号或外测频信号由此输入。

⑥ 点频输出端：输出频率为 100Hz 的正弦信号，输出幅度 2V(－1～＋1V)，输出阻抗 50Ω。

⑦ 函数信号输出端：输出多种波形受控的函数信号，输出幅度 20V(1MΩ 负载)，10V(50Ω 负载)。

⑧ 函数信号/功率信号输出幅度调节旋钮：对于电压输出，调节范围为 20dB；对于功率输出，调节范围为 0～5W 输出功率。

⑨ 函数输出信号直流：直流偏移调节旋钮调节范围：－5～＋5V(50Ω 负载)，－10～

+10V(1MΩ 负载)。当电位器处在关位置时,则为 0 电平。

⑩ 输出波形对称性调节旋钮:调节此旋钮可改变输出信号的对称性。当电位器处在关位置时,则输出对称信号。

⑪ 函数信号\功率信号输出幅度衰减开关:"20dB""40dB"键均不按下,输出信号不经衰减,直接输出到插座口。"20dB""40dB"键分别按下,则可选择 20dB 或 40dB 衰减。两键同时按下,则可进行 60dB 衰减。

⑫ 函数输出波形选择按钮:可选择正弦波、三角波、脉冲波输出。

⑬ "扫描/计数"按钮:可选择多种扫描方式和外测频方式。

⑭ 频率微调旋钮:调节此旋钮可微调输出信号频率,调节基数范围(α)为 0.1～1。

⑮ 倍率选择按钮:每按一次此按钮可递减输出频率的 1 个频段。

⑯ 倍率选择按钮:每按一次此按钮可递增输出频率的 1 个频段。

⑰ 整机电源开关:此按键按下时,机内电源接通,整机工作。此键释放为关掉整机电源。

⑱ 单脉冲按钮:按此钮可输出 TTL 高电平(指示灯亮),再按此钮输出 TTL 低电平(指示灯灭)。

⑲ 单脉冲信号输出端:通过单脉冲按钮输出 TTL 跳变电平。

⑳ 5W 功率输出端:可输出 5W 功率的正弦信号,输出幅度调节参照②⑧⑪说明。输出频率同主函数调节。

2. 使用方法

(1) 开启电源开关,频率显示窗口、幅值显示窗口的 LED 正常显示数值,示波器上可以观察到信号的波形,此时说明函数信号发生器的工作基本正常。

(2) 根据输出信号波形要求,按"波形选择"按钮选择输出正弦波、方波或三角波,选中的波形可在幅度显示窗口下方指示灯显示。

(3) 根据输出信号频率要求,按"倍率"按钮选择适当的频率挡,选中的频率挡可由频率显示窗口下方指示灯显示;然后调节频率微调旋钮,得到所需要的输出信号频率。

(4) 根据输出信号幅度要求,设定"输出衰减"按钮,然后调节"输出幅度"旋钮,得到所需要的输出电压的幅值。

(5) 根据需要,调节"直流偏移"旋钮得到输出信号中所需要叠加的直流分量(该功能若不使用则将旋钮置于"关")。

(6) 根据需要,调节"波形对称"旋钮得到所需要的占空比(该功能若不使用,则将旋钮置于"关")。

2.2.4 交流毫伏表

交流毫伏表是用来测量正弦交流电压有效值的电子仪器,与一般交流电压表相比,交流毫伏表量程多,频率范围宽,灵敏度高,适用范围更广;交流毫伏表的输入阻抗高,输入电容小,对被测电路影响小。因此,在电子电路的测量中得到了广泛的应用。

本书以 DF2175A 型交流毫伏表为例介绍其使用方法。图 2-20 所示为其前面板图。

1. 面板布置及功能说明

① 电源开关。

② 输入插座：被测电压输入端。采用同轴电缆，其外层是地线。

③ 量程选择旋钮：该旋钮可以选择仪表的满刻度值，有 12 挡量程。各量程挡并列有附加分贝(dB)数，可用于电平测量。

④ 量程指示。

⑤ 机械零位调整：用于机械调零。将输入接线短路，调节该螺钉使表头指示零位。

⑥ 表头及刻度。

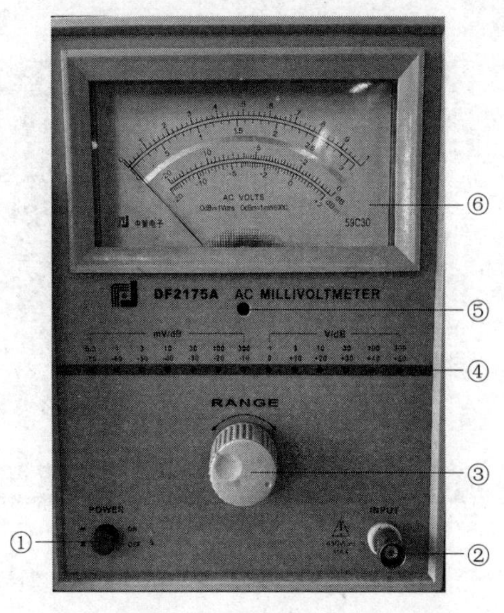

图 2-20　DF2175A 型交流毫伏表前面板

2. 使用方法及注意事项

(1) 通电前，先调整电表指针的机械零点，并将仪器水平放置。

(2) 接通电源，按下电源开关，各挡位发光二极管自左至右依次轮流检测，检测完毕后停止于 300V 挡指示处，并自动将量程置于 300V 挡，测量方式处于手动状态。

(3) 正确选择量程：应按被测电压的大小合适地选择量程，使仪表指针偏转至满刻度的 1/2 以上区域。如果无法预知被测电压的大小，应先将量程开关旋至大量程，然后再逐步减小量程。

(4) 正确读数：根据量程开关的位置，按照对应的刻度线读数(逢“1”读 1，逢“3”读 3)。

(5) 测量完毕，正确调整量程：当仪表输入端开路时，由于外界感应信号可能使指针偏转超量限，而损坏表头，因此，测量完毕时，应将量程开关旋至最大量程挡后再关闭电源。

(6) 其他注意事项：测量 30V 以上的电压时，必须注意安全，所测交流电压中的直流分量不得大于 100V；该仪器只能测试正弦波的有效值，测试其他波形时其测试结果只作参考；接通电源及输入量程转换时，由于电容的放电过程，指针有所晃动，需待指针稳定后读取读数；当将仪器后面板上的“浮置/接地”开关置于浮置时，输入信号地与外壳处于高阻状态，当将开关置于接地时，输入信号地与外壳接通。

2.2.5　示波器

示波器是电子测量中最常用的仪器，它可以将电信号的变化过程转换成可以直接观察的波形显示在示波器的屏幕上，从波形图上可以计算出被测信号的幅值(峰-峰值)、周期(频率)。如果示波器是双通道型，还可以同时观察两个通道同频率信号的相位差及脉冲宽度等。本文以 XJ4316B 型双踪示波器为例进行说明。

1. XJ4316B 型双踪示波器的面板及旋钮功能介绍

XJ4316B 型双踪示波器的前面板如图 2-21 所示。各按键/旋钮的功能见表 2-6。

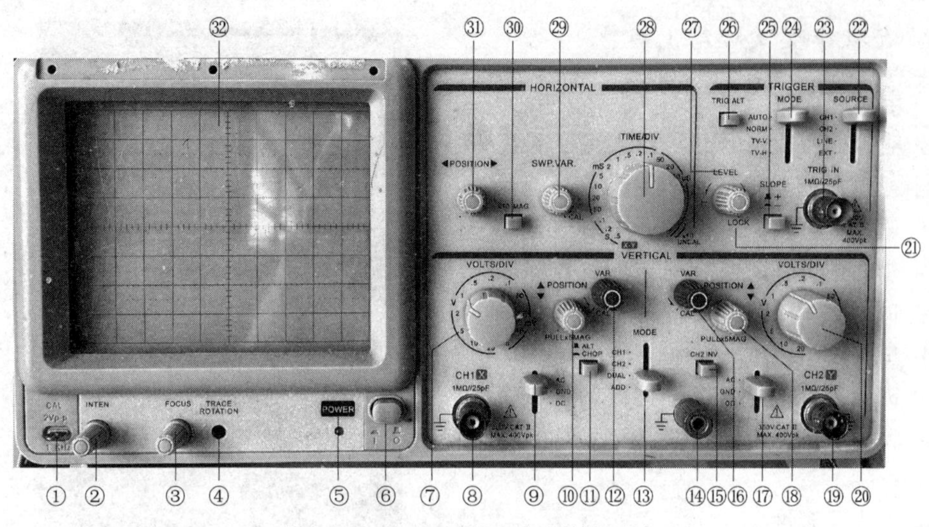

图 2-21 XJ4316B 型双踪示波器面板

表 2-6 XJ4316B 型双踪示波器各主要按键/旋钮的功能

按键/旋钮序号		名 称	功 能
①		标准信号 CAL	此端口输出峰值为 2V、频率为 1kHz 的方波信号，用以校准电压灵敏度和扫描时基因数
②		辉度旋钮 INTEN	调节光迹亮度，顺时针方向旋转光迹增亮
③		聚焦旋钮 FOCUS	调节示波管电子束的聚焦，使显示的光点成为细小而清晰的圆点
④		光迹旋转	半固定的电位器用来调整水平轨迹与刻度线的平行
⑤⑥		电源开关、显示	按下接通 220V 电源，指示灯⑤亮；弹起电源断开
垂直系统	⑦⑳	电压灵敏度旋钮(VOLTS/DIV)	调节垂直偏转灵敏度，有 5mV/div～20V/div 共 12 个挡级(div 格：在屏幕上长度为 1cm)
	⑧⑲	输入插座	通道 1、2 (CH1、CH2)输入插座，作为被测信号的输入端
	⑨⑰	输入耦合方式选择按键(AC-GND-DC)	AC(交流耦合)：信号与仪器经电容交流耦合，隔去直流分量，仅观察信号中的交流成分； DC(直流耦合)：信号与仪器直接耦合，可观察信号的直流分量； GND(⊥接地)：垂直放大器的输入端接地，输入信号被断开，用以确定输入端为零电位时光迹所在位置
	⑫⑯	电压灵敏度微调旋钮(VAR. PULL×5MAG)	微调波形幅度，顺时针方向增大，右旋到底为校准位置。微调灵敏度大于或等于 1/2.5 标示值，在校准位置时，灵敏度校正为标示值。当该旋钮拉出后(×5MAG 状态)放大器灵敏度乘以 5
	⑪	ALT/CHOP	在双踪显示时： ALT：交替显示两通道的输入信号，此方式适宜扫描速率较快时； CHOP：断续显示两通道的输入信号，适用于扫描速率较慢时
	⑩⑱	垂直位移	调节光迹在屏幕上的垂直位置

续表

按键/旋钮序号		名　　称	功　　能
垂直系统	⑬	垂直工作方式按键(VERTICAL MODE)	CH1：显示通道 1 的输入信号； CH2：显示通道 2 的输入信号； DUAL：同时显示通道 CH1、CH2 的输入信号； ADD：显示两个通道信号相加的结果(同按下⑮CH2 INV 按钮，显示 CH1-CH2 两通道信号代数差)
	⑭	接地端(⊥)	示波器机壳的接地端子
	⑮	CH2 INV	通道 CH2 的信号反向，当按下此键时，通道 2 的信号以及通道 2 的触发信号也同时反向
触发系统	㉑	触发电平锁定(LEVEL)	将触发电平旋钮㉗向顺时针方向转到底听到咔嗒一声后，触发电平被锁定在一固定电平上，这时改变扫描速度或信号幅度时，不再需要调节触发电平即可获得同步信号
	㉒	触发源选择(SOURCE)	CH1：当垂直方式选择开关⑬设定在 DUAL 或 ADD 状态时，选择通道 1 作为内部触发信号源； CH2：当垂直方式选择开关⑬设定在 DUAL 或 ADD 状态时，选择通道 2 作为内部触发信号源； LINE：选择交流电源作为触发信号； EXT：外部触发信号接于㉓作为触发信号
	㉓	外触发输入插座	当选择外触发方式时，触发信号由此端口输入
	㉔	触发方式(TRIGGER MODE)	选择触发方式(扫描工作方式 MODE)： AUTO(自动)：自动扫描方式。当无触发信号输入时，屏幕上显示扫描基线；当有触发信号时，电路自动转换成为触发扫描状态。此方式适宜观察频率在 50Hz 以上的信号。 NORM(常态)：触发扫描方式。无信号输入时，屏幕上无光迹显示。有信号输入，且触发电平旋钮在适当的位置时，电路被触发扫描。此方式适宜观察频率在 50Hz 以下的信号。 TV-V(电视场)：用于观察一场的电视信号。 TV-H(电视行)：用于观察一行的电视信号
	㉕	极性 SLOPE	触发信号的极性选择。"＋"上升沿触发，"－"选择信号的下降沿触发。测量正脉冲前沿及负脉冲后沿宜用"＋"；测量负脉冲前沿及正脉冲后沿宜用"－"
	㉖	TRIG. ALT	当垂直方式选择开关⑬设定在 DUAL 或 ADD 状态，而且触发源开关㉒选在通道 1 或通道 2 上，按下㉖时，它会交替选择通道 1 和通道 2 作为内触发信号源
	㉗	触发电平调节旋钮(LEVEL)	显示一个同步稳定的波形，设定一个波形的起始点。向"＋"旋转触发电平向上移，向"－"旋转触发电平向下移
水平系统	㉘	扫描时基因数选择(Time/DIV)	扫描速度可以分 20 挡，从 0.2μs/div～0.5s/div(也称水平扫描速度开关)
	㉙	扫描微调旋钮(SWP. VAR)	可连续改变扫描速率，且顺时针旋转到底为校准位置(也称水平微调旋钮)
	㉚	扫描扩展开关	按下时，扫描速度扩展 10 倍
	㉛	水平位移	控制显示信号在 X 轴方向左、右移动
㉜		滤色片	使波形看起来更加清晰

2. 示波器的主要技术特性

示波器的技术特性是正确选用示波器的依据，主要技术特性如下。

(1) Y 轴的频带宽度和上升时间。

频带宽度($BW=f_H-f_L$)表征示波器所能观测的正弦信号的频率范围。由于下限频率 f_L 远小于上限频率 f_H，所以频带宽度约等于上限频率 f_H，即 $BW=f_H$。频带越宽，表明示波器的频率特性越好。XJ4316B 型双踪示波器的频带宽度是 20MHz。示波器可以观察的脉冲信号的最小边沿上升时间为 t_τ，f_H 与 t_τ 的关系为

$$f_H t_\tau = 0.35 \tag{2-6}$$

式(2-6)中，f_H 的单位为 MHz，t_τ 的单位为 μs，则 XJ4316B 型双踪示波器的上升时间为 17.5ns。

为了减小测量误差，一般要求示波器的上限频率应大于被测信号最高频率的 3 倍以上，上升时间应小于被测脉冲上升时间的 1/3。

(2) Y 轴偏转灵敏度(电压灵敏度)：Y 轴偏转灵敏度表征示波器观察信号的幅度范围，其下限表征示波器观察微弱信号的能力，上限决定了示波器所能观察到信号的最大峰-峰值。XJ4316B 型双踪示波器的电压灵敏度为 5mV/div～20V/div，共 12 个挡级。当灵敏度处于 5mV/div 位置时，5mV 的信号在屏幕上垂直方向占一格；灵敏度处于 5V/div 位置时，由于示波器的屏幕高度为 8div(8cm)，故测量电压的峰-峰值不应超过 160V。

(3) 扫描时基因数：扫描时基因数是光点在水平方向移动单位长度(1div 或 1cm)所需的时间。XJ4316B 型双踪示波器的扫描时基因数开关按 1→2→5 顺序分 20 挡，范围是：0.2μs/div～0.5s/div；若按下"×10MAG"开关，可将扫描速度提高 10 倍，即水平方向移动单位长度(1div 或 1cm)所需的时间可精确到 0.02μs。

(4) 输入阻抗：输入阻抗是从示波器垂直系统输入端看进去的阻抗。示波器的输入阻抗大，对被测电路的影响就越小。XJ4316B 型双踪示波器的输入阻抗为 1MΩ，输入电容为 25pF。

3. 示波器的使用

1) 基本操作

电源接通，电源指示灯亮约 20s 后(示波器预热)，屏幕出现光迹。如 60s 后还没有出现光迹，请按下述步骤(1)检查开关和控制旋钮的设置。

(1) 显示水平扫描基线：按表 2-7 所示调节示波器的按键与旋钮。此时，示波器屏幕上应出现两条水平扫描基线。如果没有光迹，可能原因是光度太暗，或是垂直、水平位置不当，可顺时针调节辉度旋钮使光迹变亮，或者反复调节水平位移、垂直位移旋钮，使两条水平扫描基线清晰地显示在屏幕的中央位置。

(2) 使用本机校准信号检查：将 CH1 与 CH2 通道的输入端由探头(如探头上有衰减选择开关，置于"×1")接到示波器屏幕左下角校准信号输出端，参照表 2-7 调节示波器的各旋钮与按键，但注意将两通道的"输入耦合方式选择 AC-GND-DC"开关打至"DC"挡。此时，屏幕上应出现两个周期的方波，如图 2-22 所示。调节垂直位移旋钮，可以分别读取两通道的方波，在垂直方向上占 2 格，波形的一个周期在水平方向上占 5 格，此时说明示波器工作

正常。

表 2-7　显示水平扫描线时示波器面板各控制件状态

水平系统(HORIZONTAL)		触发系统(TRIGGER)		垂直系统(VERTICAL)	
面板控制件	作用位置	面板控制件	作用位置	面板控制件	作用位置
TIME/DIV	0.2ms/div	SOURCE	CH1/CH2	VOLTS/DIV	1V/div
SWAP. VAR	CAL	MODE	AUTO	AC-GND-DC	GND
×10MAG	弹起	TRIGER. ALT	弹起	VAR. PULL×5MAG	CAL/未拉出
水平位移	居中	SLOPE	+	垂直位移	居中
		LEVEL	LOCK	ALT/CHOP	ALT
				CH2. INV	弹出
				MODE	DUAL

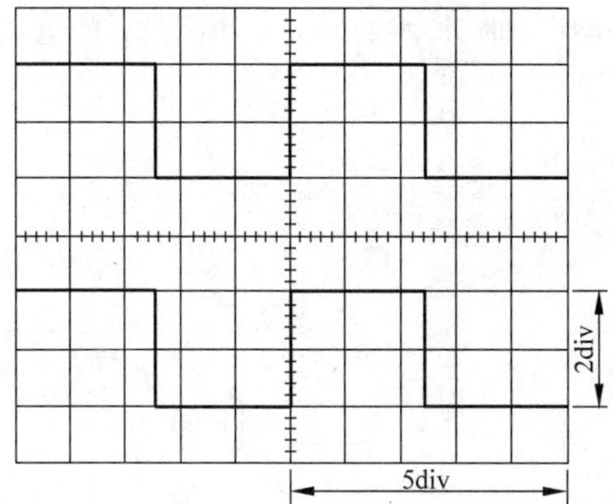

图 2-22　使用校准信号检查

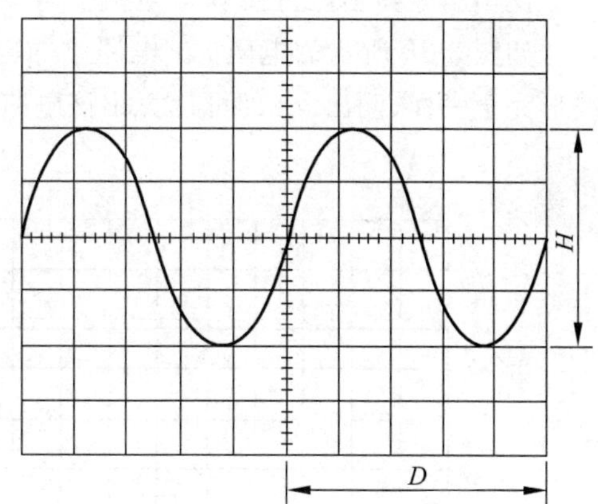

图 2-23　交流电压的测量

2）参数的测量与读数

(1) 电压测量

将被测信号接入示波器 CH1 或 CH2 通道，调节示波器相应旋钮。为减小读数误差，在屏幕上显示的波形水平方向为 1～2 周期，垂直方向上占 4～8 格，即可从示波器上读取被测量电压信号的幅值与周期。读数与计算公式如下：

水平方向读取电压信号的周期：$T=\text{TIME/DIV}\cdot D$　(2-7)

垂直方向读取电压信号的幅值：$U_{\text{P-P}}=\text{VOLTS/DIV}\cdot H$　(2-8)

式(2-7)与式(2-8)中 TIME/DIV 为扫描时基因数选择值，D 为一个周期波形在水平方向上所占格数(div/cm)，VOLTS/DIV 为对应通道信号电压灵敏度旋钮取值，H 为被测信号峰-峰值高度(div/cm)。如图 2-22 中校准方波的周期为：$T=0.2\text{ms/DIV}\times5=1\text{ms}$，峰-峰值为：$U_{\text{P-P}}=1\text{V/DIV}\times2=2\text{V}$。

测量时应把电压灵敏度微调旋钮(VAR. PULL×5MAG)与扫描微调旋钮(SWP. VAR)旋至校准位置。同时注意：

① 当被测量信号是交流电压时，输入耦合方式应选择“AC”，再调节“VOLTS/DIV”旋钮，使波形显示便于读数，如图 2-23 所示。

② 当被测信号是直流电压时，应先将输入耦合方式选择为“DC”，然后把扫描基线调整到零电平位置(即输入耦合方式选择为“GND”，调节垂直位移旋钮使扫描基线位于合适的位置，此时扫描基线即为零电平基准线)。如图2-24所示，根据波形偏离零电平基准线的垂直距离 H(div)及VOLTS/DIV的指示值，可以计算出直流电压的值。

③ 在测量信号时，如采用的是单通道测量，应将垂直工作方式按键“CH1-CH2-DUALL-ADD”与触发源选择按键“CH1-CH2-LINE-EXT”相对应，同选择为CH1或CH2。

例2-2 如示波器的扫描时基因数选择为TIME/DIV＝0.5ms/div，垂直灵敏度开关选择为VOLTS/DIV＝0.5V/div，试读出下列数据：

图2-23所示正弦波的峰-峰值 U_{P-P}＝________，周期 T＝________；

图2-24所示直流电压的值 U＝________。

(2) 电流测量

使用示波器不能直接测量电流。若要观察电流波形，应该在电路中串联一个“取样电阻”，如图2-25所示的电阻 r。电路中的电流流过电阻 r 时，r 两端的电压和流过 r 的电流波形完全一样，测出 u_r 即可计算出该电路的电流，即

$$i=u_r/r \tag{2-9}$$

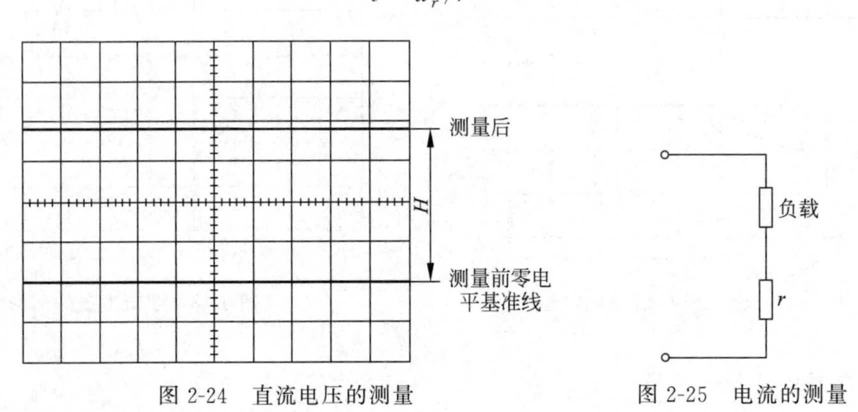

图2-24 直流电压的测量　　　图2-25 电流的测量

(3) 测量两个同频率信号的相位差

示波器采用双踪显示：CH1、CH2通道分别输入两个同频率正弦信号，参照表2-7调节示波器各旋钮与按键值。但需注意：

① 先调节两条水平扫描线在示波器的中央位置重合，再将“AC-GND-AC”输入耦合方式选择为AC交流耦合；

② “TIME/DIV”扫描时基因数选择与“VOLTS/DIV”垂直灵敏度开关应根据输入信号的频率与幅值调节，使两个波形在屏幕上水平方向显示1～2个周期，垂直方向上占4～8格，以减少读数误差。

如图2-26(a)所示，一个波形的周期是360°，即在 T＝TIME/DIV・L(L 为图上 A、B 间的水平距离，单位div/cm)时间内被测量信号的相位变化了360°；如图2-26(b)所示，示波器采用双踪显示后，示波器屏幕上观测到两频率相同的信号①与②，A 点波形①的状态与 C 点波形②的状态相同，则两信号变化过程中相位差 φ 与 A、C 点间的距离 D(div/cm)有关，则：

$$\varphi=\frac{D}{L}\times 360^{\circ} \tag{2-10}$$

且波形①超前于波形②φ。

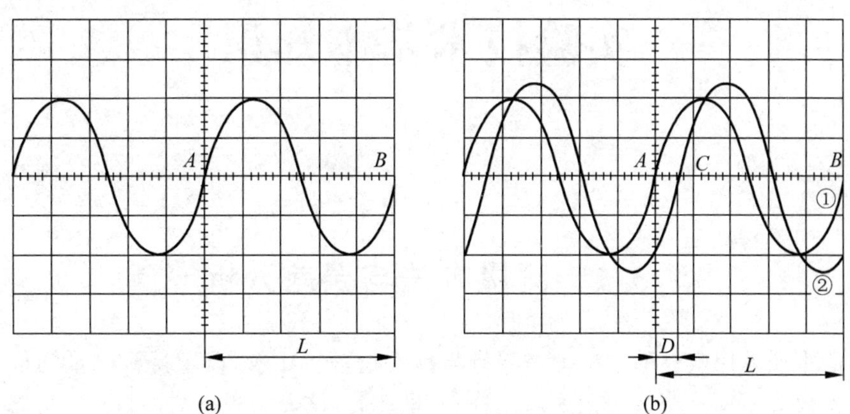

图 2-26　示波器双踪显示测量同频率信号相位差

(a) 周期的测量；(b) 相位的测量

(4) 示波器使用的注意事项

为了安全、正确使用示波器测量电信号，必须注意以下几点：

① 使用之前，应检查电网电压是否与仪器要求的电源电压一致。

② 在测量电信号过程中，屏幕显示光迹亮度不宜过亮，以延长示波管的寿命。若中途暂时不观察波形，可将亮度调低。

③ 定量观测波形时，应尽量在屏幕的中心区域进行，显示波形时应满足：在水平方向显示 1～2 个周期，垂直方向上占 4～8 格，以减少读数误差。

④ 被测信号电压（直流与交流峰值的和）不应超过示波器允许的最大输入电压。XJ4316B 型示波器允许的最大峰值输入电压为 300V（AC：频率≤1kHz）。

⑤ 调节示波器面板上的各按键、旋钮时，不要过分用力，以免损坏按键与旋钮。

⑥ 探头和示波器应配套使用，不能互换，否则可能导致误差增大或波形失真。

实验技术基本知识

3.1 测量方法与误差分析

测量的本质是用实验的方法把被测量与标准量进行比较，以求得被测量的值。然而任何电工测量仪表不论其制造工艺如何先进、质量多高，仪表的测量结果与真实值之间总存在着一定的差值，我们把测量结果与真实值之差叫作测量误差。

3.1.1 基本测量方法

测量实际上是一种比较过程，选择什么样的测量方法进行测量，首先取决于被测量的性质，其次也要考虑测量条件和提出的测量要求。基本测量方法可以分为以下几种。

1. 直接测量法

不必进行辅助计算就能直接得到测量值的测量方法，称为直接测量法。例如，用电压表测量电压和用电桥测量电阻，都可以直接读出被测电压或电阻的值。这种方法的特点是测出的数据就是被测量本身的值。

2. 间接测量法

通过直接测量与被测量有已知函数关系的其他物理量，再按已知函数关系进行计算，得出被测量数值的方法称为间接测量法。例如，用伏安法测电阻，先测出被测电阻两端的电压和通过该电阻的电流，然后利用欧姆定律，间接计算出电阻数值。通常在被测量不便于直接测量，或者是用于直接测量的仪器准确度不够时，采用间接测量法。

3. 比较测量法

将被测量与已知的同类标准量进行比较，求得被测量数值的方法称为比较测量法。例如，用天平测量物体的质量、用电位差计测量电压、用电桥测量组件参数都属于比较测量法。在比较测量法中，量具是直接参与工作的，如用天平测量物体质量时的整个测量过程中，作为质量量具的砝码始终参与工作。

4. 微差测量法

这种测量方法是将被测量与同它的量值只有微小差别的已知量相比较，并且测量出这两个量值间的差值以确定被测量。

5. 零位测量法

零位测量法是通过调整一个或几个与被测量有已知平衡关系的(或已知其值的)量，用平衡法确定被测量的测量方法。采用零位测量法进行测量的优点是可以获得比较高的精确度，但是测量过程比较复杂。例如，使用平衡电桥和电位差计测量电阻值和毫伏级电压信号。

6. 组合测量法

组合测量法是利用直接或间接的方法测得一定数目的被测量的不同组合，列出一组方程，通过解方程组得到被测量的一种方法。

3.1.2　测量误差的分类

测量误差按其性质和特点可分为系统误差、随机误差和疏忽误差。

1. 系统误差

系统误差是由于仪表的不完善，使用不恰当，或测量方法采用了近似公式以及外界因素(如温度、电场、磁场)等引起的。它遵循一定的规律变化或保持不变。按照误差产生的原因又可分为：基本误差、附加误差和方法误差。

(1) 基本误差：仪表在正常使用条件下，由于结构上和制造中的缺陷而产生的误差，它为仪表所固有。其主要原因是仪表的活动部分在轴承中的摩擦、游丝的永久变形、零件位置安装不正确、刻度不准确等。

(2) 附加误差：它是由于外界因素的变化而产生的。其原因是仪表未在正常条件下使用，如温度和磁场的变化、放置方法不同都会引起误差。

(3) 方法误差：测量方法不完善，使用仪表者在读数时因个人习惯不同而造成读数不准确，间接测量时所用的近似计算公式等都可能造成误差。例如，用电流表、电压表测量电阻可采用图 3-1(a)或(b)两种测量电路，根据公式 $R=U/I$ 求得被测电阻值。由于测量结果忽略了电压表和电流表内阻的分流和分压作用的影响，因而产生了方法误差。

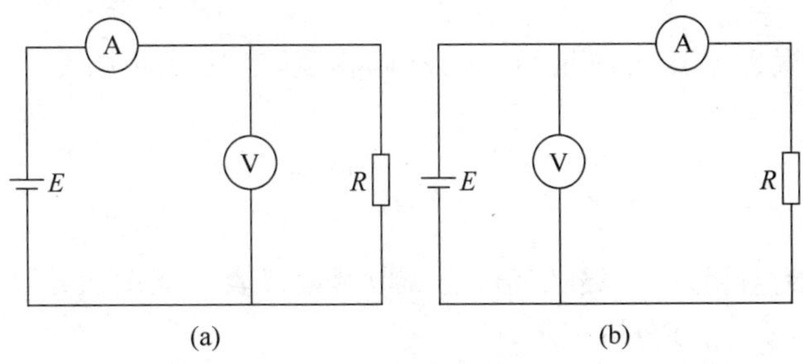

图 3-1　两种测量电路

2. 随机误差

随机误差是指在相同的条件下，多次重复测量同一个量时，在尽量消除一切明显的系统误差后，每次测量结果仍会出现大小、符号都不确定的误差，也叫偶然误差。根据这种误差的特点，可以通过对被测量进行多次重复测量，取其算术平均值的方法来减弱随机误差对测量结果的影响。

3. 疏忽误差

疏忽误差是由于测量中的疏忽所引起的。由于疏忽所引起的测量结果一般都严重偏离被测量的实际值，如读数错误、记录错误、计算错误或操作方法错误等所造成的误差。

3.1.3 测量误差的表示方法

真值是理论上存在而实际上却无法真正获取的。在实际工作中，通常是用约定真值来代替真值。它往往是采用高准确度仪表，多次测量后取平均值的结果。测量误差是指仪表显示值与约定真值之差，常用绝对误差或相对误差表示。在评定仪器仪表的准确度等级时则采用了引用误差。

1. 绝对误差

测量值 X 与被测量真实值(真值)X_0 之差称为绝对误差，用 ΔX 表示，即

$$\Delta X = X - X_0 \tag{3-1}$$

一般把高精度标准仪表所测量的数值视为真值 X_0。

2. 相对误差

相对误差是绝对误差 ΔX 与真值 X_0 之比的百分数，用 γ 表示，即

$$\gamma = \frac{\Delta X}{X_0} \times 100\% \tag{3-2}$$

实际操作时，被测量的真实值 X_0 很难测到，所以一般用仪表测量值 X 近似代替，则有

$$\gamma = \frac{\Delta X}{X} \times 100\% \tag{3-3}$$

通常采用相对误差来比较测量结果的准确程度，它比绝对误差更能确切地说明测量质量。

3. 引用误差

引用误差是指绝对误差除以规定值(通常指测量仪表的满度值)，这一规定值常被称为引用值，故称引用误差，用百分数表示，即

$$\gamma_m = \frac{\Delta X}{X_m} \times 100\% \tag{3-4}$$

引用误差主要是用来评价仪器仪表的准确度等级。在工程应用中，测量仪表的准确度等级是按照其最大引用误差来规定的，常用电工仪表的准确度 α 分为七个等级：0.1、0.2、

0.5、1.0、1.5、2.5、5.0 等，分别表示指示仪表的最大引用误差不许超过该仪表准确度等级的百分数。例如，准确度为 0.5 级的仪表，其最大引用误差 γ_m 在 0.2%～0.5%之间，但不超过 0.5%。最大引用误差越小，仪表的准确度也就越高。测量中相对误差的最大值越小越准确。

例 3-1 用量程为 200V、准确度为 0.5 级的电压表去测量 150V 和 50V 两个电压，求测量时产生的最大相对误差。

解：测量 150V 电压时仪表所产生的最大误差（用绝对误差表示）为

$$\Delta X = \pm \alpha\% \times X_m = \pm 0.5\% \times 200\text{V} = 1\text{V}$$

其最大相对误差为

$$\gamma = \pm \frac{1}{150} = \pm 0.67\%$$

测量 50V 电压时仪表所产生的最大绝对误差为

$$\Delta X = \pm 0.5\% \times 200\text{V} = 1\text{V}$$

其最大相对误差为

$$\gamma = \pm \frac{1}{50} = \pm 2\%$$

显然，最大相对误差不仅与仪表的准确度等级 α 有关，而且与量程和被测值的比值有关，当仪表选定后，被测值越接近 X_m，测量值就越准确。因此，在使用仪表时，仪表应使被测量的示数达到仪表满刻度 X_m 的 2/3 以上，否则所选仪表准确度等级虽高，但测量的准确度可能较低，其测量结果的误差可能会超过仪表的准确度等级（如例 3-1）。因此在测量中要兼顾仪表的量程和准确度等级，合理选择仪表。

3.2 实验数据的处理

实验中对所测量的量进行记录，得到实验数据，并对实验数据进行整理、分析和计算，从中得到实验结果，分析实验规律，这个过程称为实验的数据处理。

3.2.1 测量中有效数字的处理

1. 有效数字的概念

实验中记录的测量数据应满足测量精度的要求，由若干位可靠数字和一位可疑数字组成的数据称为有效数字。因为测量所得的结果都是近似值，这些近似值通常都用有效数字的形式来表示。例如，电流的测量结果为 0.0267A，它是由 2、6、7 三个有效数字表示的电流值，左边的两个 0 不是有效数字，因为它可以通过单位变换写成 26.7mA，其中前两位有效数字是准确知道的，最后一位有效数字“7”通常是在测量该数时估读出来的，也称为欠准数字，它左边的各有效数字均是准确数字。在测量中，读数时只能取一位估计值，多取是无效的，准确数字和欠准数字都是测量结果不可缺少的有效数字。

2. 有效数字的正确表示

(1) 有效数字中只应保留一位欠准数字，在记录测量数据时，只有最后一位有效数字是欠准数字。这样记录的数据，表明被测量的值可能在最后一位数字上变化±1单位。例如，用万用表测一电阻，测量值为12.3kΩ，它的有效值是3位，其中前两位是可靠数字，最后一位是欠准数字，由于末位是估计值，可能有±1的误差，因此测量结果可以表示为(12.3±0.1)kΩ。

(2) 关于数据中数字"0"的处理。数据左边的"0"不能算作有效数字，例如0.0540V，左边两个"0"不是有效数字，该数据有3位有效数字，当换成毫伏单位时，写成54.0mV，前面的"0"就消失了。数据右边的"0"算作有效数字。另外，根据有效数字的位数，有些数字需写成10的乘幂形式。例如，测得某电阻阻值为15000Ω，有效数字为3位时，则应记为$15.0\times 10^3\Omega$或$150\times 10^2\Omega$。

(3) 在计算中，常数(如π、e等)以及因子的有效数字的位数没有限制，需要几位就取几位。

(4) 当有效数字位数确定以后，多余的位数应一律按四舍五入的规则舍去，称之为有效数字的修约。

3. 有效数字的运算法则

(1) 加减运算。几个数据进行加减运算时，参加运算的各数所保留的位数，一般应与各数小数点后位数最少的相同，例如，13.6、0.056、1.666三个数相加，小数点后最少位数是一位(13.6)，所以应将其余二数修约到小数点后一位数，然后再相加，即

$$13.6+0.1+1.7=15.4$$

为了减少计算误差，也可在修约时多保留一位小数，计算之后再修约到规定的位数，即

$$13.6+0.06+1.67=15.33$$

其最后结果为15.3。

(2) 乘除运算。乘除运算时，各因子及计算结果所保留的位数以百分误差最大或有效数字位数最少的项为准，不考虑小数点的位置。例如，以有效数字位数最少的项为准的方法，计算0.12、1.057和23.41三个数相乘，有效数字最少的是0.12，则

$$0.12\times 1.1\times 23=3.036$$

其结果为3.0。

(3) 乘方及开方运算。运算结果比原数多保留一位有效数字。例如

$$(15.4)^2=237.2$$

$$\sqrt{2.4}=1.55$$

(4) 对数运算。取对数前后的有效数字位数应相等，例如

$$\ln 230=5.44$$

3.2.2 实验数据的处理方法

实验测量所得到的记录，经过有效数字修约、有效数字运算等处理后，有时仍不能看出实验规律或结果，因此，必须对这些实验数据进行整理、计算和分析，才能从中找出实验规律，得出实验结果，这个过程就叫作实验数据的处理。以下介绍几种电子电路实验中常用的实验数据处理方法。

1. 列表法

将实验过程中直接测量、间接测量和计算过程中的数据按一定的形式和顺序列成表格表示。此方法的特点是简单易行，结构紧凑，便于比较分析，容易发现问题和找出各电量之间的相互关系以及变化规律。

表格的设计要便于记录、计算和检查；表中所用符号、单位要表达清楚；表中所列数据的有效数字位数要正确；数据要有序排列，如按照由大到小的顺序排列；在曲线斜率大和变化规律重要的地方，测量点应适当选密些。

2. 图示法

将测量数据在图纸上绘制为图形的方法称为图示法。图示法的优点是直观、形象，能清晰地反映出变量间的函数关系和变化规律。图示法要根据所表示的内容以及函数关系选择合适的坐标和比例，要注意坐标分度和比例的选择。

(1) 坐标的分度应与测量误差相吻合。如果分度值取得过细，就会夸大测量精度；反之分度取得过粗，又会失去原有精度，而且增加了作图的困难。

(2) 纵、横坐标之间的比例不一定取得一样，应根据情况选择，以便于分析和不致产生错觉为原则。

(3) 选择合适的坐标系。常用的坐标系有直角坐标系、半对数坐标系和全对数坐标系等。选择哪种坐标系，要视是否便于描述数据和表达实验结果而定。最常用的是直角坐标系，但若测量值的数值范围很大，就可选用对数坐标系。

根据图上的数据点作曲线时，不可将各点直接连成折线，应视情况作出拟合曲线。所作的曲线要尽可能地靠近各数据点，并且曲线要光滑。当数据点分散程度较小时，可直接绘出曲线。

3.3　实验操作要求

实验操作主要包括实验前相关知识的预习和准备工作、实验中的电路连接、观察测试、数据处理和实验后的报告撰写等环节。

3.3.1　实验的预习

(1) 必须熟悉学生实验守则和安全操作规程。

(2) 实验前必须认真阅读实验指导书，明确实验目的和内容。对实验原理的理解应包括基本理论的应用、实验线路的设计、测量仪表的选择和实验测量方案的确定。实验电路图与理论电路图是有差别的，实验电路图需要包括测量电路、测量仪器接入等内容。

(3) 阅读所需用仪器设备的使用说明及操作注意事项，熟悉各仪器旋钮、按键、开关的功能和作用，以便进入实验室后能顺利进行操作和测试。

(4) 确定观察内容，画好待测数据和记录数据的表格。

3.3.2 实验操作

(1) 按上课时间准时进入实验室开始做实验。

(2) 仪器设备要合理摆放,便于操作。

(3) 正确连接线路。首先要检查所接线路的元件数据及参数是否符合要求,然后按要求连接。严禁带电接线、拆线或改接线路。电路接好检查无误后才能接通电源进行实验。

(4) 观察实验现象、记录实验数据要认真仔细。若发现异常现象,如烧保险、出现冒烟焦味、异常响声等,应立即切断电源,保持现场,报告指导老师,排除故障后方能继续进行实验。

(5) 数据应记录在事先准备好的原始记录数据表格中,并注明名称和单位。要根据所选用仪表量程和刻度的实际情况,合理取舍读数的有效数字。在测量过程中,应尽可能及时对数据作初步分析,以便及时发现问题,及时采取措施,以提高实验的质量。

(6) 实验结束后,首先应切断电源,然后请指导教师检查实验记录和仪器设备,经教师许可后,方可拆除实验连线。并将所用的实验设备复归原位,导线整理成束,清理实验桌面,然后离开实验室。

3.3.3 实验电路调试和故障的排除

实验电路调试前,在不通电的情况下,首先检查线路连接是否正确,检查电源线、地线、信号线、元件引脚之间有无短路;连接处有无接触不良;二极管、三极管、电解电容等引脚有无错接,集成电路的方向有没有插反等。在电路图上对查找过的线路做出标记。经确认无误后,把经过测量的准确电源电压加入电路,电源接通之后不要急于测量数据和观察结果,首先要观察有无异常现象,包括有无冒烟,是否闻到异常气味,手摸元件是否发烫,是否有短路现象等,如果出现异常,应立即关断电源,待故障排除后方可重新通电进行实验调试。

实验过程中故障是不可避免的。分析故障、排除故障可以提高学生分析问题和解决问题的能力。分析和排除故障的过程,是在反复观察、测试与分析的基础上,逐步缩小可能发生故障的范围,逐步排除某些可能发生故障的元器件,最后在一个小范围内,确定出产生故障的元器件。

实验中的故障一般是线路故障,查找这些故障可以采用以下两种方法。

1. 断电检查法

当线路接错线,出现电源短路、开路等错误时,应立即关闭电源,避免故障扩大。根据故障现象,判断故障性质。实验故障一般有两类:一类会造成仪器、设备、元器件等损坏,其现象通常是冒烟、烧焦味、爆炸声、发热等;另一类只是表现为无电流、无电压、指示灯不亮或示波器波形不正常等。断电检查法只适用于前一类故障。用万用表的欧姆挡,对照实验电路图,对每个元件和接线逐一检查,看有无短路、断路或阻值不正常等现象。

2. 通电检查法

用万用表的电压挡,按实验电路图,逐一对每个元件和接线进行检查,根据电压的大小找出故障点。一般的顺序如下：

(1) 检查接线是否有错；

(2) 检查电源是否正常工作，即有无输出、输出是否符合要求等；

(3) 检查电路中的元件是否正常工作，元件与测量仪表的连接是否牢固，导线是否良好；

(4) 检查测量仪表是否正常工作，量程是否适当，测试线是否接触良好等。

3.4　实验报告编写及要求

实验报告是对实验工作的全面总结，要对实验目的、原理、任务、设备、过程和分析等方面有明确的叙述。编写实验报告的主要工作是实验数据的处理。其中公式、图表、曲线应该有符号、编号、标题、名称等说明；此外，实验中发现的问题、现象及故障也要在报告中体现；报告中还应反映实验的收获及心得体会，并回答思考问题。

实验报告应包含以下内容。

(1) 实验目的。

(2) 实验原理。

(3) 实验电路图。

(4) 实验仪器设备，包括名称、型号规格和数量。

(5) 实验内容及操作步骤。

(6) 实验数据及处理。根据实验原始记录，整理实验数据，如需绘制曲线则应在坐标纸上用铅笔绘出。

(7) 实验总结。完成实验指导书要求的总结、问题讨论及心得体会，得出实验结论。

安全用电的常识

4.1 安全用电基本知识

电力作为一种最基本的能源，是国民经济及广大人民日常生活不可缺少的东西。由于电本身看不见、摸不着，具有潜在的危险性。只有掌握了用电的基本规律，懂得了用电的基本常识，按操作规程办事，电才能很好地为人民服务。否则，会造成意想不到的电气故障，导致人身触电，电气设备损坏，甚至引起重大火灾等。因此，安全用电具有非常重要的意义。

4.1.1 触电及触电的危险

人体也是导体，当人体接触带电部位而构成电流回路时，就会有电流通过人体对人的肌体造成不同程度的伤害，这就是所谓的触电，其伤害程度与触电的种类、方式及条件有关。触电的种类有三种：电击，是指电流通过人体，破坏人体心脏、肺及神经系统的正常功能，这种伤害通常表现为针刺感、压迫感、肌肉抽搐等，严重时将引起昏迷、窒息，甚至心脏停止跳动；电伤，是指电流的热效应、化学效应和机械效应对人体的伤害，主要是指电弧烧伤、熔化金属溅出烫伤等；二次伤害，是指人体触电引起的坠落、碰撞造成的伤害。

1. 触电电流的大小对人体的危害程度

触电主要是指电流流经人体，使人体机能受到损害。人体对流经肌体的电流所产生的感觉，随电流的大小而不同，伤害程度也不同。对我们而言，在工频时电流最为危险。直流电的危险性相对小于交流电。

表 4-1 所示的是不同大小的交流电流对人体的作用。

表 4-1　不同大小的交流电对人体的作用

电流/mA	对人体的作用
<0.7	无感觉
1	有轻微感觉
1～3	有刺激感，一般电疗仪器取此电流
3～10	感到痛苦，但可自行摆脱
10～30	引起肌肉痉挛，短时间无危险，长时间有危险
30～50	强烈痉挛，时间超过 60s 即有生命危险
50～250	产生心脏室性纤颤，丧失知觉，严重危害生命
>250	短时间内(1s 以上)造成心脏停搏，体内造成电灼伤

2. 与触电电流大小有关的因素

与触电电流大小有关的因素如下。

(1) 人体电阻。人体是个阻值不确定的电阻。皮肤干燥时电阻可呈现100kΩ以上,而一旦潮湿,电阻可降到1kΩ以下。所谓安全电压36V,就是对人体皮肤干燥而言的。倘若用湿手接触36V电压,同样会受到电击。

(2) 触电电压。电压越高,危险性就越大。人体通过10mA以上的电流就会有危险。若人体电阻按1200Ω算,根据欧姆定律:$U=IR=0.01\times1200\text{V}=12\text{V}$。如果触电电压小于12V,则电流小于10mA,人体是安全的。我国相关法规规定:特别潮湿,容易导电的地方,12V为安全电压。如果空气干燥,条件较好时,可用24V或36V电压。一般情况下,12V、24V、36V是安全电压的三个级别。

(3) 电流作用的时间。电流对人体的伤害与作用时间密切相关。可以用电流与时间乘积(又称电击强度)来表示电流对人体的危害。我国规定50mA·s为安全值。超过这个数值,就会对人体造成伤害。

(4) 电流的途径。如果电流不经人体的脑、心、肺等重要部位,除了电击强度较大时可造成内部烧伤外,一般不会危及生命。但如果电流流经上述部位,就会造成严重后果。这是由于电击会使神经系统麻痹而造成心脏停搏,呼吸停止。

3. 人体触电的类型

人体触电类型一般有以下几种。

(1) 直接触电。直接触电又包括单相触电与双相触电。单相触电是指当人体接触带电设备或线路中的某一相导体时,一相电流通过人体经大地回到中性点,人体承受相电压,这种触电形式称为单相触电,如图4-1所示。双相触电是指当人体同时接触电网的两根相线,电流从一相导体通过人体流入另一相导体从而发生触电,如图4-2所示。双相触电时人体承受的电压高(380V),而且一般保护措施都不起作用,危险极大。

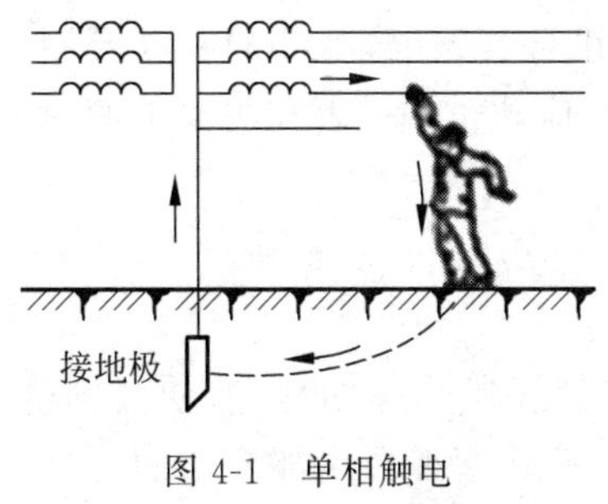

图4-1 单相触电

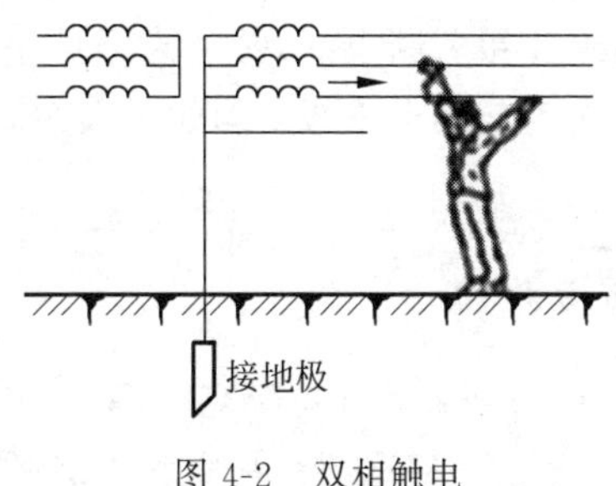

图4-2 双相触电

(2) 间接触电。间接触电是指电气设备已断开电源,但由于设备中高压大容量电容的存在而导致在接触某些部分时发生的触电。这类触电有一定的危险,容易被忽视,因此要特别注意。

(3) 跨步电压引起的触电。当电气设备或电力系统与大地发生短路时,以电流入地点为中心的周围地面上的人、畜两脚间可能出现的电位(势)差,称为跨步电压。如图4-3所示。距电流入地点越近，跨步电压就越高。

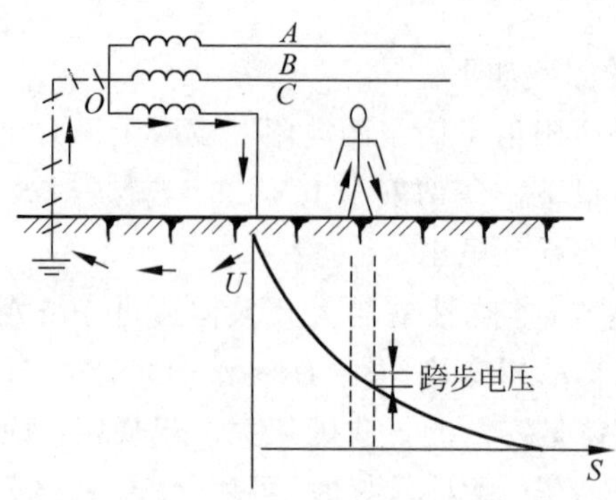

图 4-3 跨步电压引起的触电

(4) 雷击触电。雷雨云对地面突出物产生放电，它是一种特殊的触电方式。雷击感应电压高达几十万伏至几百万伏，其能量可把建筑物摧毁，使可燃物燃烧，将电力线与用电设备击穿、烧毁，造成人身伤亡，危害性极大。目前，一般通过避雷设施将强大的电流引入地下，避免雷电的危害。

4.1.2 触电急救

一旦发生人身触电事故，有效的急救在于迅速处理，并抢救得法。触电急救的第一步是使触电者迅速脱离电源，第二步是抓紧时间进行现场救护。

1. 脱离电源的方法

为使触电人迅速脱离电源，应根据现场具体条件，果断采取适当方法和措施，但绝不能用手直接去拉触电人，防止救护人发生触电事故。脱离电源的过程中应当注意：①迅速切断电源，现场附近有电源闸刀或插头的，可立即拉下闸刀或拔掉插头；②当有电线在人身上时，要用干燥的木棍、竹竿或其他绝缘物体将电线挑开，使触电者脱离电源；③如果开关距离较远，用绝缘钳剪断电线，并注意用单手操作防止自身触电，剪断的电源要用绝缘胶布包好，免得再次引起触电事故；④如果人在高处触电，应防止触电者在脱离电源时从高处落下摔伤。

2. 现场救护

(1) 简单诊断：触电者脱离电源后，应迅速移到通风干燥的地方，使其仰卧，并解开其上衣和腰带，然后进行诊断，观察触电者呼吸情况，看其是否有腹部起伏的呼吸运动或将面部贴近触电者口鼻处感觉有无气流；检查心跳情况，摸颈部的颈动脉或腹股沟的股动脉有无搏动，将耳朵贴在触电者左侧胸壁部，听听是否有心跳；检查瞳孔，用手电筒照射瞳孔，看其对外界光线有无反应，瞳孔是否收缩。

(2) 现场急救方法：触电者有心跳而呼吸停止时，应该用“口对口人工呼吸法”进行抢救。触电者有呼吸而心跳停止时，应用“胸外心脏按压法”进行抢救。触电者心跳和呼吸都停止时，应同时采用两种方法进行抢救。应当注意的是，急救要迅速，不能间断，即使在送往医院的过程中也不能终止急救。此外，不能给触电者打强心针、泼冷水。

4.2　安全用电及安全保护的措施

4.2.1　接地及接零

电气设备漏电或击穿碰壳时，平时不带电的金属外壳、支架及其相连的金属部分就会呈现电压，人若触及这些意外带电部分，就会发生触电事故。为防止意外事故的发生，应采取保护措施。

在低压配电系统中采用的保护措施有两种，即当低压配电系统变压器中性点不接地时，采用接地保护；当低压配电系统变压器中性点接地时，采用接零保护。

1. 保护接地

为防止触电事故而装设的接地，称为保护接地。保护接地就是将电气设备的金属外壳、支架及其相连的金属部分（正常情况下是不带电的）接地。设备接地后将会起到保护作用。如图 4-4(a)所示，三相电源的中性点不接地，如果接在这个电源上的电动机的外壳没接地而发生一相漏电或碰壳时，它的外壳就带有较高的对地电压，这时如果人接触到电动机外壳，就有电流流过人体入地，并经线路与大地之间的分布电容构成回路，这是很危险的。如果电动机外壳接了地，由于人体电阻与接地电阻并联，而人体电阻远大于接地电阻，大部分电流经接地装置入地，通过人体的电流很小，保护了人的安全，如图 4-4(b)所示。保护接地仅适用于中性点不接地的电网。凡接在这种电网中的电气设备均应采用保护接地。

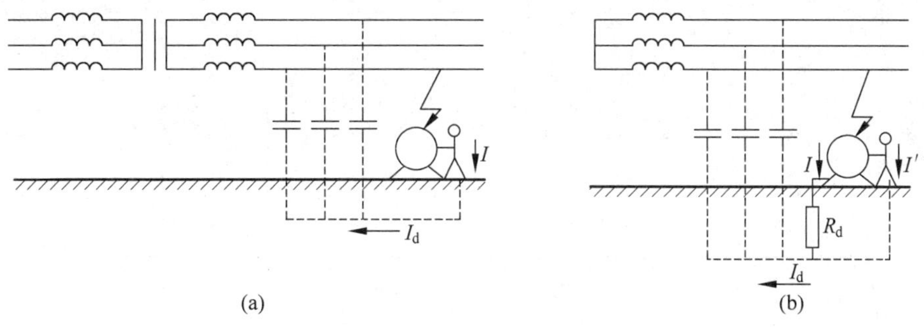

图 4-4　无中性线的三相电源

2. 保护接零

在中性点接地的电网中，电气设备应采用保护接零。保护接零就是将电气设备正常运行时不带电的金属外壳与电网的零线（又称中性线）连接起来。当一相发生漏电或碰壳时，由于金属外壳与零线相连，形成单相短路，电流很大，能使电路保护装置迅速动作，切断电源，这时外壳不再带电，保护了人身安全和电网其他部分的正常运行，如图 4-5 所示。

在采用接零保护时，电源中性线不允许断开，如果中性线断开，则保护失效。所以在电源中性线上不允许安装开关和熔断器。在实际应用中，用户端常将电源中性线在多处重复接地，防止中性线断开，如图 4-6 所示，重复接地电阻一般要求小于 10Ω。

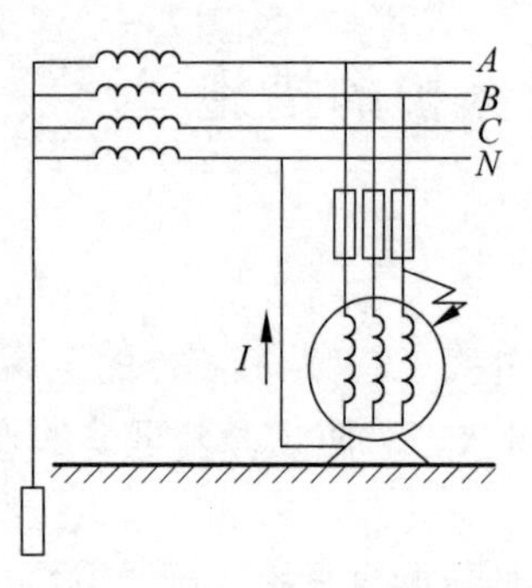

图 4-5　保护接零原理图

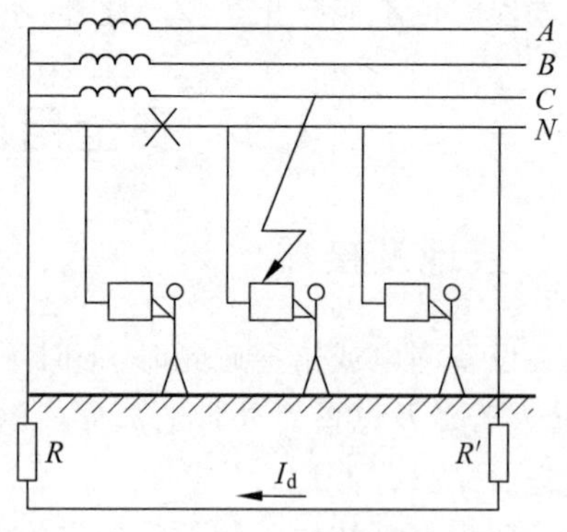

图 4-6　中性线重复接地

居民住宅一般是单相供电,即一根相线和一根零线(即中性线)。但引入住宅的相线和零线上一般都装有双极开关,并都装有熔断器(图 4-7)以增加短路时熔断的机会。为了确保设备外壳对地电压为零,专设保护零线。工作零线在进建筑物入口处要接地,进户后再另设一保护零线(也称地线)。日常所使用的三眼插座,应按图 4-7(a)所示的方法连接,将插座上接零线的孔与接地的孔分别用导线联到工作零线和保护零线上。当绝缘损坏,外壳带电时,短路电流经过保护零线将保险丝烧断,切断电源,消除触电事故。图 4-7(b)所示的连接是不正确的,因为如果零线断开或相线与零线接反时,会使电气设备的金属外壳带电,引起触电事故。图 4-7(c)所示的连接方法也是不安全的,一旦绝缘损坏,外壳也就带电。

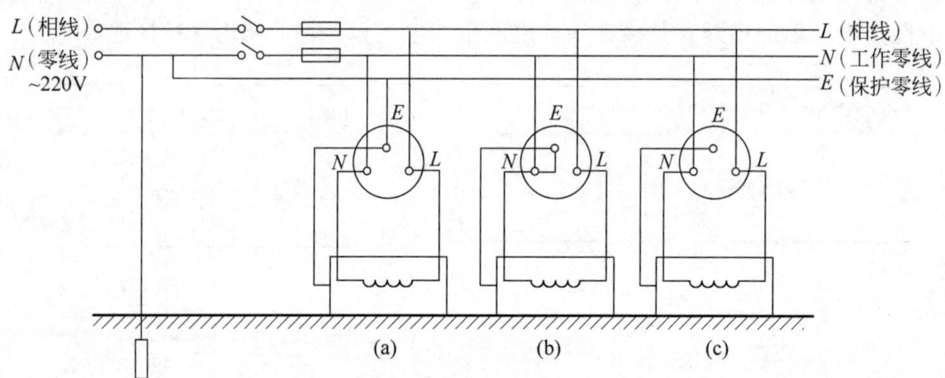

图 4-7　单相供电系统的连线

4.2.2　漏电保护装置

漏电保护装置又称漏电保安器、漏电保护开关等,是一种在负载端相线与地线之间发生漏电或由于人体接触相线而发生单相触电事故时,能自动在瞬间断开电路,从而对电气设备及人身安全起到保护作用的电器,图 4-8 所示为目前通用的电流动作型漏电保护开关的工作原理图。它由零序互感器 TAN、放大器 A 和主回路断路器 QF(内含脱扣器 YR)等三个主要部件组成。其工作原理是:设备正常运行时,主电路电流的相量和为零,零序互感器的铁芯无磁通,其电感线圈无电压输出,因而放大器 A 也无输出。如设备发生漏电或单相触电故障时，由于主电路电流的相量和不再为零，零序互感器的铁芯有零序磁通，其电感线圈有电压输出，经放大器 A 判断、放大后，控制脱扣器 YR，令断路器 QF 跳闸，从而切断故障电路的电源，避免人员发生触电事故。试验按钮 SA 和电阻 *R* 组成一个测试电路，用于检验开关能否正常工作。

漏电保护开关有多种结构型式，按照极数分有二极、三极、四极等几种，二极保护开关用于单相供电电路；三极保护开关用于三相三线制供电电路（三相对称负载无中线）；四极保护开关用于三相四线制供电电路（三相不对称负载）。按其脱扣方式分有电子脱扣和电磁脱扣两种。前者适用于漏电动作电流小的场合；后者适用于漏电动作电流大的场合。按其保护功能分也有两种，一种是带过流保护的，它除具有漏电保护功能外，还兼有过载和短路保护功能。使用这种开关，电路上一般不需要再配用熔断器。另一种是不带过流保护的，它在使用时还需要配用相应的过流保护装置（如熔断器）。

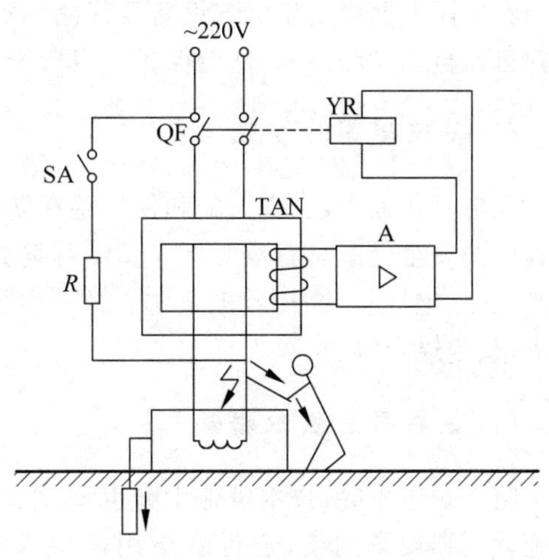

图 4-8 漏电保护装置结构

4.2.3 安全用电的措施

为了保证安全用电，防止触电事故，既要有技术措施又要有组织管理措施，归纳起来有以下几个方面。

1. 防止接触带电部件

常见的安全措施有绝缘、屏护和安全间距。绝缘：即用不导电的绝缘材料把带电体封闭起来，这是防止直接触电的基本保护措施。屏护：即采用遮拦、护罩、护盖、箱闸等把带电体同外界隔离开来。安全间距：为防止身体触及或接近带电体，防止车辆等物体碰撞或过分接近带电体，在带电体与带电体、带电体与地面、带电体与其他设备、设施之间，皆应保持一定的安全距离。

2. 防止电气设备漏电伤人

保护接地和保护接零是防止间接触电的基本技术措施。

3. 采用安全电压

人体承受的电压越低，通过人体的电流越小，当电压低于某一特定值后，就不会造成触电了。不带任何防护设备，对人体各部分组织均不造成伤害的电压值称为安全电压。世界各国对于安全电压的规定不尽相同，有 50V、40V、36V、25V、24V，其中以 50V、25V 居多。国际电工委员会规定，安全电压限定值为 50V，25V 以下电压，可不考虑防止电击的安全措施。国家标准《安全电压》（GB/T 3805—2008）规定我国安全电压额定值的等级为 42V、

36V、24V、12V 和 6V,应根据作业场所、操作员条件、使用方式、供电方式、线路状况等因素选用。

4. **漏电保护装置**

在低压电网中发生电气设备及线路漏电或触电时,漏电保护装置可以立即发出报警信号并迅速自动切断电源,从而保护人身安全。

5. **合理使用防护用具**

在电气作业中,合理匹配和使用绝缘防护用具,对防止触电事故,保障操作人员在生产过程中的安全健康具有重要意义。绝缘防护用具可分为两类:一类是基本安全防护用具,如绝缘棒、绝缘钳、高压验电笔等;另一类是辅助安全防护用具,如绝缘手套、绝缘(靴)鞋、橡皮垫、绝缘台等。

6. **安全用电组织措施**

防止触电事故,技术措施十分重要,组织管理措施亦必不可少。其中包括制定安全用电措施计划和规章制度,进行安全用电检查、教育和培训,组织事故分析,建立安全资料档案等。

4.3 电工与电子技术实验室安全用电须知

人体是导电体,当人体不慎触及电源或带电导体时,电流将通过人体,使人体带电,简称触电。为了防止在电工电子技术实验过程中发生触电事故,要求每位学生在实验前都参加实验室组织的安全用电教育课程,熟悉安全用电常识,并在实验过程中严格遵守实验室安全用电规则。在开始实验前,请各位同学务必仔细阅读本节内容,完成安全用电常识自测题,并在本节末尾处签名。**没有接受安全用电教育和未在此规定上签字者,不得参加实验!**

4.3.1 电工与电子技术实验室操作规程

(1) 实验前,了解相关仪器设备的性能规格和使用方法,熟悉用电安全规定,提交预习报告。没有预习报告者不得参加实验。

(2) 学生进入实验室进行实验操作时,必须穿橡胶底鞋,并保持干燥状态;进入实验室后,首先应检查实验台上设备外观情况,包括导线绝缘情况、清点设备和耗材数量,发现问题应及时报告。

(3) 在实验内,禁止擅自合上电源闸刀或私自动用与实验无关的设备;不得私自调换座位或设备,保持手机处于静音或关机状态,保持实验室整洁和良好的秩序。

(4) 实验过程中,连接线路时,严格遵守"先接线后通电,先断电后拆线"的操作程序。不允许将连接电源的导线空置,以免发生电源短路、烧坏仪器或使人体触电。线路连接好后,多余或暂时不用的导线都要拿开。

(5) 特别注意:进行 36V 以上电压的强电实验或其他具有危险性的实验时,学生不得单人在实验室内进行操作,且在连接好线路后,必须先自查,再由教师复查,确认无误后才允许通电实验。

(6) 电源接通后，应遵守“单手操作”规范，严禁人体接触电源或带电体，禁止双手带电操作。实验中如发生漏电、触电、短路等危害情况，必须立即切断电源、向老师报告处理。

(7) 完成实验内容后，应首先断开实验台电源，检查实验数据是否记录完整，将实验数据交给指导教师签字确认。注意：没有教师签字的实验视为当次实验无效。

(8) 实验结束时，应检查仪器设备以及电源开关是否都已处于断电状态，拆除实验电路，交还实验器材，整理好实验仪器与导线。

4.3.2　安全用电知识自测

1. 触电急救的错误方法是(　　)。

   A. 迅速切断电源　　B. 打强心针　　C. 进行人工呼吸

2. 照明灯开关应接到灯的(　　)。

   A. 相线　　B. 工作零线

3. 有人为了安全，将家用电器的外壳接到自来水管或暖气管上，试问这样能否保证安全？(　　)

   A. 能　　B. 不能

4. 金属外壳的电器的电源线插头应采用几脚插头？(　　)

   A. 2 脚　　B. 3 脚

5. 指出若遇电气设备冒烟起火，用来灭火的错误方法是(　　)。

   A. 沙土　　B. 二氧化碳　　C. 四氯化碳　　D. 水

6. 在实验过程中拆线、改接线路的顺序是(　　)。

   A. 直接改　　B. 先断电，再拆线、改接线路

7. 在实验过程中，以下哪些现象属于异常现象，需要立即切断电源？(多选)(　　)

   A. 测量仪表指针满偏或反偏

   B. 负载或者电源异响，甚至冒烟

   C. 实验电路中某器件或设备发热或发出焦糊的异味

   D. 实验设备、元器件在通电后急剧发热

以上内容本人已认真阅读并理解《电工与电子技术实验室安全用电规则》，并将在实验中严格遵守操作规程。

学生姓名：________　　学号：________　　日期：________

下篇　电工电子技术实验及课程设计

电工技术实验

本章主要学习电工技术课程的基础性实验和部分设计性实验，包括其操作技能和测试方法。通过实验，使学生加深对电工基本概念、基本定理及分析方法的掌握和理解。

5.1 元件的伏安特性

1. 预习要求

了解线性电阻、非线性电阻的伏安特性及电压源的外特性。

2. 实验目的

(1) 学会使用直流稳压电源、数字万用表、直流电流表、滑线变阻器等仪器仪表。
(2) 掌握线性电阻元件和非线性电阻元件的测量方法。
(3) 学会测定电压源的外特性。

3. 实验原理

1) 元件的伏安特性

任一二端元件上电压 U 和通过它的电流 I 之间的关系曲线称为这个元件的伏安特性曲线。线性电阻元件的伏安特性曲线是一条通过坐标原点的直线，如图 5-1(a)所示。该直线的斜率倒数等于该电阻元件的电阻值，由图 5-1(a)可知，线性电阻元件的伏安特性对称于坐标原点，这种性质称为双向性，所有线性元件都具有这种特性。白炽灯为非线性元件，在工作时灯丝处于高温状态，其灯丝电阻随着温度的升高而增大，通过白炽灯的电流越大，其温度越高，阻值也越大。一般灯泡的“冷电阻”与“热电阻”的阻值可相差几倍至十几倍，其伏安特性如图 5-1(b)所示。

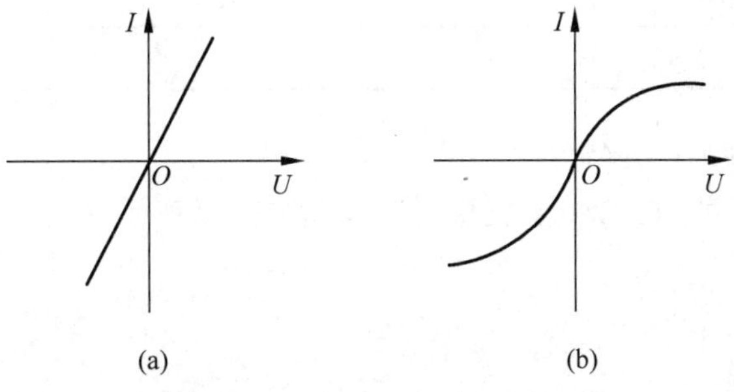

图 5-1 元件的伏安特性曲线

(a) 线性元件的伏安特性；(b) 灯泡的伏安特性

2）电压源的外特性

任何一个电压源都含有电动势 E 和内阻 r，如图 5-2(a)所示，可得

$$U=E-Ir \tag{5-1}$$

由此可作出电压源的外特性曲线如图 5-2(b)所示的虚线，图 5-2(a)中 U 为电源端电压，R_L 是负载电阻，I 是负载电流。当 $r=0$ 时，电压 U 恒等于电动势 E，为定值，这样的电源称为理想电压源或恒压源。

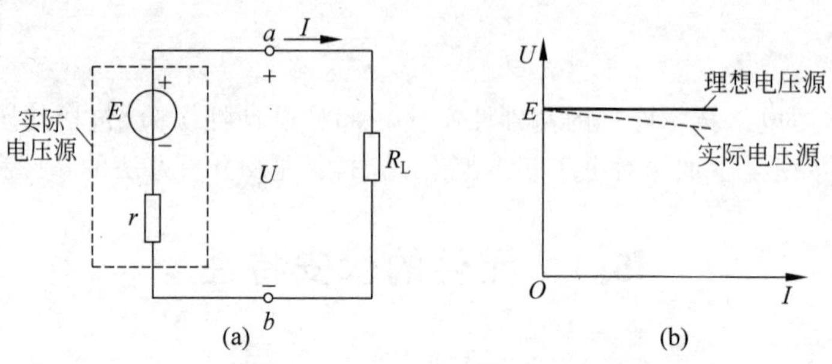

图 5-2 电压源电路及外特性

(a) 电压源电路；(b) 电压源外特性

4. 实验任务

1）测定 10kΩ 电阻的伏安特性

取 $R_X=10\text{k}\Omega$，按图 5-3 接好线路。直流稳压电源的输出调节为 30V，调节滑线变阻器 R_W 改变电压，读取电压值、电流值，将数据记入表 5-1 中。

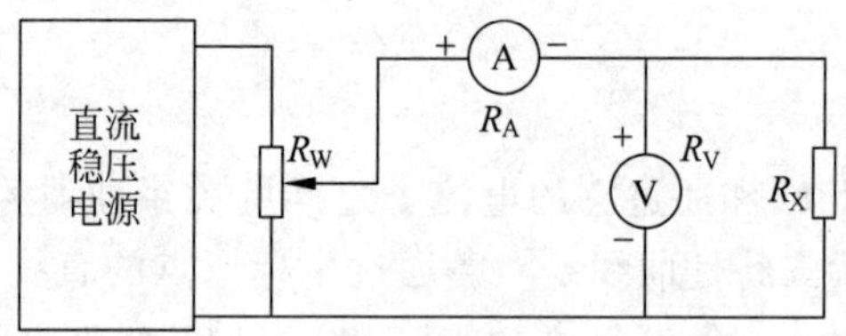

图 5-3 元件伏安特性测量电路图

表 5-1 测定 10kΩ 电阻的伏安特性

电压 U/V	5	10	15	20	25	30
电流 I/mA						
$R_X(R_X=U/I)/\Omega$						

2）测定钨丝灯泡的伏安特性

将实验任务 1)中的 10kΩ 电阻更换为灯泡，按表 5-2 所示改变电压，记录电流值，将数据记入表 5-2 中。

表 5-2　测定钨丝灯泡的伏安特性

电压 U/V	0.5	1.0	2.0	4.0	10	15	24
电流 I/mA							
$R_X(R_X=U/I)/\Omega$							

3）测定电压源的外特性

用图 5-4(a)和图 5-4(b)所示电路测量理想电压源和实际电压源的外特性。实验时取 $E=5\text{V}, r=100\Omega, R_0=20\Omega$。改变 R_L 值，将测量数据记入表 5-3 中。

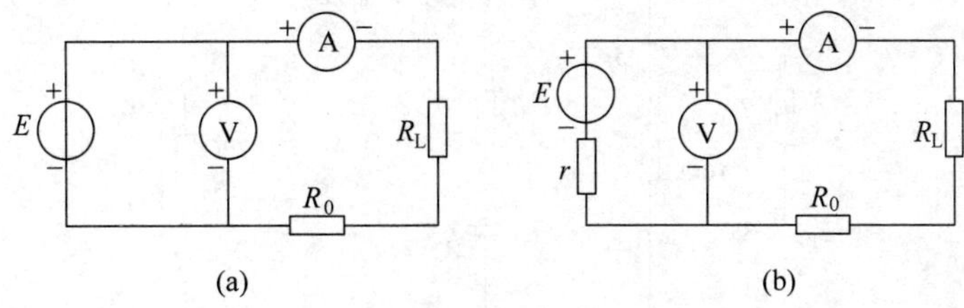

图 5-4　电压源外特性测量电路

(a) 理想电压源；(b) 实际电压源

表 5-3　测定电压源的外特性

R_L/Ω		∞	150	40	0
图 5-4(a)	U/V				
	I/mA				
图 5-4(b)	U/V				
	I/mA				

5. 实验报告及要求

(1) 根据实验数据，分别在坐标纸上绘出电阻 $R_L=10\text{k}\Omega$ 和钨丝灯泡的伏安特性曲线，比较二者的区别，并分析原因。

(2) 根据实验数据在坐标纸上绘出电压源的外特性曲线，并由特性曲线求出实际电压源的内阻。

6. 实验仪器设备

直流稳压电源　DF1731SC2A
直流电流表　C31，100～1000mA
数字万用表　UT39A
滑线变阻器　BX7D-1 型，100Ω/1.3A；BX7D-1 型，45Ω/2A
电工实验板　DGL-I

5.2 基尔霍夫定律的验证

1. 预习要求

(1) 掌握电流、电压实际方向和参考方向的概念，以及电流、电压参考方向的表示方法。

(2) 完成下列预习作业及思考题：

① 按要求计算图 5-5 中各电压值和电流值($E_1=8\text{V}, E_2=6\text{V}$)，计入表 5-4 中。

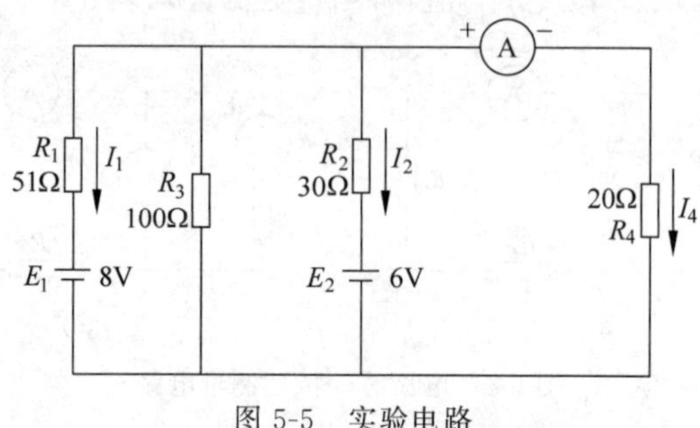

图 5-5 实验电路

表 5-4 各电阻电压、电流理论计算值

电压值	U_{R_1}	U_{R_2}	U_{R_3}	U_{R_4}
计算值/V				
电流值	I_1	I_2	I_3	I_4
计算值/A				

② 若按图 5-5 中所示的电压参考方向测量电压时，数字万用表的测量值有些负值，这是为什么？

2. 实验目的

(1) 验证基尔霍夫电流、电压定律，加深对基尔霍夫定律的理解。

(2) 加深对电流、电压参考方向的理解，以及仪表测量值正负号的含义。

(3) 掌握直流稳压源、数字万用表的使用方法。

3. 实验原理

1) 电流和电压的参考方向

参考方向是分析电路前任意指定的，因而所选的参考方向并不一定就是电流(或电压)的实际方向。电路中只有确定了参考方向，电流(或电压)的正、负值才有意义。若实际方向与参考方向一致，则为正值；若实际方向与参考方向相反，则为负值。

电流参考方向在电路中一般可用箭头或双下标来表示；电压参考方向可用正(+)、负(−)极性、箭头或双下标来表示。

2) 基尔霍夫定律

基尔霍夫定律是电路理论中的基本定律。它规定了电路中各支路电流之间和各支路电压之间必须服从的约束关系,无论电路元件是线性的还是非线性的,时变的还是非时变的,只要电路是集总参数电路,都必须服从这个约束关系。基尔霍夫定律包括电流定律和电压定律。

(1) 基尔霍夫电流定律(KCL):在集总电路中,任何时刻对任一节点,连接于该节点的所有支路电流的代数和恒等于零,即 $\sum i=0$。

(2) 基尔霍夫电压定律(KVL):在集总电路中,任何时刻沿任一回路,构成该回路的所有支路的电压的代数和恒等于零,即沿任一回路应有 $\sum u=0$。

4. 实验任务

按图 5-5 搭建实验线路,其中电阻取值:$R_1=51\Omega$,$R_2=30\Omega$,$R_3=100\Omega$,$R_4=20\Omega$,电压源取值:$E_1=8V$,$E_2=6V$。电压参考方向如图 5-5 中所标示,而电流参考方向则与电压参考方向相关联。

按照图 5-5 所示电压参考方向,测量各电阻两端电压,将数据填入表 5-5 中。

表 5-5　验证基尔霍夫定律

电压值	U_{R_1}	U_{R_2}	U_{R_3}	U_{R_4}
测量值/V				
电流值	I_1	I_2	I_3	I_4
$I=\frac{U}{R}\Big/A$				

结合表 5-5,按电压测量值,验算各回路的 KVL;按各支路电流值,验算各节点的 KCL,并讨论误差是否合理。

5. 实验报告及要求

(1) 整理实验数据,将测量数据填入相应表格,选定实验电路中任一个节点验证基尔霍夫电流定律的正确性;选定任一个闭合回路验证基尔霍夫电压定律的正确性。

(2) 将理论计算值与实际所测值相比较,分析误差产生的原因。

(3) 分析并总结实验过程中遇到的问题。

6. 实验仪器设备

直流稳压电源　DF1731SC2A
直流电流表　C31,100～1000mA
数字万用表　UT39A
电工实验板　DGL-I

5.3　叠加定理的验证

1. 预习要求

(1) 掌握叠加定理的内容及其适用范围。

(2) 完成下列预习作业及思考题：

① 应用电路定理计算图 5-6 所示实验电路分别在 E_1 单独作用、E_2 单独作用以及 E_1 和 E_2 共同作用时，各个电阻的电压值和电流值，填入表 5-6 中。

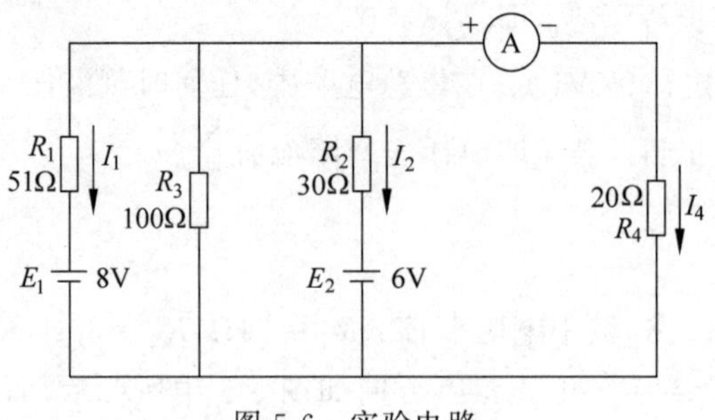

图 5-6 实验电路

表 5-6 各电阻电压值和电流值的理论计算

作用顺序	计算值			
	电流	电压		
	I_4/mA	U_{R_1}/V	U_{R_2}/V	U_{R_4}/V
E_1 单独作用				
E_2 单独作用				
E_1、E_2 共同作用				

② 在实验任务中，当只有一个电压源单独作用时，另一电压源应如何处理？

2. 实验目的

(1) 通过实验验证叠加定理并加深对叠加定理的理解。

(2) 进一步掌握直流稳压电源和万用表的使用方法。

(3) 掌握直流电压和直流电流的测试方法。

3. 实验原理

叠加定理是线性电路的一个重要定理。叠加定理指出：在线性电路中，任一时刻，任一支路中的电流(或电压)等于电路中各个电源单独作用时在该支路产生的电流(或电压)的代数和。实验中，在某一电源单独作用时，若其他电源的内阻不能忽略，则其他电源的内阻要用与之等值的电阻代替。本实验用晶体管稳压电源模拟内阻为零的理想电压源，移去电压源时原处用短接线代替(注意：不能直接短接稳压源的输出端)。实验电路如图 5-6 所示。

线性电路的齐次性是指当所有激励信号(独立源的电压与电流值)增加 K 倍或缩小至原来的 $1/K$ 时，电路的响应(在电路中其他各支路上所产生的电压和电流值)也将增加 K 倍或缩小至原来的 $1/K$。

4. 实验任务

叠加定理的验证

(1) 接通直流稳压电源，调节其输出电压，使两组电压源的输出电压分别为 $E_1=8\text{V}$，

$E_2=6V$(用数字万用表直流电压挡测定),然后关闭直流稳压电源待用。

(2) 按图 5-6 接线。图中 $R_1=51\Omega, R_2=30\Omega, R_3=100\Omega, R_4=20\Omega$。用数字万用表测量各电阻元件两端电压,用直流电流表测量电流 I_4,将测量数据记入表 5-7 中。

(3) 电压源 E_1 单独作用,即电压源 E_2 不作用,先将 E_2 从电路中移开,再用一根导线短接原来 E_2 的连接点,测量相关电压和电流,将数据记入表 5-7 中。

(4) 电压源 E_2 单独作用时,重复实验步骤(3)中的数据测量并记录。

表 5-7　验证叠加定理

作用顺序	测量值			
	电流	电压		
	I_4/mA	U_{R_1}/V	U_{R_2}/V	U_{R_4}/V
E_1 单独作用				
E_2 单独作用				
E_1、E_2 共同作用				

注意:不作用的电压源应先从电路中移开,然后再用一根导线来代替,千万不要直接将电压源短接。

5. 实验报告及要求

(1) 将实测的各电流值、电压值和理论计算值相比较,看是否相符,并用实测值说明叠加定理的正确性。

(2) 用实测电流 I_4 值及电阻 R_4 值,计算 R_4 所消耗的功率。功率能否用叠加定理计算?为什么?试用实验数据进行计算说明。

(3) 分析并总结实验过程中遇到的问题。

6. 实验仪器设备

直流稳压电源　　DF1731SC2A
直流电流表　　C31,100~1000mA
数字万用表　　UT39A
电工实验板　　DGL-I

5.4　戴维南定理的验证

1. 预习要求

(1) 掌握戴维南定理的内容及其适用范围。

(2) 理解等效的概念。

(3) 对线性有源一端口网络(图 5-7),计算电路 ab 端口开路电压 U_{OC}、短路电流 I_{SC} 以及除源入端电阻 R_i,将计算值填入表 5-8 中。

表 5-8　等效电路参数计算数据

U_{OC}/V	I_{SC}/mA	R_i/Ω

2. 实验目的

(1) 通过实验验证戴维南定理并加深对戴维南定理的理解。

(2) 加深对电路等效概念的理解。

(3) 掌握测量线性有源一端口网络等效参数的一般方法。

3. 实验原理

任何一个线性有源一端口网络，如图 5-7(a)所示，对外部电路来说总可以用一个理想电压源和一个电阻串联来等效，如图 5-7(b)所示。其理想电压源的端电压等于原有源一端口网络的开路电压 U_{OC}，电阻等于原网络中所有独立电源为零时的入端等效电阻 R_i。

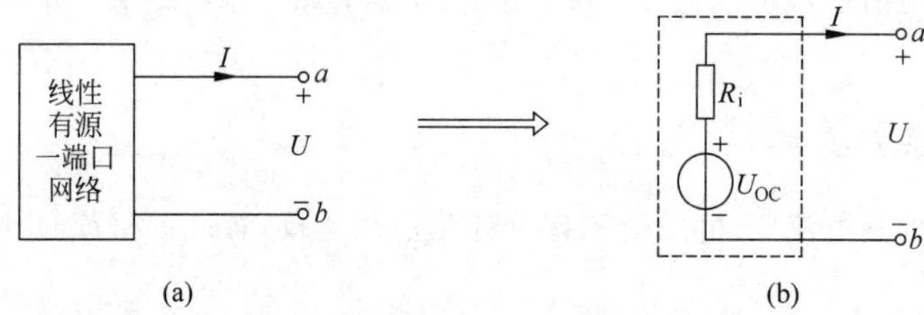

图 5-7　戴维南定理说明图

(a) 线性有源一端口网络；(b) 戴维南等效电路

对于有源一端口网络的开路电压 U_{OC}、等效电阻 R_i 及短路电流 I_{SC}，可用实验方法测定。最简单的方法是对有源一端口网络进行开路、短路实验，即测出其开路电压 U_{OC} 及短路电流 I_{SC}，则 R_i 可由下式算出：

$$R_i = U_{OC}/I_{SC} \tag{5-2}$$

本实验中待测的有源一端口网络(图 5-7(b)左边虚线框内的电路)，可以短路，直接测出短路电流。

4. 实验任务

1) 用开路短路法测量等效参数

(1) 如图 5-8 所示为一线性有源一端口网络，调节直流稳压电源，使两组电源的输出电压分别为 $E_1=8$V，$E_2=6$V(用数字万用表直流电压挡测定)，然后关闭电源待用。

(2) 按图 5-8 连接实验电路，测出图中 a、b 两端的开路电压 U_{OC}，及其短路电流 I_{SC}，求出该网络的等效电阻，将所测数据填入表 5-9 中。

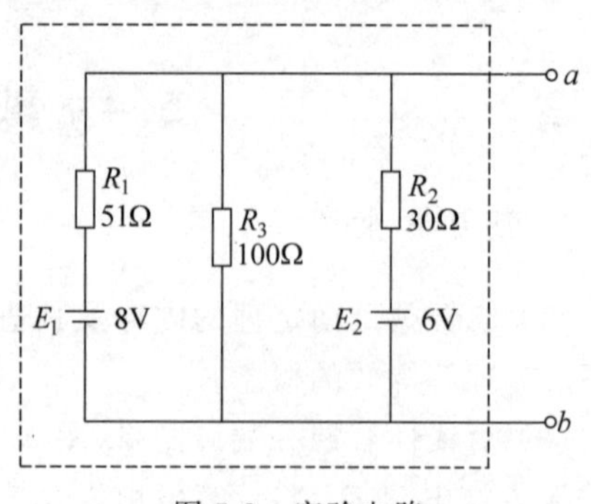

图 5-8　实验电路

表 5-9　等效电路参数测量数据

U_{OC}/V	I_{SC}/mA	R_{ab}/Ω

2）验证等效电路的等效性

利用戴维南等效电路替换线性有源一端口网络后，对外部电路没有任何影响。因此，分别测量原网络和等效电路端口的伏安特性，以此来验证它们的等效性。

（1）测量线性有源一端口网络的外特性。

如图 5-9 所示，在 a、b 两端的右侧接入不同的可变电阻 R_L，记录不同电阻值时的电压和电流于表 5-10 中。

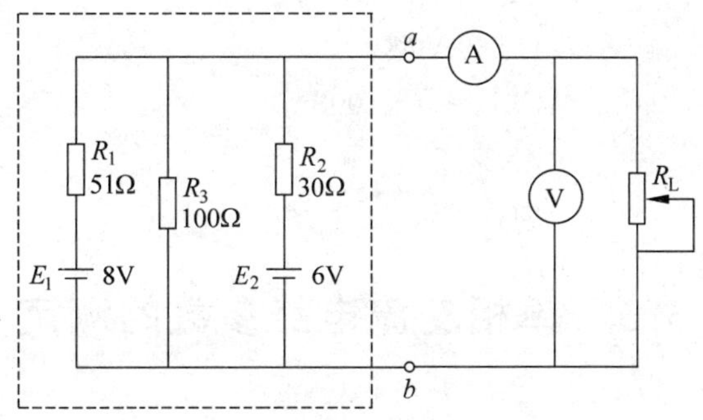

图 5-9　原网络外特性的测量

表 5-10　原网络外特性测试数据

R_L/Ω	0	20	40	51	100	150	∞
U/V	╱						
I/mA							╱

（2）测量戴维南等效电路的外特性。

调节电压源输出，使输出电压为 U_{OC}，并将电压源与阻值为 R_i 的电阻箱串联构成戴维南等效电路，如图 5-10 所示，在 a、b 两端的右侧接入不同的可变电阻 R_L，记录不同电阻值下的电压和电流于表 5-11 中。

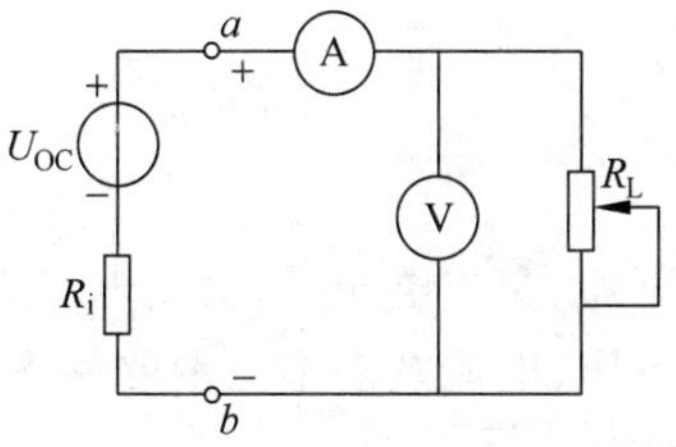

图 5-10　等效电路外特性测量

表 5-11　戴维南等效电路的外特性测试数据

R_L/Ω	0	20	40	51	100	150	∞
U/V	╱						
I/mA							╱

5. 实验报告及要求

(1) 整理实验数据,将测量数据填入相应表格。

(2) 根据表 5-10 与表 5-11 所测的数据,在同一坐标系中绘制等效前后的伏安特性曲线,并说明比较结果。

(3) 若有源一端口网络中含有非线性元件(或负载中含有非线性元件)时,戴维南定理是否适用?

6. 实验仪器设备

直流稳压电源	DF1731SC2A
数字万用表	UT39A 型
直流电流表	C31,100~1000mA
电阻箱	ZX21
电工实验板	DGL-I

5.5 单相交流电路参数的测定

1. 预习要求

(1) 阅读有关章节,了解单相调压器、交流电压表、交流电流表及功率表的使用方法。

(2) 完成下列填空题:

① 如图 5-11 所示,单相自耦调压变压器标有“1”与“2”的端子是调压器的________(输入、输出)端,应接________(电源、负载)。端子“1”应接电源的________(中线、相线),端子“2”应接电源的________(中线、相线),标有“3”与“4”的端子是调压变压器的________(输入、输出)端,应接________(电源、负载)。

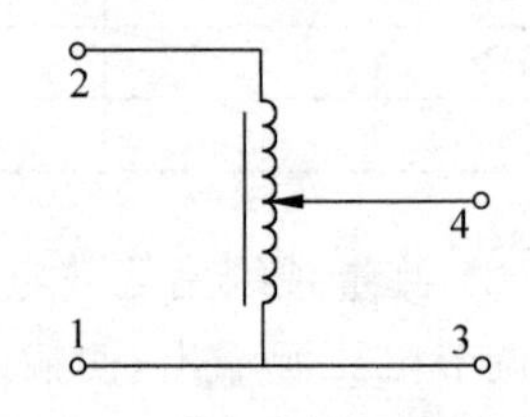

图 5-11　单相自耦调压变压器

② 调压变压器在通电前,手轮应旋转到输出电压为________(零、任意)的位置。

2. 实验目的

(1) 学习单相自耦调压变压器、交流电压表、交流电流表和功率表的正确使用方法。

(2) 研究阻抗串联电路中电压、电流及功率三者的关系。

(3) 学会功率表的接法和使用。

(4) 研究感性负载提高功率因数的意义和方法。

3. 实验原理

1) 电感线圈参数的测量

对于正弦交流信号激励下的元件值或阻抗值,可以用交流电压表、交流电流表及功率表分别测量出元件两端的电压 U、流过该元件的电流 I 和它所消耗的有功功率 P，然后通过计算得到所求的各值，这种方法称为三表法，是用以测量 50Hz 交流电路参数的基本方法。

测量电路如图 5-12 所示，用交流电压表、交流电流表和功率表分别测出被测网络端口的电压 U、电流 I 及消耗的有功功率 P，然后通过下列关系式计算出：

$$\text{阻抗的模}\quad |Z|=\frac{U}{I} \tag{5-3}$$

$$\text{功率因数}\quad \cos\varphi=\frac{P}{UI} \tag{5-4}$$

$$\text{等效电抗}\quad X=\sqrt{\left(\frac{U}{I}\right)^2-\left(\frac{P}{I^2}\right)^2}=|Z|\sin\varphi \tag{5-5}$$

$$\text{等效电阻}\quad R=|Z|\cos\varphi \tag{5-6}$$

2）感性负载电路功率因数的提高

在正弦交流电路中，无源一端口网络吸收的有功功率 P 并不等于 UI，而是等于 $UI\cos\varphi$，其中 $\cos\varphi$ 称为负载的功率因数，φ 是关联参考方向下网络端口电压与电流的相位差。

用电设备大多是感性负载，其等效电路可用 R、L 串联电路来表示。在负载电压 U_{AB} 保持不变的情况下，为了保证负载吸收一定的功率 P，则负载电流

$$I=\frac{P}{U_{AB}\cos\varphi} \tag{5-7}$$

负载的功率因数较低，线路的电流 I 就比较大，线路损耗就大，导致传输效率较低，因此提高负载的功率因数十分必要。实践中常在感性负载两端并联静电电容（如图 5-13 所示），使流过电容的容性电流与负载的感性电流相补偿，提高功率因数，从而使电源容量得到充分的利用。

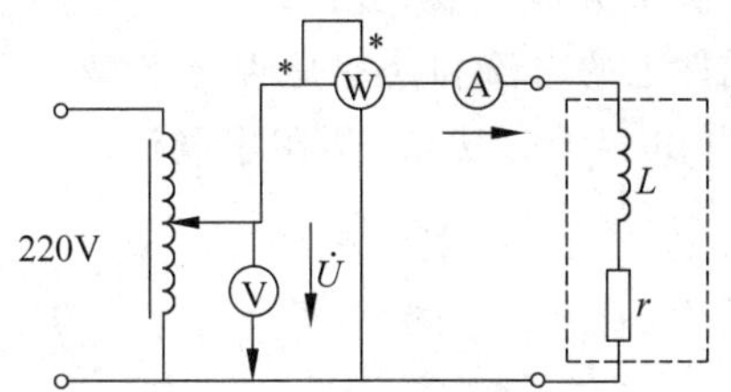

图 5-12　三表法测电感线圈的参数

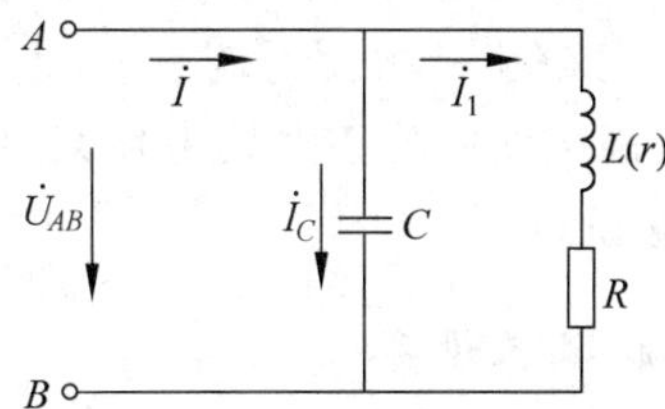

图 5-13　并联电容改变感性负载电路的功率因数

4. 实验任务

用三表法测定电感线圈的参数

按图 5-14 接好电路，$R=51\Omega$，两组空芯电感线圈顺向串联。

（1）接通电源，调节单相自耦调压器使电流表读数为 0.5A，读取对应的交流电压 U 和有功功率 P 的值，记入表 5-12 中，并根据公式计算出相关参数。

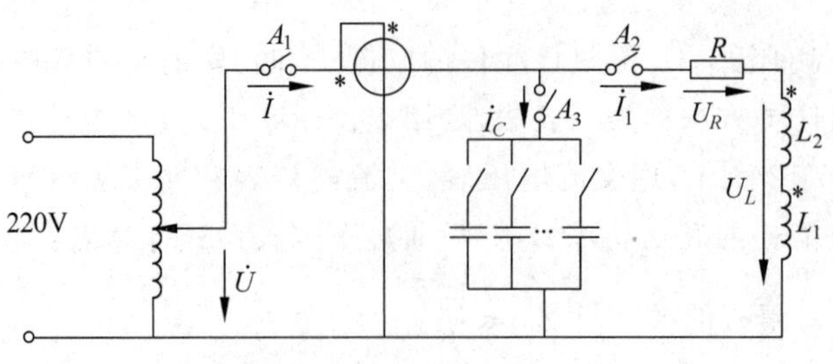

图 5-14 实验电路

表 5-12 三表法测定电感线圈的参数

测量数据					计算数据				
P/W	I_1/A	U/V	U_R/V	U_L/V	$\|Z\|$/Ω	R_L/Ω	R/Ω	L/H	$\cos\varphi$
	0.5								

(2) 保持电压 U 的大小不变，合上电容箱开关 S，改变电容 C 的值，使电路的总电流值 I 最小，记下此时的电容值 C_0，并测量相应的电流 I、I_1、I_C 和有功功率 P 值，记入表 5-13 中。

表 5-13 功率因数的提高

	U/V	P/W	I/A	I_1/A	I_C/A	$\cos\varphi$
$C=3\mu F$						
$C_0=$__μF						
$C=24\mu F$						

5. 实验报告及讨论

(1) 根据实验数据，完成各项计算，写出详细的计算过程。

(2) 为了提高电路的功率因数，常在感性负载上并联电容，此时增加了一条电流支路，试问电路的总电流是增大还是减小，此时感性元件上的电流和功率是否变化？

(3) 提高电路的功率因数为什么只采用并联电容的方法，而不用串联法？所并的电容是否越大越好？

6. 实验仪器设备

单相调压变压器	TDGC2-1KVA
交流电压表	T19V
交流电流表	T19A
低功率因数功率表	D34 型
电工技术实验系统	DGL-I

5.6 三相电路

1. 预习要求

(1) 理解三相负载星形连接及三角形连接时的线电压和相电压、线电流和相电流之间的关系。

(2) 完成下列填空题：

① 三相星形连接的负载与三相电源相连接时，一般采用________(三相四线制、三相三线制)接法，若负载不对称，中线电流________(等于、不等于)零。三相负载接成三角形时，电路为________(三相四线制、三相三线制)接法。

② 在三相四线制中的不对称负载________(能、不能)省去中线，中线上________(能、不能)安装保险丝。

2. 实验目的

(1) 掌握三相交流电路中负载星形连接和三角形连接的方法，验证这两种接法中线电压和相电压、线电流和相电流之间的关系。

(2) 充分理解三相四线制中中线的作用以及不对称负载时的工作情况。

3. 实验原理

1) 三相四线制电源

对称三相电源是由频率相同、幅值相等、初相依次相差 120°的三个正弦电压源，按一定方式连接而成。电源通过三相开关向负载供电，其中，不经过三相开关和熔断器的那根导线称为中线或零线(O)，另外三根称为相线或火线(A、B、C)。

三相电源的相序就是指三相电源的排列顺序，有正序、负序和零序 3 种相序，通常情况下的三相电路是正序系统，即相序为 A—B—C 的顺序。实际工作中常需确定相序，即已知是正序系统的情况下，指定某相电源为 A 相，判断另外两相哪相为 B 相、哪相为 C 相。

例如，三相电源并网时，其相序必须一致。图 5-15 所示为一简单相序测定电路(相序指示器)，它由一只电容和两只相同瓦数的灯泡作 Y 形连接，接至三相对称电源上，由于负载不对称，负载中性点将发生位移，各相电压也就不再相等。若设电容所在相为 A 相，则灯泡比较亮的相为 B 相，灯泡比较暗的相为 C 相。这样就可以方便地确定三相的相序。该相序指示器只能测出相序，不能测定具体是 A 相、B 相或 C 相。

2) 负载的星形连接

(1) 对称负载

如图 5-16 所示为一个三相四线制负载星形连接电路，其中负载对称时，有 $Z_A=Z_B=Z_C$。该电路的电压和电流之间有下列关系：

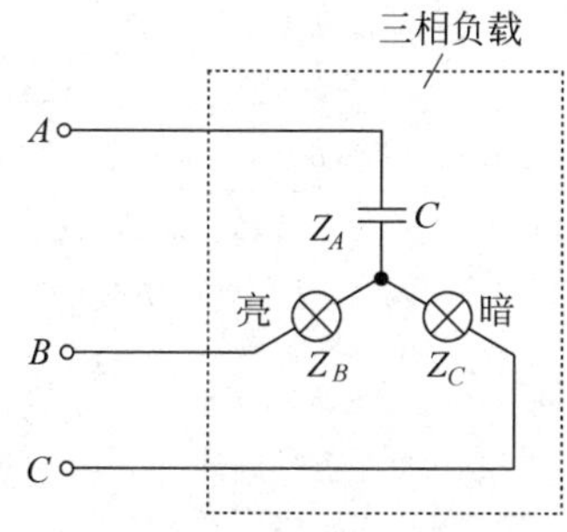

图 5-15　测定相序的电路

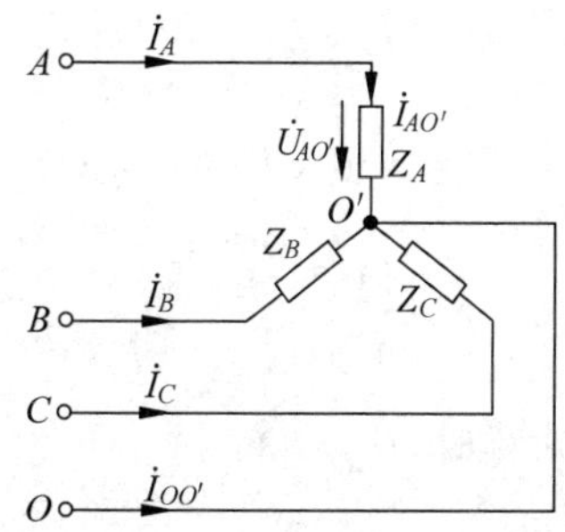

图 5-16　三相负载的星形连接(三相四线制)

$$\left.\begin{aligned}&\text{相电压}\quad U_{AO'}=U_{BO'}=U_{CO'}=U_{\mathrm{P}}\\&\text{线电压}\quad U_{AB}=U_{BC}=U_{CA}=U_{\mathrm{L}}\end{aligned}\right\}U_{\mathrm{L}}=\sqrt{3}U_{\mathrm{P}}$$

$$\left.\begin{aligned}&\text{相电流}\quad I_{AO'}=I_{BO'}=I_{CO'}=I_{\mathrm{P}}\\&\text{线电流}\quad I_{A}=I_{B}=I_{C}=I_{\mathrm{L}}\end{aligned}\right\}I_{\mathrm{L}}=I_{\mathrm{P}}$$

$$\text{中线电流}\quad I_{OO'}=0$$

$$\text{中线电压}\quad U_{OO'}=0$$

从上面的式子可以看出,由于负载对称,$I_{OO'}=0$、$U_{OO'}=0$,因此对于对称负载四线制星形连接电路,其中线没有存在的必要。因而,去掉中线的对称三线制星形连接的电路,其电压和电流之间的关系都与对称四线制的相同。

(2) 不对称负载

假设图 5-16 所示电路为不对称负载,即 $Z_A \neq Z_B \neq Z_C$。对于这种不对称四线制星形连接的电路,有以下式子成立:

$$\left.\begin{aligned}&U_{AO'}=U_{BO'}=U_{CO'}=U_{\mathrm{P}}\\&U_{AB}=U_{BC}=U_{CA}=U_{\mathrm{L}}\end{aligned}\right\}U_{\mathrm{L}}=\sqrt{3}U_{\mathrm{P}}$$

$$\left.\begin{aligned}&I_{A}=I_{AO'}=\frac{U_{\mathrm{P}}}{|Z_A|}\\&I_{B}=I_{BO'}=\frac{U_{\mathrm{P}}}{|Z_B|}\\&I_{C}=I_{CO'}=\frac{U_{\mathrm{P}}}{|Z_C|}\\&I_{OO'}\neq 0,\quad U_{OO'}=0\end{aligned}\right\}I_{\mathrm{L}}=I_{\mathrm{P}}$$

若将电路的中线去掉,可以得到不对称负载三线制星形连接电路,对于这种电路,由于负载中性点的位移造成各相电压不对称。如果某相负载阻抗大,则该相相电压有可能超过它的额定电压。因此,日常生活中应该避免出现这种情况。所以,对于不对称负载必须连接中线,即采用三相四线制,它可以保证各相负载相电压对称,并且使各相负载间互不影响。

3) 负载的三角形连接

如图 5-17 所示为负载的三角形连接电路,电路的电压、电流关系可由以下公式来描述:

$$U_{\mathrm{L}}=U_{\mathrm{P}}$$

$$\dot{I}_A=\dot{I}_{AB}-\dot{I}_{CA}$$

$$\dot{I}_B=\dot{I}_{BC}-\dot{I}_{AB}$$

$$\dot{I}_C=\dot{I}_{CA}-\dot{I}_{BC}$$

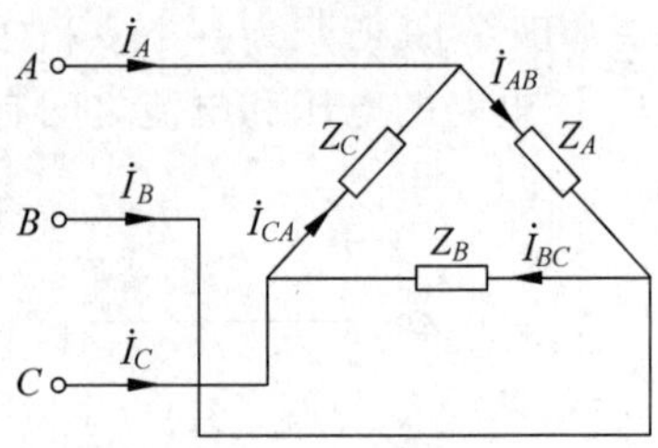

图 5-17 三相负载的三角形连接

当负载对称时,$I_{\mathrm{L}}=\sqrt{3}I_{\mathrm{P}}$。

4. 实验任务

(1) 实验灯箱内部结构如图 5-18 所示，并用三只灯箱作三相负载的星形连接，按图 5-19 所示电路接线。

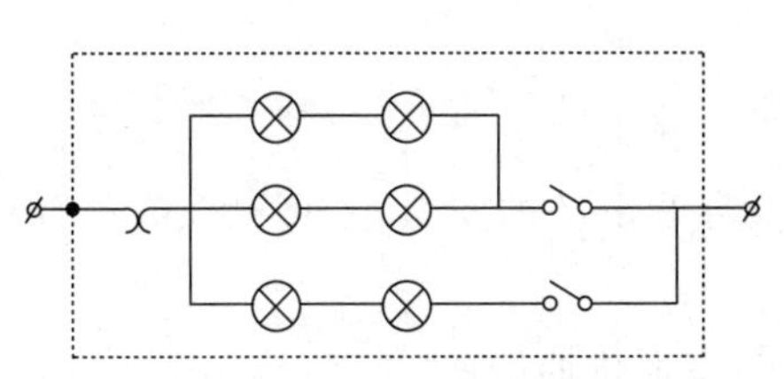

图 5-18　灯箱的结构示意图

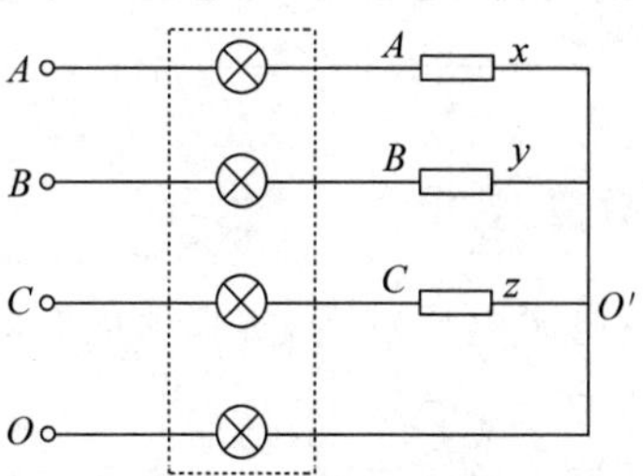

图 5-19　三相星形负载连接

① 负载对称(各相开 4 盏灯)。

a. 测量有中线时各线电压、相电压、线电流以及中线电流。

b. 测量无中线时各线电压、相电压、线电流、相电流以及电源中性点 O 与负载中性点 O'之间的电压 $U_{OO'}$。

② 负载不对称(各相开的灯分别为 2、4、6 盏)，重复上述测量，并注意观察各相灯泡的亮度。根据实验结果来分析中线的作用，将各次测量数据记入表 5-14。

表 5-14　三相负载星形连接

负载情况 \ 测量数据		线电压/V			相电压/V			相(线)电流/A			$I_{OO'}$/A	$U_{OO'}$/V
		U_{AB}	U_{BC}	U_{CA}	$U_{AO'}$	$U_{BO'}$	$U_{CO'}$	I_A	I_B	I_C		
对称	有中线											
	无中线											
不对称	有中线											
	无中线											

(2) 三相负载的三角形连接，按图 5-20 所示电路接线。

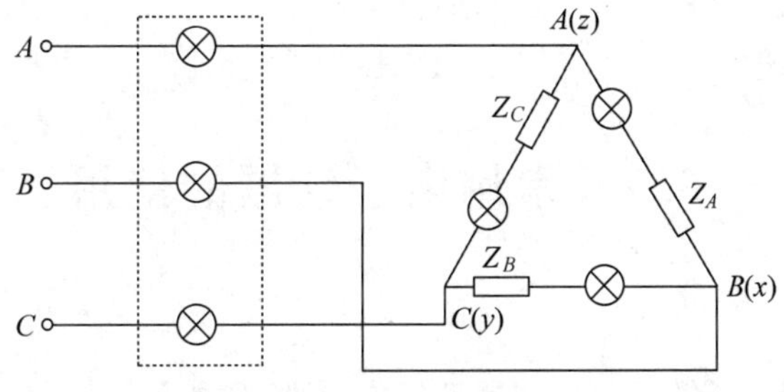

图 5-20　三相三角形负载连接

① 负载对称，每相开亮 4 盏灯。

② 负载不对称，AX、BY、CZ 分别开亮 2、4、6 盏灯，测量各线(相)电压、线电流以及相电流，并将测量数据记入表 5-15 中。

表 5-15 三相负载的三角形连接

负载情况 \ 测量数据	线(相)电压/V			线电流/A			相电流/A		
	U_{AB}	U_{BC}	U_{CA}	I_A	I_B	I_C	I_{AB}	I_{BC}	I_{CA}
对称									
不对称									

5. 注意事项

(1) 电源电压较高,实验中应时刻注意人身及设备的安全,不可触及导电部件,防止意外事故发生。

(2) 每次接线完毕,应由指导老师检查后,方能接通电源。

(3) 测量每一项物理量之前,必须看清其所在的位置,切忌盲目测量。

(4) 实验中若出现异常现象(如跳闸等),不必惊慌,应立即切断电源,找出故障原因,排除故障后方可继续实验。

6. 实验报告及要求

(1) 整理实验数据,验证对称三相电路线电压与相电压、线电流与相电流的$\sqrt{3}$倍的关系。

(2) 讨论在负载对称的星形连接中,若负载一相开路或短路,在有中线和无中线两种情况下,分别会出现什么现象?并由此说明,在三相四线中,中线上为什么不允许接保险丝?

(3) 当不对称负载作三角形连接时,线电流是否相等?线电流与相电流之间是否成固定的比例关系?

7. 实验仪器设备

灯箱	自制 三只
交流电压表	T19V
交流电流表	T19A
电流接线盒、电流插头	一套
电工技术实验系统	DGL-I

5.7 常用电子仪器的使用

1. 预习要求

(1) 阅读有关章节,了解双踪示波器的工作原理、性能及面板上常用各主要旋钮的作用和调节方法。

(2) 阅读有关章节,了解函数信号发生器和晶体管毫伏表的使用方法。

(3) 掌握用示波器测量信号幅度、周期的方法,熟悉正弦波峰-峰值与有效值之间的关系。

(4) 回答下列问题：

① 示波器Y轴输入耦合转换按键置“DC”是________耦合，置“AC”是________耦合。若要观察带有直流分量的交流信号，开关应置于________挡；仅观察交流时，开关应置于________挡。

② 示波器中的“⊥”或“GND”起什么作用？

____

③ 将“校准信号”的方波输入示波器，信号的频率为1kHz，峰-峰值为0.2V，从示波器荧光屏上观察到的幅度在Y轴上占4格，一个周期在X轴上占了5格，则Y轴灵敏度选择开关应置于________/div的位置，X轴时基旋钮置于________/div的位置。

④ 交流毫伏表用于测量何种电压？________________________

⑤ 若函数信号发生器的频率范围选择按钮置于×1kHz挡，则调节频率细调旋钮可使其输出信号的频率在________至________范围内变化。

2. 实验目的

(1) 掌握电工与电子技术实验中几种常用电子仪器的正确使用方法。

(2) 掌握几种典型信号的幅值、有效值和周期的测量。

(3) 初步掌握用示波器观察正弦波信号波形和读取波形参数的方法。

(4) 掌握正弦信号相位差的测量方法。

3. 概述

1) 双踪示波器

示波器是一种电子图示测量仪器，用来观察和测量信号的波形及参数，双踪示波器可以同时对两个输入信号进行观测和比较，利用示波器的Y轴灵敏度选择旋钮和X轴时基旋钮可测量周期信号的波形参数(幅度、周期和相位差等)。

(1) 幅度测量

使用示波器来测量波形参数，首先读取屏幕上波形在垂直方向上的偏转格数，再乘以旋钮所指示的数值，即可读出幅度值。

当输入恒定直流信号时，显示波形为一条水平线，但它在垂直方向上相对于平衡位置偏转了一段距离，这段距离就代表直流信号电压的大小。

当输入为交流信号时，可以在屏幕上读出波形的幅值或峰-峰值的大小。其幅值为正向或负向的最大值，峰-峰值是指正向最大值到负向最大值之间的距离。当波形对称时，峰-峰值U_{p-p}为幅值的2倍。

当输入信号中包含交流分量及直流分量时，所显示的波形本身反映了交流分量的变化，将输入耦合方式置于“AC”时，可以看到交流分量。当把“⊥”按钮按下可以找出零参考点，记下该参考点的位置后，抬起接地按钮，把“AC”挡换到“DC”挡，可以根据波形偏移格数，求出其直流分量，如图5-21所示。

(2) 时间测量

示波器的扫描速度是用时基旋钮刻度t/div，即在X轴方向偏转一格所需要的时间来表示的。将被测波形在X轴方向的偏转格数乘以刻度值，就能求出时间。

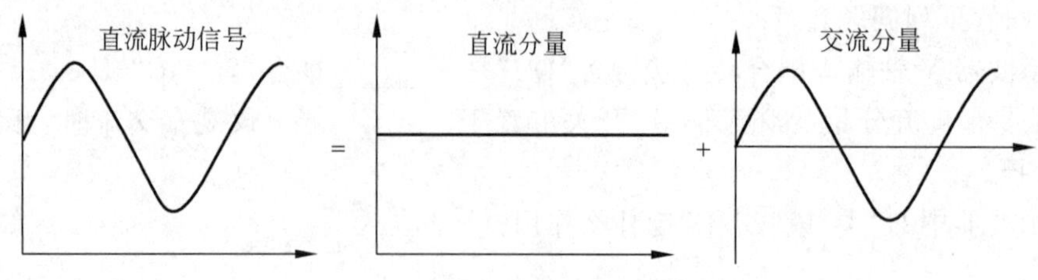

图 5-21　含有交、直流信号的测量

(3) 相位差测量

测量两个同频率信号的相位差，可以用双迹法和椭圆截距法两种方法完成。

① 双迹法

调节两个输入通道的位移旋钮，使两条时基线重合，在两个通道的信号中选择其中一个作为触发源，两个被测信号分别从 CH_1 和 CH_2 输入，在屏幕上可显示出两个信号波形，如图 5-22 所示。从图中读出 D、L 格数，则它们的相位差为

$$\varphi = \frac{D}{L} \times 360° \tag{5-8}$$

② 椭圆截距法

把两个信号分别从 CH_1 和 CH_2 输入示波器，同时把示波器显示方式设为 X-Y 工作方式，则在荧光屏上会显示出一椭圆，如图 5-23 所示。测出图中 a、b 的格数，则相位差为

$$\varphi = \arcsin \frac{a}{b} \tag{5-9}$$

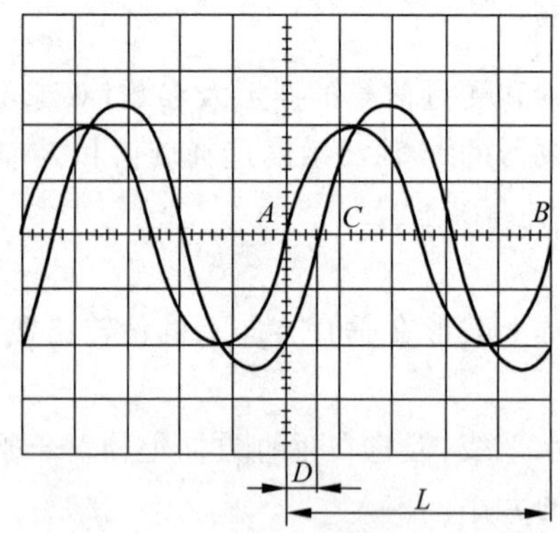

图 5-22　双迹法测量相位差

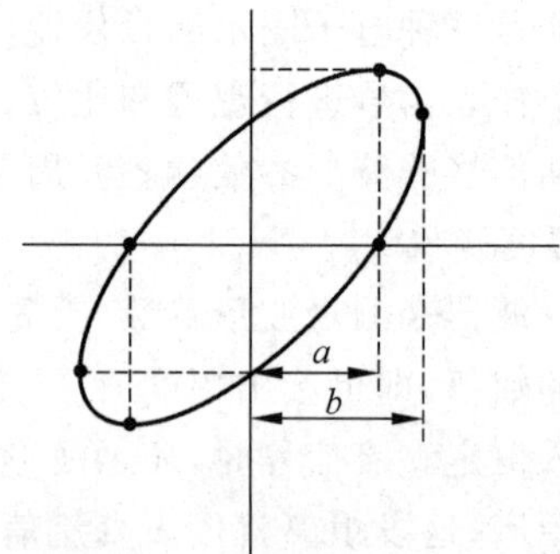

图 5-23　椭圆法测量相位差

为了保证示波器测量的准确性，示波器内部均带有校准信号，实验室所用示波器的校准信号为一方波，其频率为 1kHz，峰-峰值为 2V。在使用示波器测量之前，可把校准信号输入到 Y 轴，以校验示波器的 Y 轴放大器及 X 轴扫描时基是否准确，若准确，就可用来定量测量被测信号。

2) 函数信号发生器

函数信号发生器可以根据需要输出正弦波、方波、三角波三种信号波形。输出信号的电压频率可以通过频率分挡开关、频率调节旋钮进行调节。输出信号的电压幅度可由输出幅度调节旋钮进行连续调节。

注意：函数信号发生器的输出端不允许短路。

3）交流毫伏表

交流毫伏表只能在其工作频率范围内，测量 300V 以下正弦交流电压的有效值。

(1) 为了防止过载损坏仪表，在开机前和测量前（即在输入端开路情况下）应先将量程开关置于较大量程处，待输入端接入电路开始测量时，再逐挡减小量程到适当位置。

(2) 读数：当量程开关旋到左边首位数为"1"的任一挡位时，应读取 0～10 标度尺上的示数。当量程开关旋到左边首位数为"3"的任一挡位时，应读取 0～3 标度尺上的示数。

(3) 仪表使用完后，先将量程开关置于较大量程位置后，才能拆线或关机

4. 实验任务

1）示波器内的校准信号

用机内校准信号（方波：$f=1\text{kHz}, U_{\text{p-p}}=2\text{V}$）对示波器进行自检。

(1) 输入并调出校准信号波形

① 校准信号输出端通过同轴共缆导线与 CH_1（或 CH_2）输入通道接通，根据实验原理中有关示波器的描述，正确设置和调节示波器各有关旋钮，将校准信号波形显示在荧光屏上。

② 分别将触发方式开关置"高频"和"常态"位置，然后调节电平旋钮，使波形稳定。

(2) 校准"校准信号"

将电压灵敏度"微调"旋钮置"校准"位置，电压灵敏度（Y 轴）开关置适当位置，读取信号幅值，将时间灵敏度"微调"旋钮置"校准"位置，时间灵敏度（X 轴）开关置适当位置，读取信号周期，填入表 5-16 中。

表 5-16　校准信号的测试

校验挡位	Y 轴（幅值）		X 轴（每周期格数）	
应显示的标准格数	0.5V/div 挡位	1V/div 挡位	0.5ms/div 挡位	0.2ms/div 挡位
实际显示的格数				
校验结果				

2）示波器测试几种典型信号

(1) 正弦波的测试

用函数信号发生器输出 $f=500\text{Hz}, U_S=2\text{V}$ 的正弦波信号，利用同轴共缆导线将信号发生器的输出端与示波器的观测通道相连，用示波器观察正弦交流电压的波形，将主要控件所处位置填入表 5-17 中。再次将函数信号发生器的输出信号调节为 $f=5000\text{Hz}, U_S=4\text{V}$ 的正弦波，重复以上步骤，完成表 5-17。观察时要求显示 2 个周期的正弦波，且峰-峰值间距离在 4～8 格之间。

表 5-17　正弦波的测试

被测信号	Y 轴输入通道	V/div 的微调	V/div 开关位置	触发信号选择	扫描方式选择	t/div 开关位置	t/div 的微调
$U_S=2\text{V}$ $f=500\text{Hz}$							

续表

被测信号	Y 轴输入通道	V/div 的微调	V/div 开关位置	触发信号选择	扫描方式选择	t/div 开关位置	t/div 的微调
$U_S=4V$ $f=5000Hz$							

(2) 叠加在直流上的正弦波的测试

调节函数信号发生器 OFFSET 旋钮(直流电平调节)，产生一叠加在直流电压上的正弦波。由示波器显示该信号波形，要求其直流分量为 1V，交流分量峰值为 2V，频率为 1kHz，如图 5-24 所示，简述操作步骤。

(3) 几种周期信号的幅值、有效值及频率的测量

调节函数信号发生器，使其输出信号波形分别为正弦波、方波和三角波，信号的频率为 2kHz(由函数信号发生器频率指示)，信号的有效值由交流毫伏表测量为 1V，用示波器显示波形，并且测量其周期和峰值，计算出频率和有效值，数据填入表 5-18。

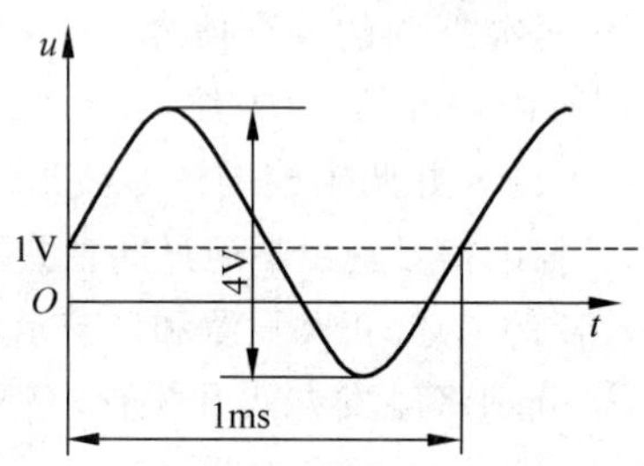

图 5-24　叠加在直流电压上的正弦波

表 5-18　几种周期信号的幅值、有效值及频率的测量

信号波形	函数信号发生器频率指示/kHz	交流毫伏表指示/V	示波器测量值		计算值	
			周期	峰值	周期	峰值
正弦波	2	1				
方波	2	*				*
三角波	2	*				*

3) 相位差的测量

按图 5-25 接线，函数信号发生器输出正弦波 $f=1kHz$，$U_S=3V$(由交流毫伏表测出)。用示波器测量出下列两组参数的情况下 u_i 与 u_C 间的相位差 φ。

① $R=1k\Omega$，$C=0.1\mu F$；

② $R=2k\Omega$，$C=0.1\mu F$。

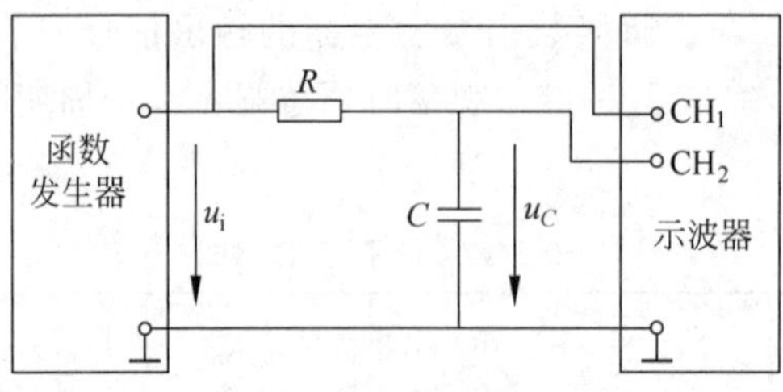

图 5-25　相位差测量

5. 注意事项

(1) 在大致了解示波器、函数信号发生器的使用方法以及各旋钮和开关的作用之后,再动手操作。使用这些仪器时,转动各旋钮和拨动开关时不要用力过猛。

(2) 示波器的使用注意事项如下。

① 示波器接通电源后预热数分钟后再开始使用。

② 使用过程中,应避免频繁开关电源,以免损坏示波器。暂不用时,只需将荧光屏的亮度调暗即可。

③ 荧光屏上所显示的亮点或波形的亮度要适当,光点不要长时间停留在一点上,以免损坏荧光屏。

④ 测量被测信号的幅度和周期时,应分别将"V/div"和"t/div"开关的微调旋钮置于校正位置,否则测量结果不准确。

⑤ 示波器的各输入探头的地线都和机壳相连,不可接在电路中不同的电位点上。示波器和函数信号发生器的地线必须接在相同的电位点上。

6. 实验问题讨论

(1) 如果示波器荧光屏上显示的信号波形不稳定,应调节哪些旋钮才能得到稳定的波形?

(2) 用示波器测量直流电压的大小与测量交流电压的有效值相比,在操作方法上有哪些不同?

(3) 交流毫伏表在小量程挡,输入端开路时,指针偏转很大,甚至出现打针现象,这是什么原因?应怎样避免?

7. 实验仪器设备

双踪示波器	XJ4316
函数信号发生器	SP641D
交流毫伏表	DF2175
实验板	自制

5.8 *RC* 电路的过渡过程

1. 预习要求

(1) 了解阶跃信号作用于一阶 *RC* 电路时,电路中电流、电压变化过程。

(2) 了解积分、微分电路的工作原理。

(3) 根据实验任务所给方波信号的周期 T,分别计算出任务(1)(2)(3)中的参数 R、C 的值。

2. 实验目的

(1) 研究一阶电路的零状态响应和零输入响应的基本规律和特点。

(2) 理解时间常数 τ 对响应波形的影响。

(3) 了解积分、微分电路的特点。

(4) 研究元件参数的改变对电路过渡过程的影响。

3. 实验原理

电路在一定条件下有一定的稳定状态，当条件改变，就要过渡到新的稳定状态。从一种稳定状态转到另一种新的稳定状态往往不能跃变，而是需要一定的过渡过程(时间)的，这个物理过程就称为电路的过渡过程。电路的过渡过程往往为时短暂，所以电路在过渡过程中的工作状态称为暂态，因而过渡过程又称为暂态过程。

1) *RC* 电路的方波响应

RC 电路如图 5-26(a)所示，阶跃信号激励在实验中用方波来代替，如图 5-26(b)所示。从 $t=0$ 开始，该电路相当于接通直流电源，如果 $T/2$ 足够大($T/2>4\tau$)，则在 $0\sim T/2$ 响应时间范围内，u_C 可以达到稳定值 U_i，这样在 $0\sim T/2$ 范围内 $u_C(t)$即为零状态响应；而从 $t=T/2$ 开始，$u_i=0$，因为电源内阻很小，则电容 C 相当于从起始电压 U_i 向 R 放电，若 $T/2>4\tau$，在 $T/2\sim T$ 时间范围内 C 上电荷可放完，这段时间范围为零输入响应。第二周期重复第一周期，如图 5-26(c)所示，如此周而复始。

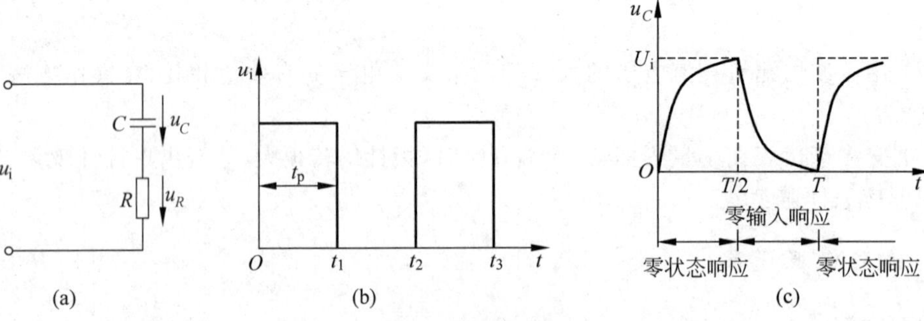

图 5-26 方波激励下的响应波形

(a) 一阶 *RC* 电路；(b) 激励波形；(c) 响应波形

线性系统中，零状态响应与零输入响应之和称为系统的完全响应。若要观察电流波形，只需观察电阻 R 上的电压 u_R 即可，因为电阻上的电压、电流是线性关系。

2) *RC* 电路的应用

积分电路和微分电路是 *RC* 电路中比较典型的电路，实际中应用是很广泛的。除了可以用来进行微分、积分运算之外，还常用来作为波形变换电路。

(1) *RC* 微分电路

如图 5-27 所示的电路中，选择适当的电路参数，使电路的时间常数 $\tau=t_p$(t_p 为矩形脉冲宽度)，电阻两端电压 u_R 为正负交替的尖脉冲，如图 5-28 所示。

(2) *RC* 积分电路

如果将 *RC* 电路的电容两端作为输出端，如图 5-29 所示，在电路的时间常数 $\tau\gg t_p$ 条件下，电路的输出电压近似地正比于输入电压对时间的积分。当输入电压为矩形脉冲时，输出电压波形为三角波，如图 5-30 所示。

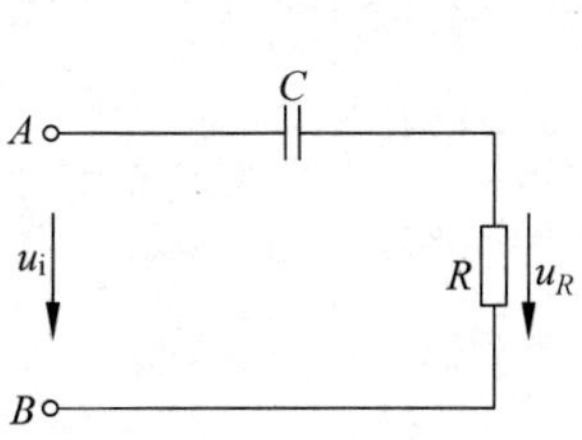

图 5-27　*RC* 微分电路

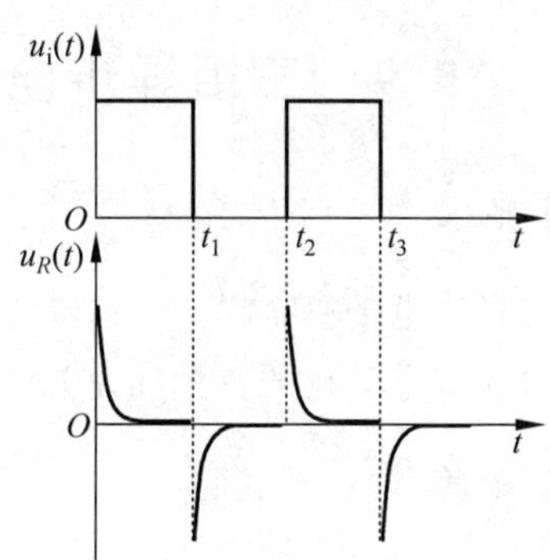

图 5-28　*RC* 微分电路的输入/输出波形

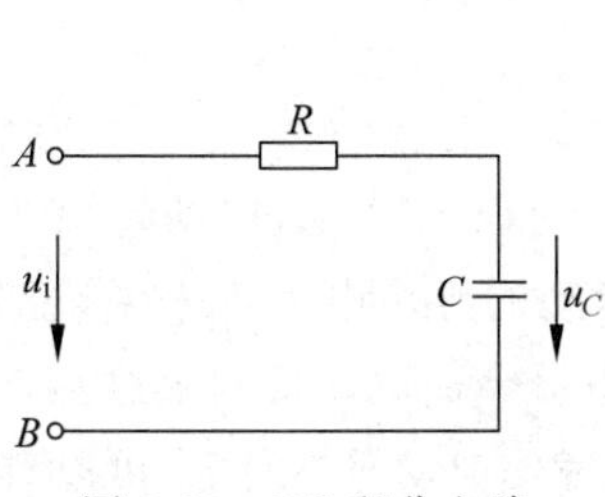

图 5-29　*RC* 积分电路

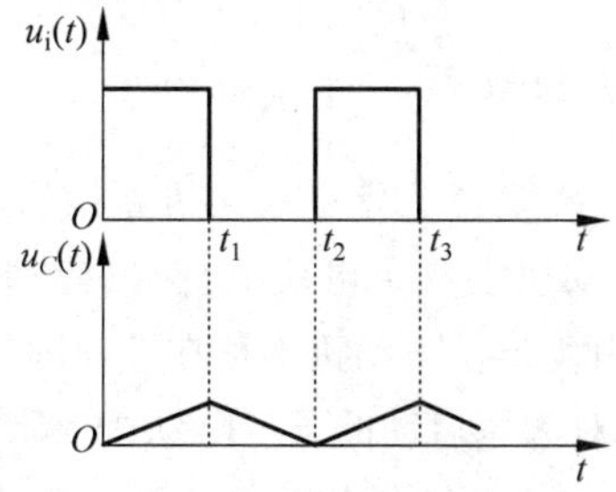

图 5-30　*RC* 积分电路的输入/输出波形

4. 实验任务

利用示波器研究 *RC* 电路的过渡过程，按图 5-29 接线，*A*、*B* 间接函数信号发生器输出的方波信号，方波幅值为 4V，周期为 4ms，脉冲宽度 t_p 约为 2ms。

(1) 选用电路参数使 $\tau=RC=t_p$，分别观察 u_i、u_R 和 u_C 的波形。

(2) 选用电路参数使 $\tau=RC=\left(\frac{1}{3}\sim\frac{1}{5}\right)t_p$，分别观察 u_i、u_R 和 u_C 的波形。

(3) 选用电路参数使 $\tau=RC\gg t_p$，分别观察 u_i、u_R 和 u_C 的波形。

5. 实验报告及要求

(1) 在坐标纸上画出被观察的波形，并且标明各参数值。

(2) 分析一阶电路中电路参数对方波响应的影响。

(3) 何谓积分电路和微分电路，它们必须具备什么条件？它们在方波序列脉冲的激励下，其输出信号波形的变化规律如何？

6. 实验设备

双踪示波器	XJ4316
函数信号发生器	SP641D
实验板	自制

5.9 三相异步电动机的启动与调速实验

1. 预习要求

(1) 复习异步电动机有哪几种启动方法,以及各种启动的技术指标。

(2) 复习异步电动机的各种调速方法。

2. 实验目的

(1) 通过实验掌握异步电动机的不同启动方法。

(2) 了解异步电动机降压调速和转子串电阻调速的特点。

(3) 掌握异步电动机降压调速和转子串电阻调速的方法。

3. 实验原理

1) 三相绕线转子异步电动机直接启动

异步电动机在额定电压下直接启动时,启动电流 $I_S=(4\sim7)I_N$,启动转矩 $T_S=(0.9\sim1.3)T_N$。由于异步电动机不存在换向问题,对不频繁启动的异步电动机来说,短时大电流没什么关系。对频繁启动的异步电动机,频繁出现短时大电流会使电动机内部过热,但是只要限制每小时最高启动次数,电动机也是能承受的。因此,只考虑电动机本身,是可以直接启动的。

再看较大的启动电流 I_S 对电力变压器的影响。电力变压器的容量是按其供电的负载总容量设置的。正常运行条件下,变压器由于电流不超过额定电流,其输出电压比较稳定,电压变化率在允许的范围之内。三相绕线转子异步电动机启动时,若变压器额定容量相对很大,电动机额定功率相对很小时,短时启动电流不会使变压器输出电压下降多少,因此也没什么关系。若变压器额定容量相对不够大,电动机额定功率相对不算小时,电动机短时较大的启动电流会使变压器输出电压短时下降幅度较大,超过正常规定值的 10%或更严重。这样一来,将产生如下的影响:

(1) 启动电动机本身由于电压太低使启动转矩下降很多($T\propto U_1^2$),当负载较重时,将不能启动。

(2) 影响由同一台电力变压器供电的其他负载,比如说电灯会变暗、数控设备可能失常、重载的异步电动机可能停转等。

显然,上述情况即便是偶尔出现一次,也是不允许的。可见,变压器额定容量相对电动机不够大时,不允许直接启动三相异步电动机。

有些情况下,三相绕线转子异步电动机直接启动是可行的,而下面两种情况下是不可行的:①变压器与电动机容量之比不足够大;②启动转矩不能满足要求。

2) 三相绕线转子异步电动机转子回路串联电阻调速

改变转子回路串联电阻值的大小,如转子回路本身电阻为 R_2,分别串联电阻 R_{S_1}、R_{S_2}、R_{S_3} 时,其机械特性如图 5-31 所示。当拖动恒转矩负载,且为额定负载转矩,即 $T_L=T_N$ 时,电动机的转差率由 S_N 分别变为 S_1、S_2、S_3,如图 5-31 所示。显然,所串联的电阻越大,转速越低。

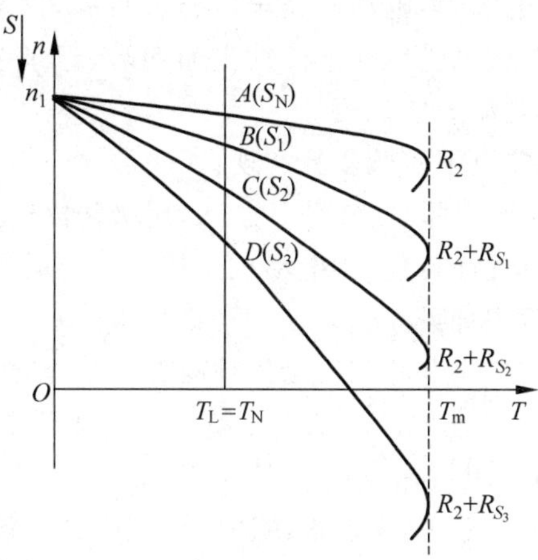

图 5-31 三相绕线转子异步电动机转子回路串联电阻调速

从三相绕线转子异步电动机的功率关系知道，电磁功率 P_M、转子回路总铜损耗 P_{Cu_2} 和机械功率 P_m 三者之间的关系为

$$P_M : P_{Cu_2} : P_m = 1 : S : (1-S) \tag{5-10}$$

采用串联电阻调速时，要扩大调速范围，必须增大转差率 S。这样一来，将使转子回路总铜损耗增大，降低了电动机的效率。例如，$S=0.5$ 时，电磁功率中只有一半转换为机械功率输出，其余的一半则损耗在电动机转子回路中。转速越低，情况越严重。

这种调速方法多用于断续工作的生产机械上，这类机械在低速运行的时间不长，且要求调速性能不高，如桥式起重机。

4. 实验任务

1）三相鼠笼式异步电动机直接启动实验

三相异步电动机选用 D21，其额定数据为：$P=100\text{W}$，$U=220\text{V}(\triangle)$，$I=0.48\text{A}$，$n=1420\text{r/min}$。其他所需设备有：三相交流电源(DDS01)、电动机导轨(DT06 和 DT09)、交流电压表和交流电流表(DT16)。

图 5-32 示出了电动机绕组△接法。

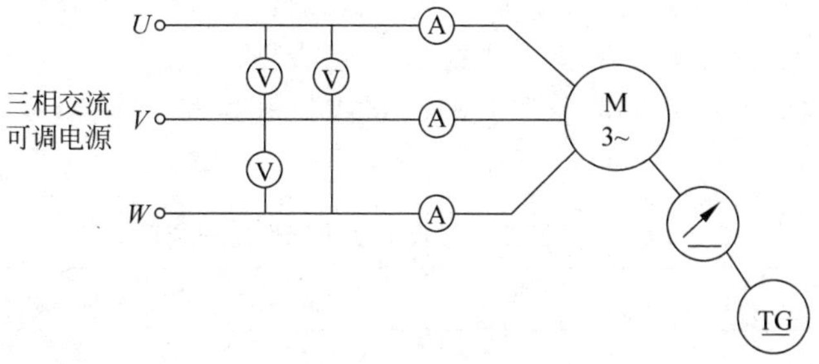

图 5-32 三相鼠笼式异步电动机直接启动实验电路图

安装电动机使电动机与测速发电机及测功负载同轴连接，旋紧固定螺丝。将三相电源调至零位。空载情况下，接通电源，逐渐升高电压，启动电动机，调节三相电源使之逐渐升压

至额定电压。然后切断三相电源，等电动机完全停止旋转后，再全压接通三相电源，使电动机在额定电压下全压启动，电流表受启动电流冲击而偏转，记录电流表瞬时偏转的最大值，此电流值可作为电动机启动电流的估计值。

定量确定启动电流值可按以下实验步骤实现：

停止电动机，将三相电源调至零位，空载状态下，用堵转棒把测功机的定子和转子堵住；接通电源；DT09 加载旋钮逆时针转到底(电动机空载)，调节转矩显示调零旋钮，使转矩输出显示为 0；选择开关选择常规加载。

慢慢调节三相可调电源(交流电源调压旋钮顺时针)，使电动机在堵转状态下的定子电流达 2～3 倍额定电流(0.48A)，读取此时的电压值 U_K、电流值 I_K、转矩值 M_K，注意：实验通电时间不应超过 10s，以免绕组过热。

实验完毕，将三相电源调至零位(交流电源调压旋钮逆时针)切断电源，拔出堵转棒。

对应于额定电压时的启动电流 I_{st} 和启动转矩 M_{st} 按下式计算：

$$I_{st}=\left(\frac{U_N}{U_K}\right)I_K \tag{5-11}$$

式中，U_K 为启动实验时的电压值，V；U_N 为电动机额定电压值，V。

$$M_{st}=\left(\frac{I_{st}}{I_K}\right)^2 M_K \tag{5-12}$$

式中，I_K 为堵转实验时的电流值，A；M_K 为堵转实验时的转矩值，N・m。

2) 三相鼠笼式异步电动机降低定子电压调速实验

按图 5-32 接线，电动机绕组△接法；连通 DT06 加载回路，安装电动机使电动机与测功机同轴连接，旋紧固定螺丝；将三相电源调至零位；DT09 加载旋钮逆时针转到底，调节转矩显示调零旋钮，使转矩输出显示为 0；选择开关选择常规加载；接通电源。

逐渐升高电压(交流电源调压旋钮顺时针)，启动电动机，调节三相电源使之逐渐升压至额定电压(220V)(电动机空载，额定电压下启动)；注意电动机转向符合测功机加载要求；慢慢加上负载(DT09“加载旋钮”顺时针旋转)，使电动机定子电流接近于额定电流(电动机在额定负载运行)。

记录此时电动机定子电压、定子电流、转速和测功机转矩数据，将上述数据记录于表 5-19。

改变三相电源电压为 200V(交流电源调压旋钮逆时针旋转)，保持电动机负载不变，记录此时电动机定子电压、定子电流、转速和测功机转矩数据，将上述数据记录于表 5-19。

改变电动机负载，重复以上实验。共测 3～4 组数据。

实验完毕，DT09 加载旋钮逆时针转到底，将三相电源调至零位(交流电源调压旋钮逆时针旋转)，切断电源。

表 5-19　三相鼠笼式异步电动机降低定子电压调速

序号	U_{AB}/V	U_{BC}/V	U_{CA}/V	I_A/A	I_B/A	I_C/A	M_2/(N・m)	n/(r/min)	P_2/W

3）三相绕线式异步电动机转子可变串电阻启动

三相绕线式异步电动机选用 D15，其额定数据为：$P=100\text{W}$，$U=220\text{V}(\text{Y})$，$I=0.55\text{A}$，$n=1420\text{r/min}$。其他所需设备有：三相交流电源（DDS01）、电动机导轨（DT06 和 DT09）、交流电压表、交流电流表（DT16）和绕线电动机调节电阻（DT05）。

按图 5-33 接线，电动机绕组 Y 接法。

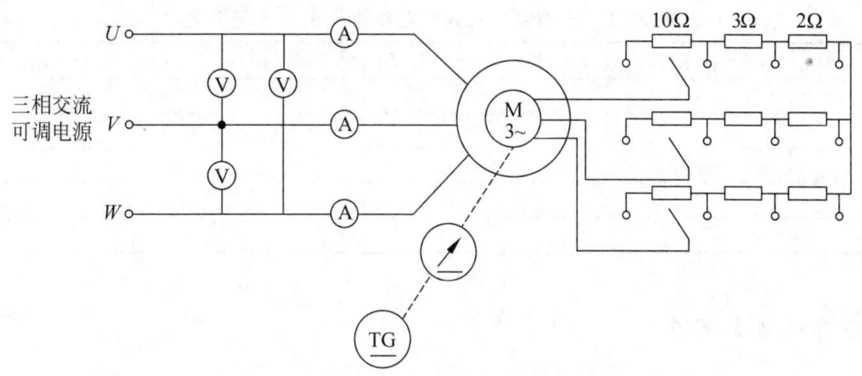

图 5-33　三相绕线式异步电动机转子绕组串电阻启动电路

安装绕线电动机使电动机与测功机同轴连接，旋紧固定螺丝。

将三相电源调至零位，在空载情况下，将绕线电动机调节电阻放至阻值最大位置；DT09 加载旋钮逆时针转到底，调节转矩显示调零旋钮，使转矩输出显示为 0；选择开关选择常规加载；接通电源。

调节三相电源，注意电动机转向符合测功机加载要求。

调节三相电源逐渐升压至额定电压，启动电动机。改变转子调节电阻大小，直至转子回路短接为止。观察启动和调节过程中的电流和转速的变化情况。

在转子串不同电阻下的启动电流和启动转矩用以下方法求得：停止电动机，将三相电源调至零位，空载状态下，用销钉把测功机的定子和转子销住。接通电源，慢慢调节三相可调电源，使绕线式电动机定子绕组电压为 150V，在转子串入不同电阻时，测定子电流和测功机转矩。数据记入表 5-20 中。

表 5-20　三相绕线式异步电动机转子串可变电阻启动

电阻 R_{st}/Ω	0	2	5	15
电流 I_{st}/A				
转矩 $M_{st}/(\text{N}\cdot\text{m})$				

4）三相绕线式异步电动机转子串电阻调速实验

三相绕线式异步电动机选用 D15，其额定数据为：$P=100\text{W}$，$U=220\text{V}(\text{Y})$，$I=0.55\text{A}$，$n=1420\text{r/min}$。其他所需设备有：三相交流电源（DDS01）、电动机导轨（DT06 和 DT09）、交流电压表、交流电流表（DT16）、绕线电动机调节电阻（DT05）。

按图 5-33 接线，电动机绕组 Y 接法。

安装电动机使电动机与测功机同轴连接，旋紧固定螺丝。将三相电源调至零位，测功机旋钮旋至最小位置。将绕线电动机调节电阻放至阻值最小位置，接通电源，逐渐升高电压，启动电动机，调节三相电源使之逐渐升压至额定电压(注意电动机转向符合测功机加载要求)。慢慢加上负载，使电动机定子电流接近于额定电流。记录此时电动机定子电压、定子电流、转速和测功机转矩数据；改变转子绕组调节电阻，保持电动机负载，将上述数据记录于表5-21，共测4组数据。改变电动机负载，重复以上实验。

表5-21　三相绕线式异步电动机转子串电阻调速

序号	R_{st}/Ω	U_{AB}/V	U_{BC}/V	U_{CA}/V	I_A/A	I_B/A	I_C/A	$M_2/(N\cdot m)$	$n/(r/min)$	P_2/W

5. 实验报告及要求

(1) 比较异步电动机不同启动方法的优缺点。

(2) 由启动实验数据求外施额定电压 U_N 情况下的启动电流和启动转矩。

(3) 简述绕线式异步电动机转子绕组串入电阻对启动电流和转矩的影响。

(4) 分析两种调速方法的特点，根据实验数据来分析改变定子电压和改变转子电阻对电动机转速的影响。

6. 思考题

(1) 启动电流与外施电压成正比，启动转矩和外施电压的平方成正比在什么情况下才能成立?

(2) 除了以上调速方法外，电动机的常用调速方法还有哪些?

5.10　直流电动机认识实验

1. 预习要求

(1) 直流电动机的结构及工作原理。

(2) 如何改变电动机的旋转方向?

(3) 直流电动机的转速和哪些因素有关?

2. 实验目的

(1) 认识在直流电动机实验中所用的电动机、仪表、变阻器等组件。

(2) 学习直流电动机的接线、启动、改变电动机转向以及调速的方法。

3. 实验原理

1) 直流电动机的工作原理

直流电动机是通以直流电流的旋转电动机，是电能和机械能相互转换的设备。将机械能转换为电能的是直流发电机，将电能转换为机械能的是直流电动机。

图5-34所示为直流电动机工作原理图。图中N、S是主磁极，它是固定不动的。$abcd$ 是装在可以转动的圆柱体上的一个线圈，把线圈的两端分别接到两个相对放置的导电片(称为换向片)上，换向片之间用绝缘材料隔开，电刷A、B放在换向片上且固定不动，通过电刷A、B可以把旋转着的电路(线圈 $abcd$)与外面静止的电路相连接。换向片与电刷组成了最简单的换向器。这个可以转动的转子叫电枢。电刷A、B接到直流电源上。将电刷A、B接通直流电源后，线圈中将有流向为 $a \to b \to c \to d$ 的电流。

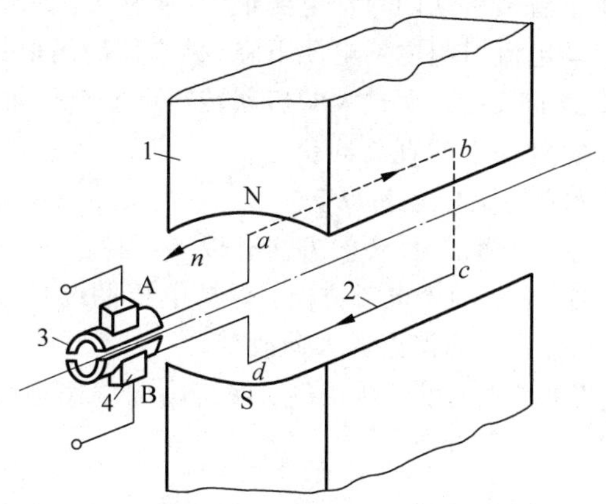

图5-34 直流电动机工作原理

根据电磁定律，载流导体 ab、cd 上受到的电磁力 f 大小为

$$f = Bli \tag{5-13}$$

式中 f 为 ab、cd 上受到的电磁力，N；B 为导体所在处的磁通密度，$\mathrm{Wb/m^2}$；l 为导体 ab 与 cd 的长度，m；i 为导体 ab、cd 里的电流，A。

导体受力的方向用左手定则确定，导体 ab 的受力方向是从右向左，cd 的受力方向是从左向右，如图5-34所示。电磁力 f 与转子半径的乘积就是转矩，称为电磁转矩。两个力对轴形成逆时针方向的电磁转矩使电枢转动。当电枢旋转180°后，导体 cd 进入N极面区、ab 进入S极面区，由于电刷和换向片的作用，线圈电流方向变为 $d \to c \to b \to a$，导体 ab、cd 受力及其产生的电磁转矩为逆时针方向，电枢继续转动。可见，输入的电能将转变为电枢轴上的机械能输出。

实际的直流电动机电枢上也不止一个线圈，但不管有多少个线圈，所产生的电磁转矩的方向都是一致的。

2）直流电动机调速

直流电动机具有优良的调速性能，它可以在宽广的速度范围内平滑而经济地进行速度调节，这是交流电动机无法比拟的。

由直流电动机机械特性方程得电动机转速：

$$n = \frac{U}{C_e \Phi} - \frac{R_a + R_j}{C_e C_M \Phi} M \tag{5-14}$$

式中，R_j 为电枢回路串入的调速电阻；R_a 为电枢回路总电阻；U 为电源电压；C_e 为电动势常数；C_M 为转矩常数；M 为电磁转矩。

由上式可知，直流电动机调速方式有三种：①调节励磁电流以改变每极磁通；②调节电枢回路中可调电阻量；③调节外加电源电压 U。

3）直流电动机的启动和反转

(1) 启动方法

全压启动：是在电动机磁场磁通为 Φ_N 情况下，在电动机电枢上直接加以额定电压的启动方式。

他励直流电动机不允许直接启动。因为他励直流电动机电枢电阻 R_a 阻值很小，额定电压下直接启动的启动电流很大，通常可达额定电流的 10～20 倍，启动转矩也很大。过大的启动电流引起电网电压下降，影响其他用电设备的正常工作，同时电动机自身的换向器产生剧烈的火花。而过大的启动转矩可能会使轴上受到不允许的机械冲击。所以全压启动只限于容量很小的直流电动机。

(2) 直流电动机反转

直流电动机反转的方法有以下两种：

① 改变励磁电流方向：保持电枢两端电压极性不变，将电动机励磁绕组反接，使励磁电流反向，从而使磁通方向改变。

② 改变电枢电压极性：保持励磁绕组电压极性不变，将电动机电枢绕组反接，电枢电流 I_a 即改变方向

4. 实验任务

选用并励直流电动机编号为 D17，其额定数据为：$P_N=185W$，$U_N=220V$，$I_N=1.1A$，$n_N=1600r/min$，$I_f<0.16A$。

1) 测量电动机的绝缘电阻和绕组的冷态直流电阻

(1) 测量各绕组的绝缘电阻

实验所需设备：并励直流电动机(D17)和兆欧表(500V)(自备)。

将直流电动机与电源断开，分别用兆欧表测量电枢绕组、励磁绕组对地和两绕组之间的绝缘电阻，并记录其数值。

(2) 用伏安法测量两绕组的冷态直流电阻

将电动机在室内放置一段时间，用温度计(自备)测量电动机绕组端部或铁芯的温度。当所测温度与冷却介质温度(这里指室温)之差不超过 2K 时，即为实际冷态。记录此时的温度和测量定子绕组的直流电阻，可计算基温定子相电阻。

实验所需设备：并励直流电动机(D17)，220V 直流电源(DT02)，开关(DT25)，直流电流表和直流电压表(DT14)，90Ω/1.3A 可变电阻箱(DT21)。

量程的选择：可变电阻 R 的阻值选为 360Ω(4 个 90Ω(1.3A)串联)。

测量磁场电阻时，可调电阻 R 的阻值选为 540Ω(6 个 90Ω/1.3A 串联)。以上仪表若自动切换量程则无需选择。

测量电枢电阻时，将电阻 R 调至最大值，然后接通电源，调节变阻器 R 使试验电流至额定值(1.1A)，测量此时的绕组电压电流值，记录于表 5-22；测量磁场电阻时，将电阻 R 调至最小值，然后接通电源，调节变阻器 R 使试验电流接近额定值(约 100mA)，测量此时的绕组电压电流值，记录于表 5-23。其中测量电枢绕组时要在转子互差 120°机械角度的位置下分别测量三次，取平均值同时记录室温。

表 5-22 绕组电压电流值(测量电枢电阻时)

电枢	0°位置	120°位置	240°位置	平均值
I/A				
U/V				
R/Ω				

表 5-23　绕组电压电流值(测量磁场电阻时)

I/A	
U/V	
R/Ω	

2) 检查和调整电动机电刷的位置

电动机不转时，电枢绕组可以看成一个螺旋管。当电刷在几何中线位置上时，这个螺旋管的轴线与励磁绕组的轴线垂直，因而两个绕组之间没有磁的交链。所以当改变励磁电流时，在两电刷之间不产生感应电势。如果电刷不在几何中线位置上，当改变励磁电流时，电枢绕组中将产生感应电势。

实验设备为：并励直流电动机(D17)，220V 直流电源(DT02)，开关(DT25)，直流电流表和直流电压表(DT14)，900Ω 可变电阻箱(DT20)

量程选择：变阻器 R 的阻值选为 5400Ω(6 个 900Ω/0.41A 串联)。

先将可调电阻 R 调至最大阻值处，合上 220V 直流电源开关，再合上开关 K，使电动机励磁绕组通电。这时将 K 打开、再合上，观察励磁电流 I_f 变化瞬间直流电压表是否发生偏转。偏转很小，逐渐加大励磁电流(调小变阻器 R 的阻值)，重复上述步骤，直至 I_f 加大到额定励磁电流为止，如果直流电压表偏转还是很小，则说明电刷位置在几何中线上。否则偏转很大时，要松开电动机固定电刷的螺丝，仔细调整电刷位置直至开、合 K 时电压表偏转很小为止。

3) 并励直流电动机的启动实验

实验设备：电动机导轨(DT06 和 DT09)(DT06)，220V 直流电源(DT02)，并励直流电动机(D17)，直流电压电流表(DT14)，电枢调节电阻(0～90Ω)(DT04)，磁场调节电阻(0～3000Ω)(DT04)。

按图 5-35 接线。

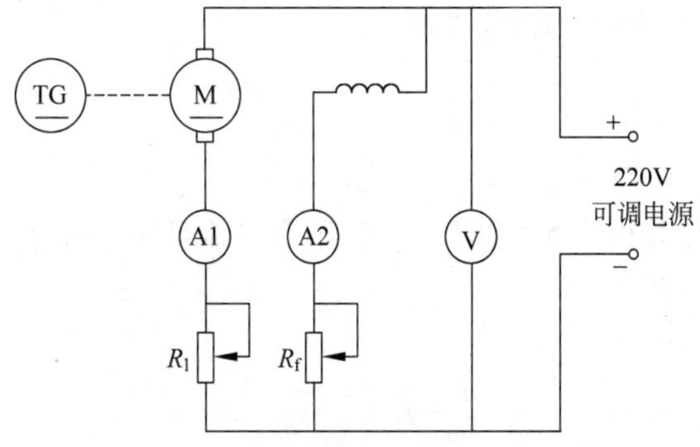

图 5-35　直流并励电动机接线图

实验前先将 R_1 调至最大阻值，R_f 调至最小阻值，合上 220V 直流电源开关，电动机启动，观察电动机旋转方向是否与测功机加载方向符合(具体见使用说明书)。调节 220V 电源调压旋钮，使电动机的端电压加到 220V。逐渐减小电阻 R_1，直至完全切除，电动机启动完毕。

4）并励直流电动机的调速实验

实验设备与所选量程同启动实验。

实验按图 5-35 接线，电动机启动后，分别调节电枢电阻 R_1 和磁场调节电阻 R_f，观察电动机转速的变化情况。注意在弱磁调速（增大电阻 R_f）时一定要监视电动机的转速，绝不允许超过 1.2 倍的额定转速。实验完毕，断开电源。

5）改变直流电动机转向实验

实验设备与所选量程同“3）并励直流电动机的启动实验”。

按图 5-35 接线，启动电动机，观察此时电动机的旋转方向；断开电源，将直流电动机的电枢绕组或励磁绕组两端的接线对调后，重新启动电动机，再观察此时的电动机转向，是否与原来的不一样。实验完毕，断开电源。

5. 实验报告及要求

（1）抄录被试电动机的铭牌数据及一些测试参数，包括绝缘电阻和绕组的直流电阻。

（2）画出直流并励电动机电枢串电阻启动的接线图，并说明启动时 R_1 和 R_f 应调到什么位置？

（3）分析电动机试运行中发现的问题及电动机是否正常运行的结论。

5.11　直流并励电动机

1. 预习要求

（1）什么是直流电动机的工作特性和机械特性？

（2）直流电动机的调速原理是什么？

2. 实验目的

（1）掌握用实验方法测取直流并励电动机的工作特性和机械特性。

（2）掌握直流并励电动机的调速方法。

3. 实验原理

1）直流电动机的机械特性

直流电动机的机械特性：当电压 U 一定，励磁电流确定条件下，电动机的转速 n 与电磁转矩 M 之间的关系，即 $n=f(M)$。

因为 $M=C_M\Phi I_a$，可得

$$I_a=\frac{M}{C_M\Phi} \tag{5-15}$$

所以

$$n=\frac{U}{C_e\Phi}-\frac{R_a+R_j}{C_e\Phi}I_a=\frac{U}{C_e\Phi}-\frac{R_a+R_j}{C_eC_M\Phi^2}I_a=n_0-KM \tag{5-16}$$

上述方程为直流电动机的机械特性方程。

式中，$n_0=\dfrac{U}{C_e\Phi}$称为理想空载转速，此时不仅电动机轴上无负载，且电枢电流 $I_a=0$，即电动

机的空载阻力转矩也由另外的原动机提供，故是一种“理想空载”状态。

式(5-16)中 $K=\dfrac{R_a+R_j}{C_eC_M\Phi^2}$称为机械特性的斜率，当 C_e、C_M 为常数，R_a、R_j 均有确定值时，K 有确定值。

由机械特性方程可知，并励直流电动机的机械特性是一簇下倾的直线，如图 5-36 所示。图中的直线 $R_j=0$，是电枢回路未串入电阻时的机械特性，称为固有特性。而直线 R_{j1} 和 R_{j2}，表示电枢串入电阻后的机械特性，称为人为特性。并且 R_j 值越大，曲线斜率 K 值越大，转速变化率 Δn 增大，机械特性变“软”。人为地改变施加给电动机的外界条件，可以改变电动机的机械特性，使得调节电动机特性以满足负载机械特性的要求成为可能。

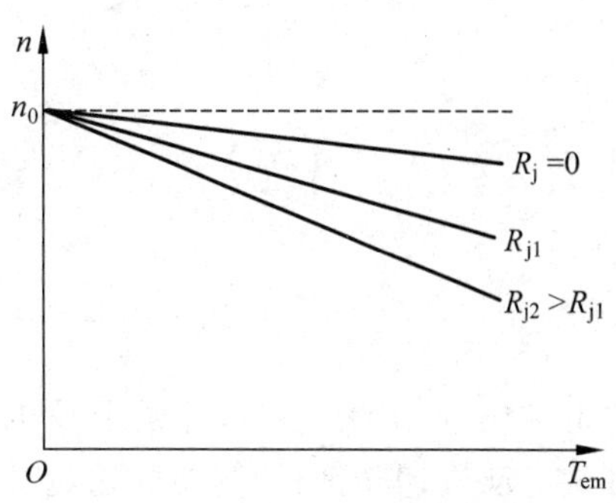

图 5-36　并励直流电动机的机械特性

2）直流电动机调速

直流电动机具有优良的调速性能，它可以在宽广的速度范围内平滑而经济地进行速度调节，这是交流电动机无法比拟的。

直流电动机的调速方式有三种：调节电枢回路中可调电阻量；调节励磁电流以改变每极磁通；调节外加电源电压 U。

（1）电枢回路串电阻调速

此法的不足是：①串入电阻越大，消耗的功率越大，使机组运行效率降低；②轻载时，可调速的范围小；③由于串入电流大的电枢回路，因而需要调速电阻容量大，从而价格较贵。所以此法只适用于容量较小、调速范围不大的场合。

电动机运行于固有机械特性上的转速称为基速。电枢回路串电阻调速的方法，只能从基速往下调。

（2）改变励磁电流调速(弱磁调速)

弱磁调速的优点：由于在电流较小的励磁回路中进行调节，因而控制方便，能量损耗小，设备简单，调速平滑性好。弱磁升速后电枢电流增大，电动机的输入功率增大，但由于转速升高，输出功率也增大，电动机的效率基本不变，因此经济性比较好。

弱磁调速的缺点：机械特性的斜率变大，特性变软；转速的升高受到电动机换向能力和机械强度的限制，升速范围不可能很大，一般调速比 $D\leqslant 2$；为了扩大调速范围，通常把降压和弱磁两种调速方法结合起来，在额定转速以上，采用弱磁调速，在额定转速以下采用降压调速。

（3）改变外加电压调速

使用此法调速时，应保持励磁绕组电压(电流)不变，即应改接成他励电动机的接线。使用时电动机端电压最高不超过额定值，因此总是降低电压进行调速，转速降低，又称降压调速。

4. 实验任务

1）并励电动机的工作特性和机械特性

实验线路如图 5-37 所示。

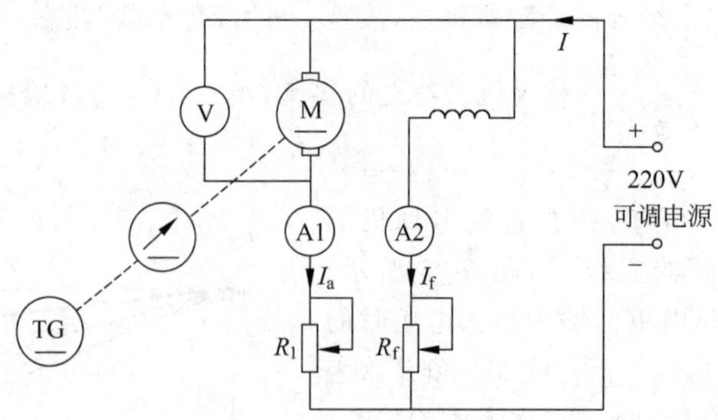

图 5-37　直流并励电动机接线图

电动机选用 D17 直流并励电动机，负载采用涡流测功机（DT06）或其他装置。启动直流并励电动机，其转向从测功机端观察为逆时针方向。

将电动机电枢调节电阻 R_1 调至零，同时调节直流电源调压旋钮、测功机的加载旋钮和电动机的磁场调节电阻 R_f，调到其电动机的额定值 $U=U_N$，$I=I_N$，$n=n_N$，其励磁电流即为额定励磁电流 I_{fN}，在保持 $U=U_N$ 和 $I_f=I_{fN}$ 不变的条件下，逐次减小电动机的负载，即将测功机的加载旋钮逆时针转动直至零。测取电动机输入电流 I、转速 n 和测功机的转矩 M_2，共取 6～24 组数据，记录于表 5-24 中，即电动机的自然机械特性。

然后调节电枢电阻 R_1（电阻 R_1 可用 90Ω 电阻箱（DT21）串联实现），使 $R_1+R_a=100\%R_{aN}$，R_{aN} 值可根据 U_N/I_N 求得，R_a 值可根据直流电动机认识实验得到。在保持 $U=U_N$ 和 $I_f=I_{fN}$ 不变的条件下，重复上述特性调节实验，测取电动机输入电流 I、转速 n 和测功机的转矩 M_2，共取 6～7 组数据，记录于表 5-25 中，即为电动机的人工机械特性。

表 5-24　$U=U_N=$________V，$I_f=I_{fN}=$________A，$R_1=$________Ω

实验数据	I/A							
	n/(r/min)							
	M_2/(N·m)							
计算数据	I_a/A							
	P_2/W							
	η/%							

表 5-25　$U=U_N=$________V，$I_f=I_{fN}=$________A，$R_1=$________Ω

实验数据	I/A							
	n/(r/min)							
	M_2/(N·m)							

2）调速特性

（1）改变电枢端电压的调速

直流电动机启动后，将电阻 R_1 调至零，同时调节负载（测功机）、直流电源及电阻 R_f，使

$U=U_N$，$I=0.5I_N$，$I_f=I_{fN}$，保持此时的 M_2 的数值和 $I_f=I_{fN}$，逐次增加 R_1 的阻值，即降低电枢两端的电压 U_a，R_1 从零调至最大值，每次测取电动机的端电压 U_a、转速 n 和输入电流 I，共取 5～6 组数据，记录于表 5-26 中。

表 5-26　$I_f=I_{fN}=$________ A，$M_2=$________ N·m

U_a/V						
n/(r/min)						
I/A						
I_a/A						

（2）改变励磁电流的调速

直流电动机启动后，将电阻 R_1 和电阻 R_f 调至零，同时调节直流调压旋钮和测功机加载旋钮，使电动机 $U=U_N$，$I=0.5I_N$，$I_f=I_{fN}$，保持此时的 M_2 数值和 $U=U_N$ 的值，逐次增加磁场电阻 R_f，直至 $n=1.3n_N$，每次测取电动机的 n、I_f 和 I，共取 5～6 组数据，记录于表 5-27 中。

表 5-27　$U=U_N=$________ V，$M_2=$________ N·m

n/(r/min)						
I_f/A						
I/A						
I_a/A						

5. 实验报告及要求

（1）由表 5-24 计算出 I_a、P_2 和 η，并绘出 n、M、$n=f(I_a)$ 及 $n=f(M_2)$ 的自然特性曲线。

电动机输出功率 $P_2=0.105nM_2$。式中输出转矩 M_2 的单位为 N·m，转速 n 的单位为 r/min。

电动机输入功率 $P_1=U(I_a+I_{fN})$。

电动机效率 $\eta=\dfrac{P_2}{P_1}\times 100\%$。

由工作特性求出转速变化率：$\Delta n=\dfrac{n_0-n_N}{n_N}\times 100\%$。

（2）由表 5-25 在同一坐标纸上画出 $R_1+R_a=100\%R_{aN}$ 时的人工机械特性曲线。

（3）绘出并励电动机调速特性曲线 $n=f(U)$ 和 $n=f(I_f)$。分析在恒转矩负载时两种调速的电枢电流变化规律以及两种调速方法的优缺点。

6. 思考题

（1）并励电动机的速率特性 $n=f(I_a)$ 为什么是略微下降？是否出现上翘现象？为什

么？上翘的速率特性对电动机运行有何影响？

（2）当电动机的负载转矩和励磁电流不变时，减小电枢端压，为什么会引起电动机转速降低？

（3）当电动机的负载转矩和电枢端电压不变时，减小励磁电流会引起转速的升高，为什么？

（4）并励电动机在负载运行中，当磁场回路断线时是否一定会出现“飞速”？为什么？

电子技术实验

本章主要学习电子技术(模拟电子技术和数字电子技术)课程的基础性实验和部分设计性实验的操作技能和测试方法。通过本章实验的学习,学生可以加深对模拟电子技术、数字电子技术基础实验的理解,并掌握其相关的应用。

6.1 单级晶体管放大器

1. 预习要求

(1) 重点理解单管放大器实验电路(图 6-1)的构成原理及其工作原理。

(2) 掌握单管放大器主要性能指标的定义和测量方法。

(3) 掌握本实验中用到的各种电子仪器设备的正确使用方法。

2. 实验目的

(1) 掌握单管放大器静态工作点的调试方法;观察静态工作点变化对放大器输出波形的影响。

(2) 掌握单管放大器主要性能指标的测量方法;研究集电极电阻和负载电阻的变化对放大倍数的影响。

(3) 加深理解负反馈放大电路的工作原理及负反馈对放大电路性能的影响。

3. 实验原理

半导体三极管是非线性的电流控制型器件,其构成的放大电路主要有三种基本形式:共发射极、共集电极、共基极电路。在低频电路中,共射、共集电路比共基电路应用更为广泛。本次实验仅研究共射电路。图 6-1 所示实验电路是一种最常用的共射放大电路,采用的是分压式电流负反馈偏置电路。

该电路中,核心器件 T 是 NPN 型三极管,起着放大电流的作用;电源电压+12V 是集电极回路的电源,它为输出放大的信号提供能量;C_1 和 C_2 是输入/输出耦合电容,隔离直流,通过交流;R_C 是集电极电阻,通过它可以把放大的电流转变成电压信号反映在输出端;R_E 是发射极电阻,引入电流负反馈,提高放大电路静态工作点的温度稳定性。R_W 与 R_{B1} 构成上偏置分压电阻,R_{B2} 为下偏置分压电阻,可用来决定晶体管基极电位 U_{BQ},即

$$U_{BQ} \approx \frac{R_{B2}}{R_W + R_{B1} + R_{B2}} \times 12\text{V} \tag{6-1}$$

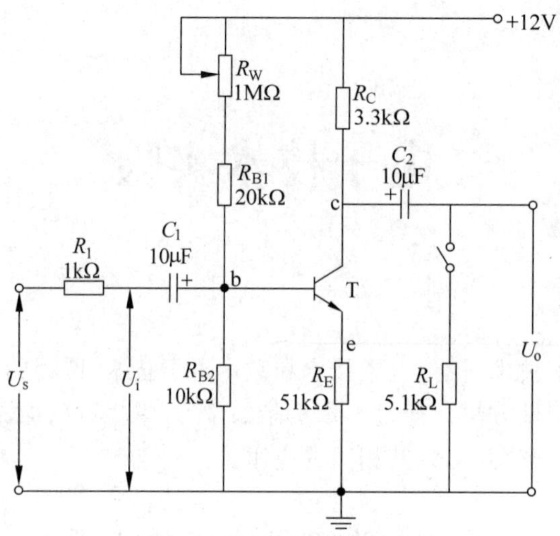

图 6-1　单管放大器实验电路

由于 I_{BQ} 本身比较小，R_W、R_{B1} 及 R_{B2} 的数值又取得不大，可近似认为 U_{BQ} 为恒定值。当温度变化时，晶体管 I_{CQ} 变化，例如 I_{CQ} 随温度升高变大，那么 U_{EQ} 肯定随之升高，由于 U_{BQ} 不变，那就必然是 U_{BEQ} 减小，从而引起 I_{BQ} 减小，则 I_{CQ} 要相应减小一些，结果 I_{CQ} 随温度升高而增加的部分将大部分被 I_{BQ} 减小所抵消，起到了稳定静态工作点的作用。

1）放大器的静态工作点

放大器的静态工作点是指放大器未加输入信号时，晶体管各极的电压（电流）值。对于一个放大器来说，静态工作点的设置与调整是十分重要的，静态工作点的合理设置能使放大器工作稳定可靠。

（1）静态工作点的选择

放大器不仅要将输入信号放大，还要保证输出波形不失真，那就必须合理设置静态工作点 Q，获得最大不失真的输出电压。静态工作点应选在输出特性曲线上交流负载线最大线性范围的中点，如图 6-2 所示。

如工作点 Q 偏高，放大器在加入交流信号以后易产生饱和失真，此时 u_o 的负半周将被削底，如图 6-3(a)所示；如工作点 Q 偏低则易产生截止失真，即 u_o 的正半周被缩顶（一般截止失真不如饱和失真明显），如图 6-3(b)所示。这些情况都不符合不失真放大的要求。所以在选定工作点以后还必须进行动态调试，即在放大器的输入端加入一定的输入电压 u_i，检查输出电压 u_o 的大小和波形是否满足要求。如不满足，则应调节静态工作点的位置。

（2）静态工作点的测量

测量静态工作点时，应除去输入信号，再分别测量三极管的各极对地电压 U_{CQ}、U_{BQ}、U_{EQ}，然后计算 $U_{CEQ}=U_{CQ}-U_{EQ}$，$U_{BEQ}=U_{BQ}-U_{EQ}$ 及 $I_{CQ}=\dfrac{12\text{V}-U_{CEQ}}{R_C}$。其中，$U_{BEQ}$ 一般已知，硅管约为 0.7V，锗管约为 0.3V。

也可以使用电流表串接在集电极电路中，直接由电流表读出集电极电流 I_{CQ}。这种测量方法直观、准确，但不太方便，因为必须断开电路串入电流表。本次实验使用直流电压表直接测量三极管各极的对地电压。

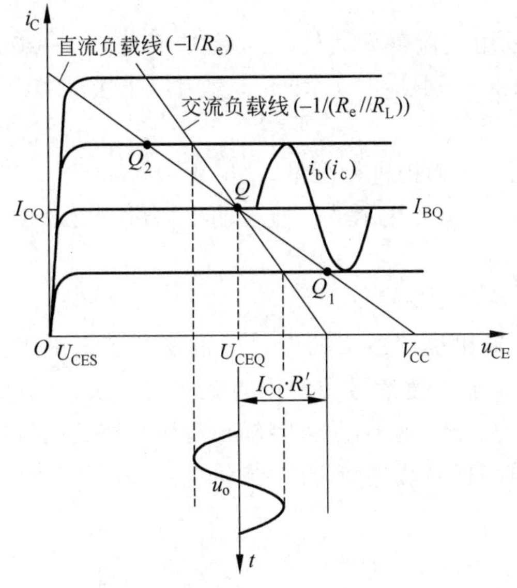

图 6-2　具有最大动态范围的静态工作点

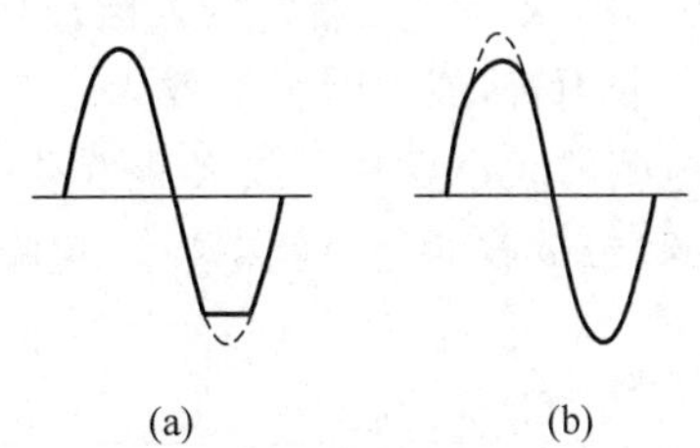

图 6-3　静态工作点对 u_o 波形失真的影响

(3) 静态工作点的调整

电路确定后，静态工作点主要取决于 I_{CQ} 的选择，可通过调整上偏置电阻 R_W，改变 I_{BQ} 及 I_{CQ}，使 U_{CEQ} 达到 $\left(\frac{1}{4}\sim\frac{1}{2}\right)V_{CC}$，从而使静态工作点尽可能调整在交流负载线最大线性范围的中点。例如：当按规定输入正弦信号后，如发现输出波形的正半周或负半周出现削波现象，则表明静态工作点选择不合适，需要重新调整，可调节 R_W(图 6-1)，直到输出波形不失真为止。当输出波形的正、负半周同时出现削波失真，可能原因是电源电压太低或是输入信号幅度太大，应查找原因。

2) 单管放大器主要性能指标及测量方法

(1) 电压放大倍数 A_u

电压放大倍数 A_u 为放大器输入电压有效值、输出电压有效值之比。测量电压必须在输出波形不失真的条件下(若波形已经失真，测出的 A_u 就没有意义)。图 6-1 所示的单管放大器的 A_u 可由下式计算：

$$A_u \approx -\frac{\beta R'_L}{R_i} \tag{6-2}$$

式中，β 为三极管电流放大倍数；R'_L 为放大器交流等效负载，$R'_L=R_C//R_L$；R_i 为从放大器输入端看进的等效输入电阻。

(2) 输入电阻 R_i

输入电阻 R_i 是指从放大器输入端看进去的交流等效电阻，其值等于输入端交流信号电压 u_i 和电流 i_i 之比。实验中通常采用换算法测量输入电阻。测量电路如图 6-4 所示，图中信号源的输出电压 U_s 和已知的取样电阻 R_1 串联之后，再接入放大器输入端。

因此，R_i 为

$$R_i=\frac{u_i}{i_i}=\frac{u_i}{(u_s-u_i)/R_1}=\frac{u_i}{u_s-u_i}R_1 \tag{6-3}$$

测量中应注意以下几点：

① 由于取样电阻 R_1 两端无接地点，而采用交流毫伏表（GND 形式）测量时，一端必须接交流"地电位"，所以不能直接测量 U_R，而应分别测量 u_s 和 u_i，再用以上公式换算，求得 R_i。

② 测量前，毫伏表应校零，并尽可能用同一量程挡进行测量。

③ 测量时，放大器的输出端接上负载电阻 R_L，并用示波器监视输出波形。要求在不失真的条件下进行上述测量。

(3) 输出电阻 R_o

输出电阻 R_o 是指将输入电压源短路，从输出端向放大器看进去的交流等效电阻。相对于负载而言，放大器可等效为一个信号源，这个等效信号源的内阻就定义为 R_o。放大器输出电阻的大小反映了放大器带动负载的能力。R_o 越小，放大器输出等效电路就越接近于恒压源，带负载的能力就越强。实验中也可采用换算法测量 R_o。测量电路如图 6-5 所示。

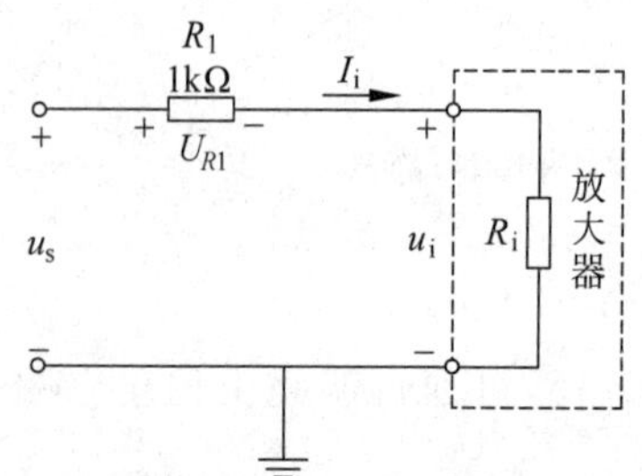

图 6-4 输入电阻测量电路

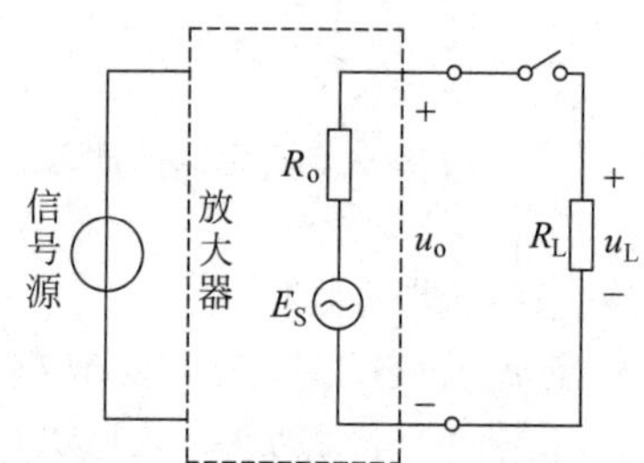

图 6-5 输出电阻测量电路

在放大器的输入端送入一个固定的交流信号源电压，分别测出负载电阻 R_L 断开时输出电压 u_o 和负载电阻 R_L 接上时的输出电压 u_L，则

$$R_o=\left(\frac{u_o}{u_L}-1\right)R_L \tag{6-4}$$

3）负反馈对放大器性能指标的影响

由于晶体管参数的离散性及不稳定性，为了解决这个问题，在电路中引入直流负反馈和交流负反馈，会使放大器的静态工作点及放大倍数受晶体管参数变化的影响大为减小。但是放大电路引入负反馈之后，性能指标参数将发生变化：①提高了放大器增益的稳定性；②减小非线性失真和抑制干扰；③展宽了放大器的频带；④使放大器的输入、输出电阻发生变化。总之，放大器各项性能指标的改善是靠牺牲放大倍数换取来的。

4. 实验任务

在 MES 模拟电子电路实验系统中按图 6-1 搭建实验电路。

1）调整与测量静态工作点，观察静态工作点对失真波形的影响

电路条件：放大器的输入端口加载频率为 1kHz、电压幅度有效值 $u_i=30\text{mV}$ 的正弦波信号，并使用示波器观察输入波形是否正常。

(1) 调节 R_W，使三极管工作在放大区，且输出波形不失真，记下此时的输出波形，并测量静态工作点的电压值（测量静态工作点电压时应去掉 u_i，用数字三用表直流电压挡测

量)，记入表 6-1 第②行。

(2) 反时针旋转 R_W，直到输出波形出现明显饱和失真，记下输出波形，并测量静态工作点的电压，记入表 6-1 第①行。

(3) 顺时针旋转 R_W，使三极管的静态工作点接近截止区，记下输出波形，并测量静态工作点的电压，记入表 6-1 第③行。

表 6-1　静态工作点的测量及对失真波形的观察结果

	测量值/V			参考值/V	计算值/V		输出波形	三极管工作状态
	U_{BQ}	U_{CQ}	U_{EQ}	U_{CEQ}	U_{BEQ}	U_{CEQ}		
①				≈0			u_o O t	
②				6V 左右			u_o O t	
③				9V 以上			u_o O t	

2) 测量电压放大倍数

研究集电极电阻及负载电阻改变时对电压放大倍数的影响。测量条件：输入信号 $u_i=10\text{mV}$，$f=1\text{kHz}$ 的正弦波；分别改变 R_C 和 R_L(如表 6-2 所示)的值，测量输出电压 u_o。需注意测量时应适时调整 R_W 的阻值以保证输出电压波形不失真。将测量结果填入表 6-2。

表 6-2　R_C 与 R_L 对电压放大倍数影响的测量

i	电路条件			测量值	计算 $A_u=\frac{u_o}{u_i}$
	$R_C/\text{k}\Omega$	$R_L/\text{k}\Omega$	u_i/mV	u_o	
①	3.3	∞	10		
②	3.3	5.1	10		
③	1	∞	10		
④	1	5.1	10		

3) 测量输入电阻 R_i 和输出电阻 R_o

(1) 测量输入电阻 R_i：输入信号 u_s 从采样电阻 R_1 端加入，调节信号发生器的电压幅值，使经过采样电阻 R_1 降低后加到放大器的输入电压 u_i 仍保持 10mV，此时放大器仍然为正常工作状态(输出不失真)。测量 u_s 和 u_i，按公式 $R_i=\frac{u_i}{u_s-u_i}R_1$ 计算 R_i。将测量结果填入表 6-3 中。

表 6-3 输入电阻 R_i 的计算结果

已知量		测量值	计算值
u_i/mV	R_1/kΩ	u_s/mV	R_i/kΩ
10	1		

(2) 测量输出电阻 R_o：可直接利用表 6-2 中的测量结果，按公式 $R_o=\left(\frac{u_o}{u_L}-1\right)R_L$ 分别计算 $R_C=1\text{k}\Omega$ 及 $R_C=3.3\text{k}\Omega$ 时的 R_o。

4) 研究负反馈对放大器增益的影响

实验电路的原理图如图 6-6 所示。从图中可以看出当开关 K 闭合时，电阻 R_E 在交流通路中将被电容 C_E 短路，起不到交流电流负反馈的作用。另外，当输入信号幅度增大时，观察有负反馈和无负反馈时输出波形的非线性失真。

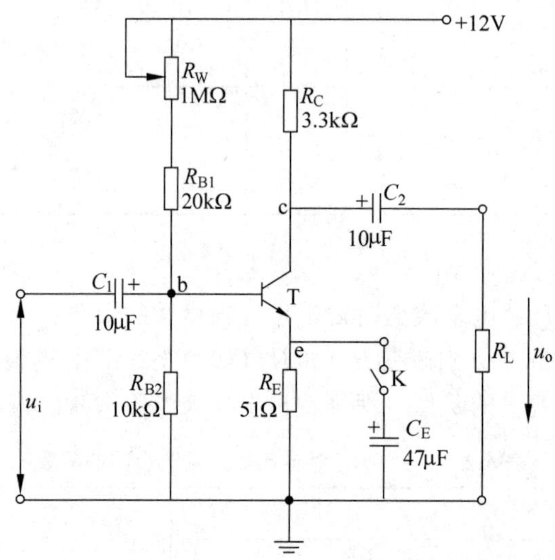

图 6-6 负反馈对放大器增益影响的实验电路

电路条件：输入信号频率为 1kHz 的正弦波，静态工作电压 $U_{CEQ}\approx6\text{V}$。分别改变输入信号幅度大小和电路状态，记录输出电压波形，并将输出电压大小的测量结果记入表 6-4 中。

表 6-4 观察负反馈对放大器增益的影响

输入信号 u_i/mV	负反馈	输出电压 u_o/mV	输出电压波形
10	无		u_o O t
10	有		u_o O t

续表

输入信号 u_i/mV	负反馈	输出电压 u_o/mV	输出电压波形
30	无		u_o O t
30	有		u_o O t

5. 实验注意事项

(1) 测试时应将各仪器的接地端与实验装置的地线相连。

(2) 测量电压放大倍数、输入电阻、输出电阻时，一定要在波形不失真的情况下进行。

6. 实验报告及要求

(1) 掌握实验电路工作原理，了解各元件的作用。

(2) 讨论静态工作点变化对放大器输出波形的影响。

(3) 整理实验数据，将测量数据填入相应表格，并计算相应数值与相关数据进行比较分析。

(4) 总结 R_C、R_L 及静态工作点对放大器电压放大倍数、输入电阻、输出电阻的影响。

(5) 分析并总结实验过程中遇到的问题。

(6) 回答思考题

① 静态工作点设置偏高或偏低，是否一定会出现饱和或截止失真？

② 改变静态工作点对放大器的输入电阻 R_i 有没有影响？改变外接电阻 R_L 对输出电阻 R_o 有没有影响？

③ 实验电路(图 6-6)中 R_E 负反馈对参数有何影响？

7. 实验仪器及设备

模拟电子电路实验系统箱	MES-IV 型
函数信号发生器	SP1641D 型
双踪示波器	XJ4316B 型
交流毫伏表	DF2175 型
数字三用表	UT39A 型

6.2　集成运算放大器的线性应用

1. 预习要求

(1) 预习教材中集成运放 μA741 应用的内容，加深理解与实验有关的应用电路的工作原理。

(2) 熟悉 MES-IV 型模拟电子电路实验系统箱。

2. 实验目的

（1）了解集成运算放大器（集成运放）μA741 各引脚的作用；

（2）学习集成运放的正确使用方法，熟悉集成运放反相和同相两种基本输入方式，以及虚断和虚短的概念；

（3）学习用集成运放构成反相、同相比例放大器、加法器、减法器和积分器的方法，以及对这些运算电路进行测试的方法。

3. 实验原理

集成运算放大器是一种直接耦合的高增益放大器，其具有高增益（10^3～10^6）、高输入电阻（10kΩ～3MΩ）、低输出电阻（几十欧～几百欧）的特点。本实验采用 μA741 集成运算放大器。其外形管脚排列和接线如图 6-7 所示。

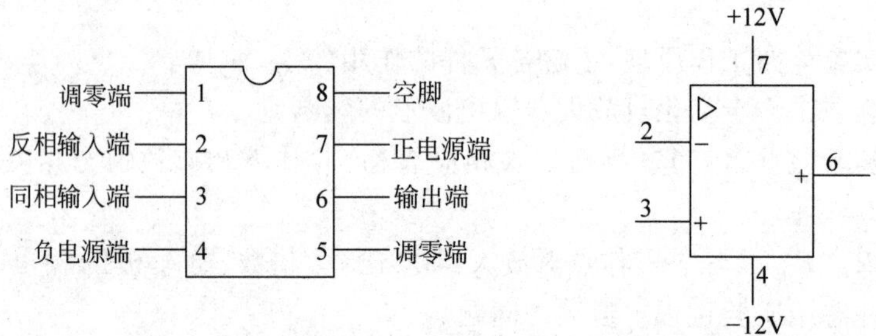

图 6-7 μA741 集成运算放大器外引线排列及接线图

1）实验所用集成运放的特点

（1）运放的工作电压

有些运放工作电压范围是±（3～15）V，使用时可合理选用。μA741 的常用工作电压是±12V，如图 6-8 所示，集成运放常用正负电源供电接法。

（2）运放的保护电路

集成运放使用不当，容易造成损坏。实际使用时常采用以下保护措施：

① 电源保护措施

通常双电源供电时，两路电源应同时接通或断开，不允许长时间单电源供电，不允许电源接反。电源反接保护电路如图 6-9 所示。

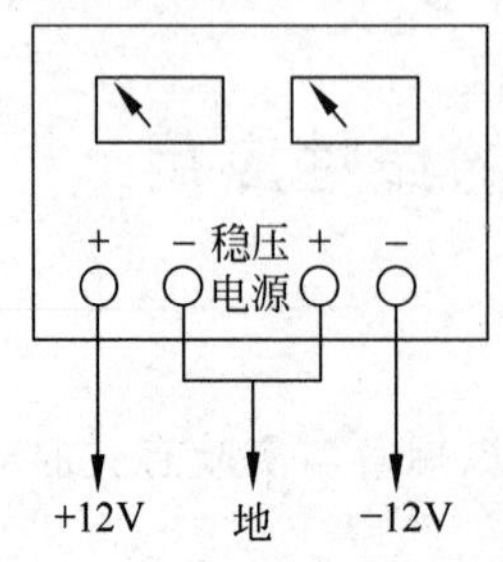

图 6-8 正负工作电源接线方法

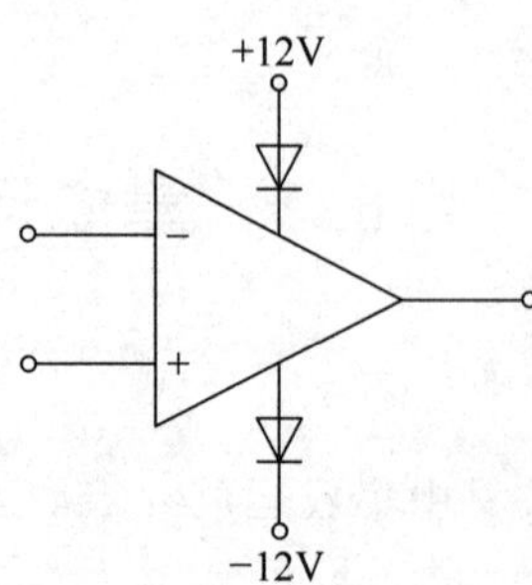

图 6-9 运放电源保护电路

② 输入保护措施

运放的输入差模电压或输入共模电压过高(超出极限参数范围),也会损坏运放。运放的典型输入保护电路如图 6-10 所示。

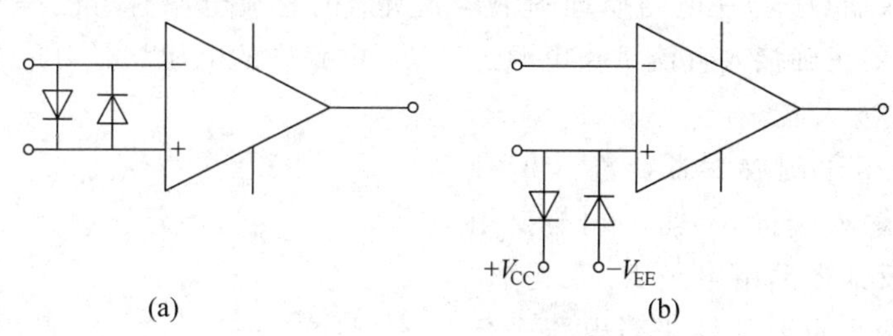

图 6-10　运放的输入保护电路

(a) 差模电压过大;(b) 共模电压过大

③ 输出保护措施

当集成运放过载或输出端短路时,如果没有保护电路,该运放就会被损坏。有的集成运放内部设置了限流或短路保护,使用时就不需要再加输出保护。普通运放的输出电流很小,仅允许几毫安,因此,通常会在输出端接一个限流电阻。特别要注意,运放的输出端严禁对地短路或接到电源端,运放的负载一般要大于 2kΩ。

(3) 运放的"调零"

理想集成运算放大器如果输入信号为 0,则输出电压也应该为 0。但是,由于内部电路参数不可能完全对称,运放又具有很高的开环放大增益,输出电压往往不为 0,即产生失调。因此,对于性能较差的器件或者在特别精密的电路中,需要设置调零电路,以保证零输入时零输出的要求。图 6-11 为典型的调零电路。

对于输入信号为电压信号,以及输出零点精度要求不高的电路通常采用静态调零的方法,这种调零方法较为简便。首先将连接输入信号源的端钮接地,然后调整调零电位器,使输出电压为 0。

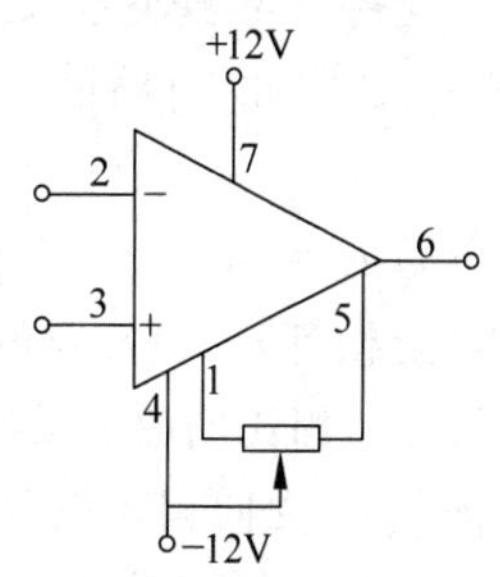

图 6-11　运放典型调零电路

2) 理想运放的特性

在多数情况下,通常将运放视作理想运放,就是将运放的各项技术指标理想化。满足下列条件的运放称为理想运放:开环电压增益 $A_{ud}\rightarrow\infty$;差模输入电阻 $r_i\rightarrow\infty$;输出电阻 $r_o=0$;失调和漂移电压$=0$;共模抑制比$\rightarrow\infty$等。

理想运放在线性应用时的两个重要特性是:

(1) 虚短路

输出电压 U_o 与输入电压 $U_i(U_i=U_+-U_-)$之间满足关系式:

$$U_o=A_{ud}(U_+-U_-) \tag{6-5}$$

由于 $A_{ud}\rightarrow\infty$,而 U_o 为有限值,因此 $U_+-U_-\approx 0$,即 $U_+=U_-$。

(2) 虚断路

由于差模输入电阻 $r_i\rightarrow\infty$,故流入运放两个输入端的电流可视为 0,即 $I_+=I_-=0$,称为"虚断路"。这说明运放对其前级吸取的电流极小。

上述两个特性是分析理想运放应用电路的基本原则,可简化运放电路的计算。

3) 实验电路与分析

运放构成线性放大电路时都是加深负反馈,即通过反馈网络将输出信号的一部分引回到运放的反相输入端 U_-。在电路原理图中运放所需的直流电源有可能是不画出来,但运放要正常工作,需要正确接入直流工作电源±12V。电路中的电压均是对地电压。

(1) 反相比例放大器

图 6-12 为反相比例放大器。输入信号 U_i 从运放的反相输入端接入,输出端与反相输入端之间的负反馈电路由电阻 R_f 来构成。根据理想运放的两个重要特性来对电路进行分析。

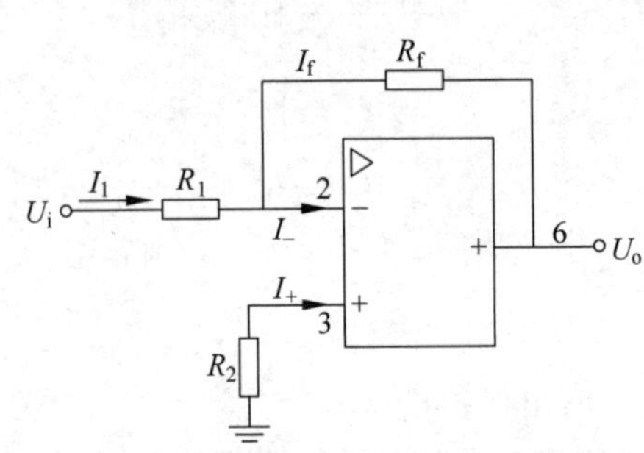

图 6-12 反相比例放大器

由①虚断路 $I_+=I_-=0$ 可得:$U_+=R_2\times I_+=0$;在此基础之上,根据 KCL 定律 $I_1=I_f+I_-$ 可得:$I_1=I_f$。

由②虚短路 $U_+=U_-$ 可得:$U_-=0$。

最后,根据欧姆定律可得

$$I_1=\frac{U_i-U_-}{R_1}=\frac{U_i}{R_1}=I_f=\frac{U_--U_o}{R_f}=\frac{-U_o}{R_f}$$

因此

$$A_{uf}=\frac{U_o}{U_i}=-\frac{R_f}{R_1} \tag{6-6}$$

上式说明:输出信号 U_o 的相位与 U_i 相反,并且闭环电压放大倍数 A_{uf} 的大小仅由反馈网络元件的参数决定,几乎与放大器本身的特性无关。选用不同的电阻比值,就能得到不同的 A_{uf}。因此,电路的增益和稳定性都很高。这是运放工作在深负反馈状态下的一个重要优点。

电阻 $R_2=R_1//R_f$ 是用来保证外部电路平衡对称,即让运放的同相端与反相端的外接对地电阻相等,以便补偿偏置电流及其漂移的影响。

(2) 同相比例放大器

图 6-13 为同相比例放大器。输入信号 U_i 从运放的同相输入端接入,输出信号 U_o 的相位与 U_i 相同,输出端与反相输入端之间的负反馈电路由电阻 R_f 来构成。

根据理想运放的两个重要特性可得

$$U_i=U_+=U_-=\frac{R_1}{R_1+R_f}U_o$$

因此

$$A_{uf}=\frac{U_o}{U_i}=1+\frac{R_f}{R_1} \tag{6-7}$$

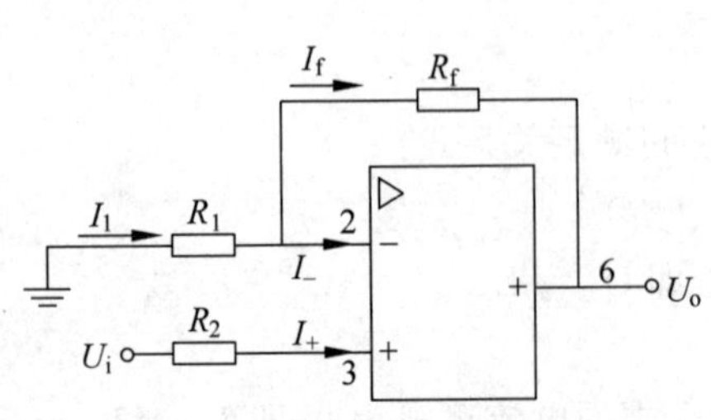

图 6-13 同相比例放大器

(3) 反相加法器

图 6-14 为反相加法器。根据理想运放的特性可知 $U_-=0$,这种反相输入端电位为"0"

的现象称为“虚地”，即并非真正接地，若是真地，则所有输入信号的电流都被短路了。事实上，输入信号电流并没有流入虚地，而是直接流入 R_f。因此两个输入电压 U_{i1}，U_{i2} 可以彼此独立地通过自身的输入回路电阻转换为电流，能精确地实现代数相加运算。

输出电压 U_o 为 $U_o=-R_f\left(\frac{U_{i1}}{R_1}+\frac{U_{i2}}{R_2}\right)$。若所有电阻均相等，则 $U_o=-(U_{i1}+U_{i2})$，从而实现反相加法运算。

(4) 差值放大器

图 6-15 为差值放大器实验电路。

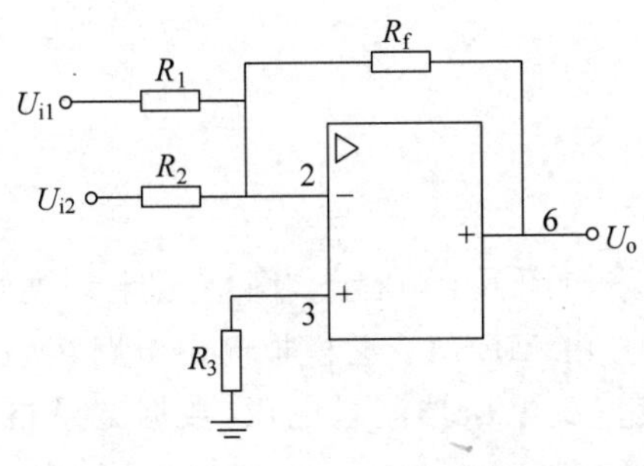

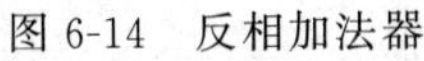
图 6-14　反相加法器

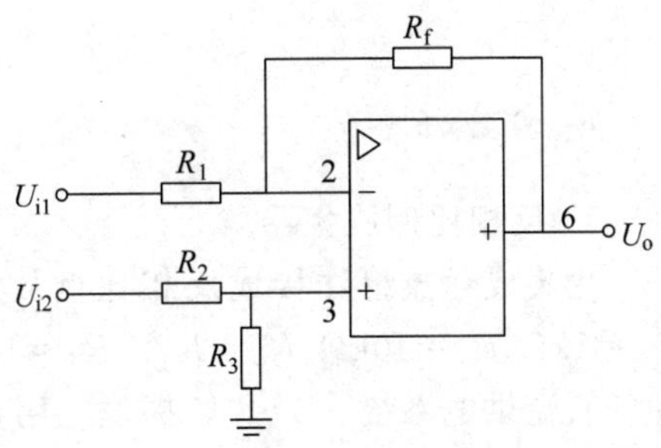

图 6-15　差值放大器

根据虚断特性可知 $U_+=\frac{R_3}{R_2+R_3}U_{i2}$ 以及 $U_-=\frac{R_f}{R_1+R_f}U_{i1}+\frac{R_1}{R_1+R_f}U_o$，若取对称电阻值 $R_1=R_2$，$R_3=R_f$，根据虚短特性可知：

输出电压

$$U_o=-\frac{R_f}{R_1}(U_{i1}-U_{i2}) \tag{6-8}$$

(5) 积分运算电路

图 6-16 为积分运算电路。利用虚地的概念：$U_-=0$，$I_-=0$，因此有 $I_1=I_f=\frac{U_i}{R_1}$ 对电容 C 进行充电。假设电容 C 初始电压为零，则

$$U_o=-\frac{1}{R_1C}\int U_i\mathrm{d}t \tag{6-9}$$

由式(6-9)可知，输出电压 U_o 为输入电压 U_i 对时间的积分，负号表示信号是从运放的反相输入端输入。

当输入信号 U_i 为图 6-17(a)所示的直流电压时，在它的作用下，电容将以近似恒流方式进行充电，输出电压 U_o 与时间 t 呈近似线性关系，如图 6-17(b)所示。因此

$$u_o=-\frac{U_i}{RC}t=-\frac{U_i}{\tau}t \tag{6-10}$$

式中 $\tau=RC$ 为积分时间常数。由图 6-17(b)可知，当 $t=\tau$ 时，$u_o=-U_i$。当 $t>\tau$，u_o 增大，直到 $u_o=-U_{om}$，即运放输出电压的最大值 U_{om} 受直流电源电压的限制，致使运放进入饱和状态，u_o 保持不变，而停止积分。

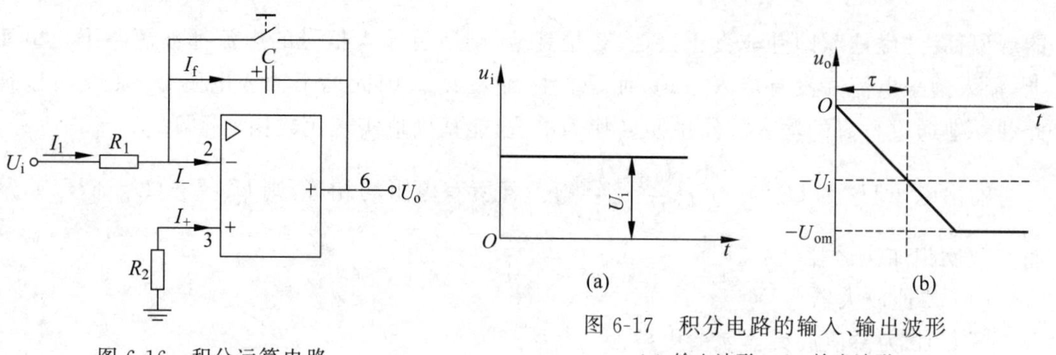

图 6-16 积分运算电路

图 6-17 积分电路的输入、输出波形
(a) 输入波形；(b) 输出波形

4. 实验任务

1）反相比例放大器

用集成运放组件接成反相比例放大器，其电路如图 6-12 所示。图中元件参数如下：$R_1=1\text{k}\Omega$，$R_f=10\text{k}\Omega$，$R_2=R_1//R_f\approx1\text{k}\Omega$，输入信号由 MES-IV 型模拟电子电路实验系统中的直流供电系统 $-5\sim5\text{V}$ 提供。用数字三用表直流电压挡测量电压，数据记录格式如表 6-5 所示。

表 6-5 反相比例放大器数据记录表

U_i/V	−1.2	−1.0	−0.8	−0.6	−0.2	0	0.2	0.4	0.6	0.8	1.0	1.2
U_o/V												

2）同相比例放大器

用集成运放组件接成同相比例放大器，其电路如图 6-13 所示。图中元件参数、测量要求和数据格式均与反相比例放大器相同。数据记录格式如表 6-6 所示。

表 6-6 同相比例放大器数据记录表

U_i/V	−1.2	−1.0	−0.8	−0.6	−0.2	0	0.2	0.4	0.6	0.8	1.0	1.2
U_o/V												

3）反相加法器

用集成运放组件接成两输入反相加法器，输入直流信号源 U_{i1}，U_{i2} 分别由 MES-IV 模拟电子电路实验系统上的两组 $-5\sim5\text{V}$ 直流电源提供。电路如图 6-14 所示，图中元件参数如下：$R_1=R_2=1\text{k}\Omega$，$R_3=1\text{k}\Omega$，$R_f=10\text{k}\Omega$。数据记录格式如表 6-7 所示。

表 6-7 反相加法器数据记录表

测试值			理论计算
U_{i1}/V	U_{i2}/V	U_o/V	U_o=________
0.5	0		
0.5	0.5		
0.5	0.2		
0.5	−0.2		

4）差值放大器

用集成运放组件构成差值放大器，原理电路图如图 6-15 所示。图中元件参数如下：$R_1=R_2=1\text{k}\Omega$，$R_f=R_3=10\text{k}\Omega$。数据测试和记录表格如表 6-8 所示。

表 6-8　差值放大器数据记录表

测试值			理论计算
U_{i1}/V	U_{i2}/V	U_o/V	U_o=________
0.5	0		
0.5	0.5		
0.5	0.2		
0.5	−0.2		

5）积分运算电路

用电容 C 构成积分运算电路，其电路如图 6-16 所示。图中 R_1、C 分别取 10kΩ、10μF 及 7.5kΩ、10μF 两种情况。输入信号 U_i 为 1V 直流电压，粗略测量输出电压 U_o 随时间变化的曲线。

本实验采用的方法是使用示波器观察光点随 U_o 的扫描。首先将示波器 Y 轴增益放在 2V/div，时基挡放在 0.2s/div，然后连接好电路，接通直流电源，加上输入信号（1V 直流）。此时可按下按钮（可用一根导线短接），使电容 C 放完电，即 $U_o=0$，并将光点的垂直位置调节在中央水平线上 2 格处，使光点沿水平线自左向右扫描。选择合适时机，当光点水平移动到离荧光屏左边 2 格处（如图 6-18 所示的 A 点）时，立即松开按钮（即 $t=0$），U_o 便按积分电路规律变化，光点即随 U_o 向右下方偏移扫描。

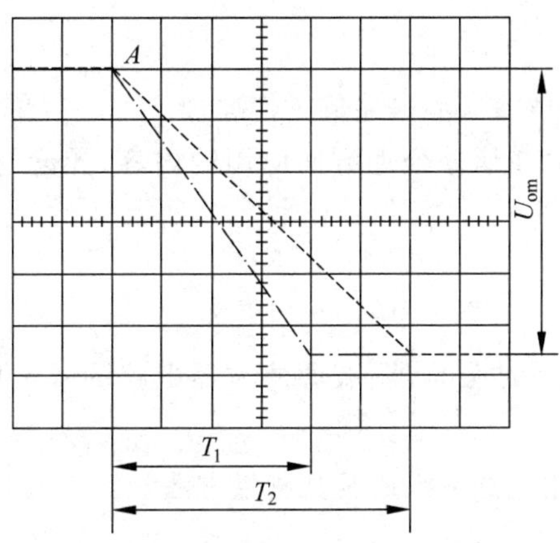

图 6-18　积分电路输出电压的轨迹曲线

用目测法画出光点的轨迹，即为所求的输出特性曲线。其形状如图 6-18 虚线所示。并将观察测得的数据记录在表 6-9 中。

表 6-9　积分运算电路测量数据

电路条件		测量数据	
R_1=10kΩ	C=10μF	T_1=________s	U_{om}=________V
R_1=7.5kΩ	C=10μF	T_2=________s	U_{om}=________V

5. 实验注意事项

(1) 本实验中所有使用数字三用表测量的电压均为对地电压,因此电压表的黑笔棒可以插放在电路的接地点而不需要移动,只需要将红笔棒移动到各个测试点进行测量。

(2) 在做积分运算电路实验时需注意两点:①电容的正负极性;②输入端加直流电压1V。

6. 实验报告及要求

(1) 整理实验数据,记入相应表格中并与理论值比较;

(2) 在反/同相比例放大器的实验中,测量的数据是否全部与理论值一致,为什么?

(3) 运算放大器用做精密放大时,同相输入端对地的直流电阻要与反相输入端对地的直流电阻相等,如果不相等,会引起什么现象?

7. 实验仪器设备

模拟电子电路实验系统箱	MES-IV 型
双踪示波器	XJ4316B 型
数字三用表	UT39A 型

6.3 集成运算放大器在信号处理中的应用

1. 预习要求

(1) 阅读实验教材,理解各实验电路的工作原理。

(2) 复习有关集成运放在信号处理方面应用的内容,弄清与本次实验有关的各种应用电路及工作原理。

2. 实验目的

(1) 学习电压比较器、方波发生器、有源滤波器电路的基本原理与电路形式,深入理解电路的分析方法;

(2) 掌握以上各种应用电路的组成及其测量方法。

3. 实验原理

1) 电压比较器

电压比较器是一种能进行电压幅度比较和幅度鉴别的电路,能够根据输入信号是大于还是小于参考电压而改变电路的输出状态。这种电路能把输入的模拟信号转换为输出的脉冲信号。它是一种模拟量到数字量的接口电路,广泛用于A/D转换、自动控制和自动检测等领域,以及波形产生和变换等场合。

(1) 单门限电压比较器

用运放构成的电压比较器有多种类型,最简单的是单门限电压比较器。在这种电压比较器中，运放应用在开环状态，其中一个输入端加上门限电压作为比较基准，在另一个输入端加入被比较的信号 U_i，只要两个输入端的电压稍有不同，则输出或为高电平或为低电平。

图 6-19 是单门限电压比较器原理电路。参考电压 U_R 加于运放的同相输入端，U_R 可以是正值，也可以是负值。而输入电压 U_i 加于运放的反相输入端，这时运放处于开环状态，具有很高的电压增益。其传输特性如图 6-20 所示。

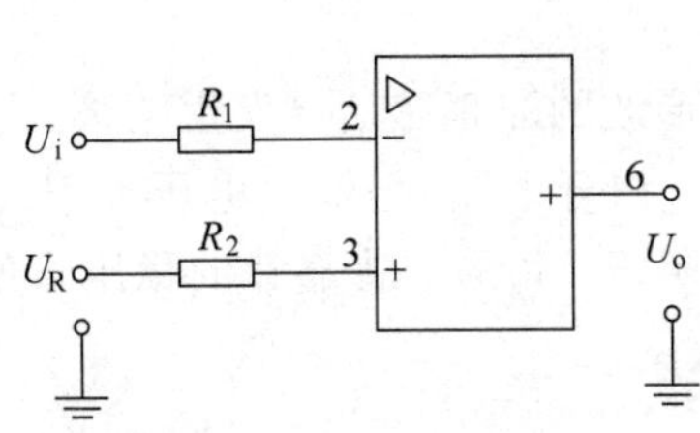

图 6-19　单门限电压比较器

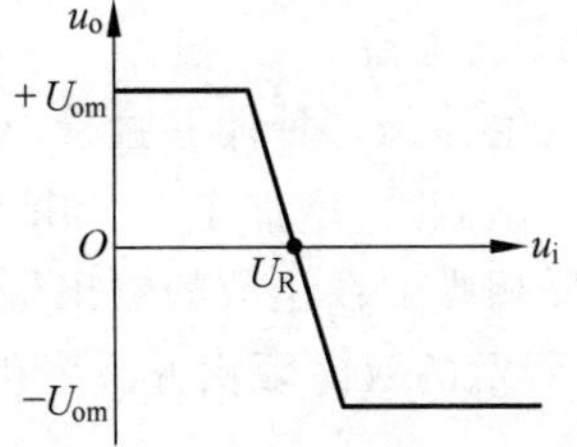

图 6-20　电压比较器传输特性

当输入电压 U_i 略小于参考电压 U_R 时，输出电压为正饱和电压值 $+U_{om}$；当输入电压 U_i 略大于参考电压 U_R 时，输出电压为负饱和电压值 $-U_{om}$。它表明输入电压 U_i 在参考电压 U_R 附近有微小变化时，输出电压 U_o 将在正饱和电压值与负饱和电压值之间变化。

(2) 迟滞电压比较器

图 6-21 是一种迟滞电压比较器。在反相输入单门限电压比较器的基础上引入由 R_f 与 R_2 构成的正反馈网络，就组成了具有双门限的反相输入迟滞比较器。

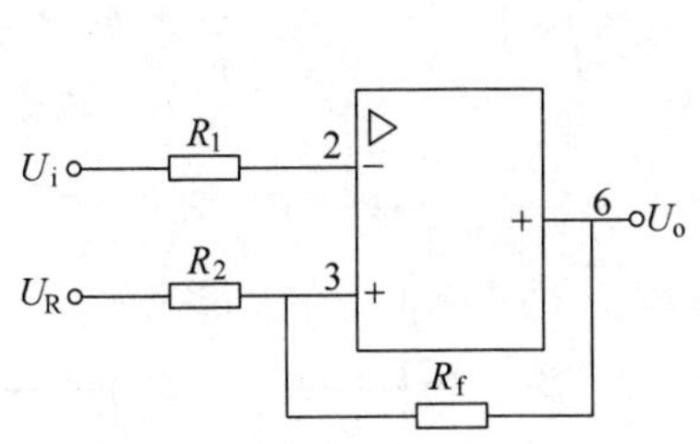

图 6-21　迟滞电压比较器

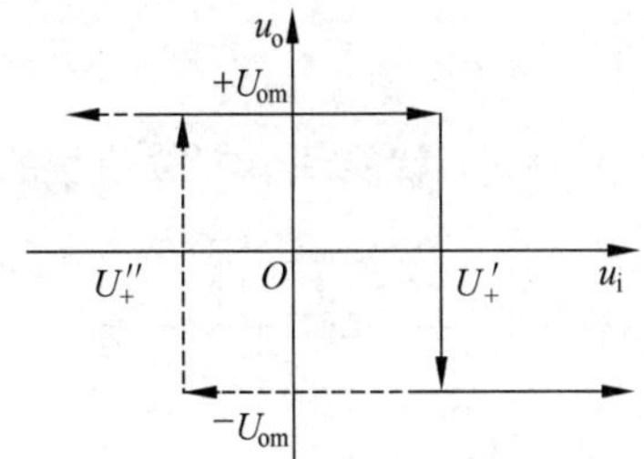

图 6-22　迟滞电压比较器输出特性

由于正反馈作用，这种比较器的门限电压是随输出电压 U_o 的变化而改变的。它的灵敏度低一些，但抗干扰能力却大大提高了。同相输入端电压 U_+ 为门限电压，根据运放的"虚断"特性可知：

$$U_+=\frac{R_2}{R_2+R_f}U_o+\frac{R_f}{R_2+R_f}U_R \tag{6-11}$$

当输出电压 $U_o=+U_{om}$ 为正饱和电压，则上门限为

$$U'_+=\frac{R_2}{R_2+R_f}U_{om}+\frac{R_f}{R_2+R_f}U_R \tag{6-12}$$

当输出电压 $U_o=-U_{om}$ 为负饱和电压，则下门限为

$$U''_+=\frac{R_2}{R_2+R_f}(-U_{om})+\frac{R_f}{R_2+R_f}U_R \tag{6-13}$$

上下门限电压之间的差值为该电压比较器的滞后范围，当输入信号大于U'_+或小于U''_+时都将引起输出电压翻转。当u_i由负电压逐渐增加到接近U'_+前，u_o一直保持$+U_{om}$不变。当u_i增加到U'_+时，u_o将由$+U_{om}$下跳到$-U_{om}$，同时使门限电压下跳到U''_+，u_i再继续增加，u_o保持$-U_{om}$不变，其传输特性曲线如图6-22实线所示。当u_i由正电压逐渐减小，只要$u_i>U''_+$，则u_o将始终保持$-U_{om}$不变，只有当$u_i<U''_+$时，u_o才由$-U_{om}$上跳到$+U_{om}$，其传输特性曲线如图6-22虚线所示。

2）方波发生器

方波发生器是一种能够直接产生方波或矩形波的非正弦信号发生电路。它是在迟滞电压比较器的基础上，增加了一个由R_f、C_f组成的积分电路，把输出电压经R_f、C_f反馈到集成运放的反相端。在运放的输出端引入限流电阻R_4和两个背靠背的稳压管就组成了一个如图6-23所示的双向限幅方波发生电路。

若输出电压为正电压U_Z时，由反馈网络得同相端电位$U_+=\frac{R_1}{R_1+R_2}U_Z$。由于电容两端电压不会发生突变，因此输出电压$U_Z$通过$R$向$C$充电，使反相输入端的电位$U_-$逐渐升高。反相端的电压与同相端的电压进行比较，当$C$上充电的电压使$U_-\geqslant U_+$时，运放输出电压迅速翻转为$-U_Z$值。

电路翻转后，同相端电压$U_+=-\frac{R_1}{R_1+R_2}U_Z$，电容$C$通过$R$放电使反相输入端电位$U_-$逐渐下降，当$U_-\leqslant U_+$时，电路又发生翻转，运放输出电压又变为$U_Z$，如此循环，电路形成振荡方波，如图6-24所示。电路的振荡频率为

$$T=2R_fC_f\ln\left(1+2\frac{R_1}{R_2}\right) \tag{6-14}$$

改变R_f的大小，就能调节方波信号的周期T。

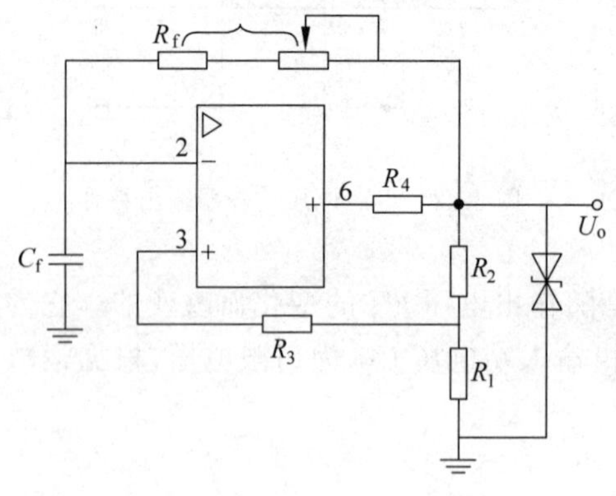

图6-23　方波发生器

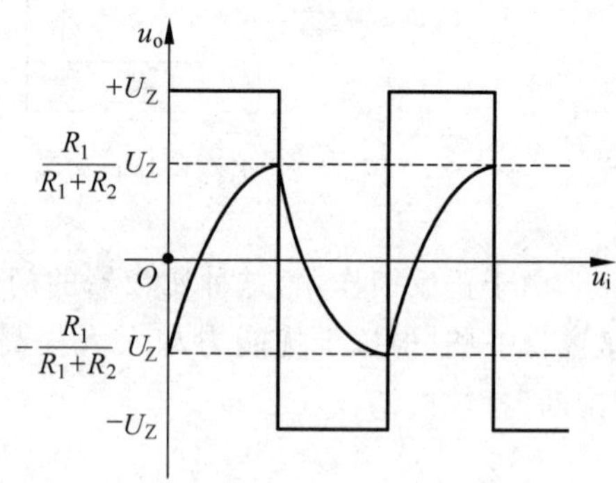

图6-24　方波发生器工作波形

3）有源滤波器

有源滤波器通常是由RC网络和运算放大器组成。其功能是让一定频率范围内的信号通过，抑制或急剧衰减此频率范围以外的信号。图6-25为一阶低通滤波器，理论分析的截止频率$f_c=\frac{1}{2\pi R_fC_f}$。图6-26为该低通滤波器的幅频特性曲线。

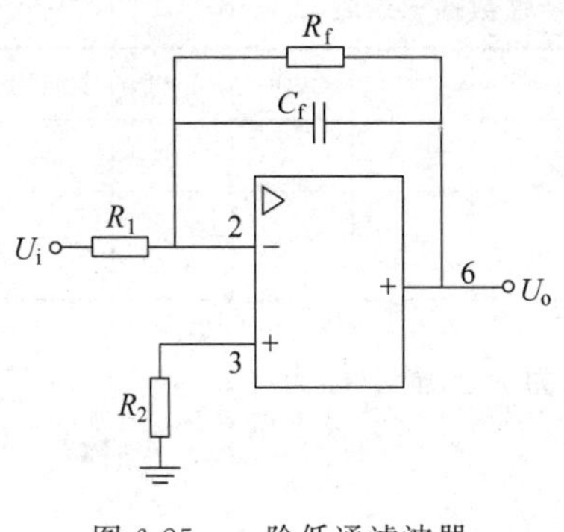

图 6-25　一阶低通滤波器

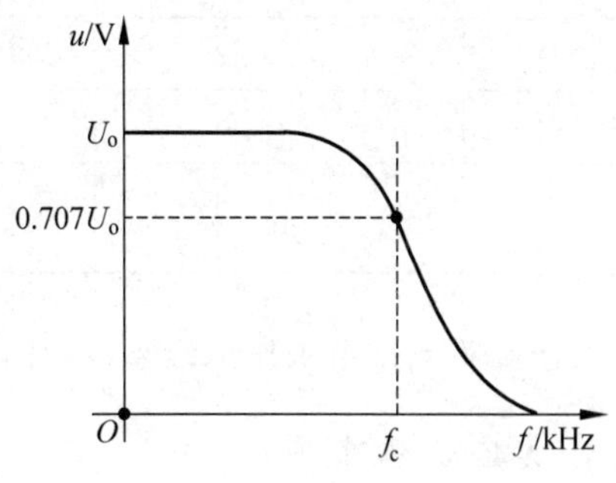

图 6-26　幅频特性曲线

4. 实验任务

1）电压比较器

（1）单门限电压比较器

电路原理图如图 6-19 所示，满足条件：$R_1=R_2=1\text{k}\Omega$，参考电压 $U_R=0.5\text{V}$。

（2）迟滞电压比较器

电路如图 6-21 所示，满足条件：$R_1=R_2=1\text{k}\Omega$，$R_f=100\text{k}\Omega$，参考电压 $U_R=0.5\text{V}$。

使用示波器 DC 挡（Y 轴：5V/div，X 轴：0.2ms/div）观测输出电压 U_o，使用 MES-IV 模拟电子电路实验系统上的－5～5V 直流电源调节输入电压 U_i，逐渐增加 U_i，从 0～1V 间调节，或者逐渐降低 U_i，从 1V～0 调节，当 U_i 的大小接近参考电压 U_R 时，动作要慢，以便能准确地测出当输出电压突变时的输入电压值 U_i。数据记录入表 6-10 中。

表 6-10　电压比较器数据测量表

电路条件		U_i 逐渐增加（从 0～1V 慢慢调节）			U_i 逐渐降低（从 1V～0 慢慢调节）		
① 单门限电压比较器	U_i	0		1.0V	1.0V		0
	U_o		突变			突变	
② 迟滞电压比较器	U_i	0		1.0V	1.0V		0
	U_o		突变			突变	

2）方波发生器

电路原理图如图 6-23 所示，电路条件：$R_f=10\text{k}\Omega+100\text{k}\Omega$，$C_f=0.01\mu\text{F}$，$R_1=R_2=1\text{k}\Omega$，$R_3=10\text{k}\Omega$，$R_4=1\text{k}\Omega$，稳压管选用 2DW 型（$U_Z=6\text{V}$）。调节可变电阻（100kΩ）为最小和最大两种情况，分别用示波器测量出方波的周期和振幅，并画在坐标纸上。

3）有源滤波器

用集成运放组件组成一阶低通滤波器，并测试幅频特性，线路图如图 6-25 所示。电路条件：$C_f=0.01\mu\text{F}$，$R_f=10\text{k}\Omega$，$R_1=R_2=R_f=1\text{k}\Omega$。

实验时，使用函数信号发生器产生频率连续可变的正弦电压信号，保持 $U_i=0.2\text{V}$，实验数据记入表 6-11 中。

表 6-11 有源滤波器幅频特性数据记录表

f/Hz	20	80	100	200	500	1000	f_c	2000	5000	10000	20000
U_o/V											
$A_v=\dfrac{U_o}{U_i}$											

根据实验测试结果作出幅频特性曲线，纵坐标为 A_v，横坐标为 f。

5. 实验注意事项

(1) 进行电压比较器实验的过程中，调节直流输入电压 U_i 时，动作要慢，同时要仔细观察示波器测量的输出电压 U_O 发生突变，以便能准确地测出当输出电压突变时的输入电压值 U_i。

(2) 测量有源滤波器幅频特性时，输入信号的幅度必须保持不变，改变的仅仅是频率。

6. 实验报告及要求

(1) 整理实验数据，并与理论计算值进行比较，并画出相关波形图。

(2) 小结实验中的问题和体会。

7. 实验仪器设备

模拟电子电路实验系统箱	MES-IV 型
双踪示波器	XJ4316B 型
函数信号发生器	SP1641D 型
数字三用表	UT39 型

6.4 整流、滤波和稳压电路

1. 预习要求

(1) 复习理论教材中有关单相整流、滤波及稳压电路部分的内容。

(2) 阅读实验教材，了解实验目的、内容、步骤及要求。

(3) 学习有关三端集成稳压器的使用方法和使用注意事项。

2. 实验目的

(1) 研究桥式整流电路的输入、输出波形及其数量关系，观察分析电容滤波的特点。

(2) 学习三端集成稳压器的稳压原理及其使用方法。

(3) 了解直流稳压电源主要指标的测试方法。

3. 实验原理

电子设备中都需要稳定的直流稳压电源，所需直流电源除少数直接利用电池和直流发

电机外，大多数是采用由交流电转变为直流电的直流稳压电源。单相直流稳压电源组成框图如图 6-27 所示，由电源变压器、整流电路、滤波电路、稳压电路四部分组成。

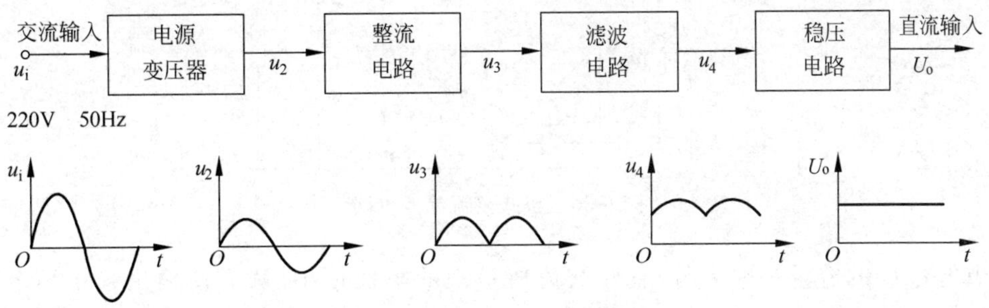

图 6-27　直流稳压电源组成框图

电网提供的单相交流电压 u_i(220V，50Hz)经过电源变压器降压之后，得到符合电路需要的交流电压 u_2，然后由整流电路变换成方向不变、大小随时间变化的脉动电压 u_3，再用滤波器滤除其交流分量，就可得到比较平直的直流电压 u_4，但这样的直流电压，还会随着交流电网电压的波动或负载的变动而变化。在对直流供电要求较高的场合，还需要用稳压电路来保证输出的直流电压更加稳定。

1）整流电路

整流电路的作用是利用二极管的单向导电性，把交流电压转变成单向的脉动电流或电压。在小功率的整流电路中使用较多的是单相桥式整流电路，如图 6-28 所示。

该电路是由 4 个整流二极管接成电桥的电路。经过整流之后在负载上得到的是单向脉动电压，其波形如图 6-29 所示。

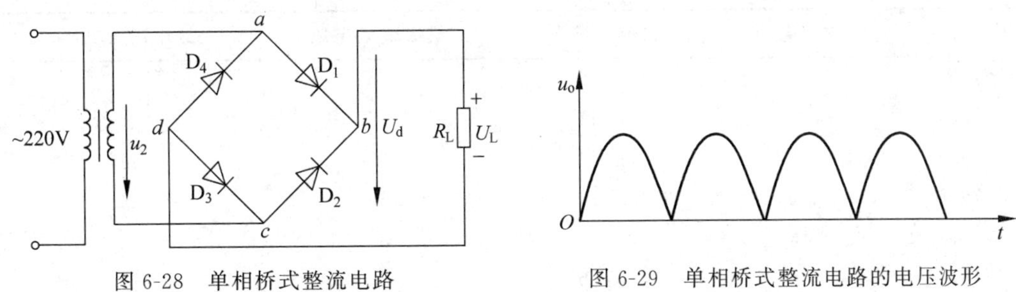

图 6-28　单相桥式整流电路

图 6-29　单相桥式整流电路的电压波形

单相桥式整流电路的整流电压平均值 $U_L=0.9u_2$，其中：U_L 为整流输出端的直流分量(用万用表的直流挡测量)；u_2 为变压器次级的有效值(用万用表的交流挡测量)。

经过整流之后，负载上得到的是单向电压。根据信号分析理论，这种脉动很大的波形既包含直流成分，也包含基波以及各项高次谐波等交流成分。但是在大多数场合只有前者才是我们所需要的。因此，一般都要加低通滤波电路将交流成分滤除掉。

2）滤波电路

滤波电路主要是利用电感和电容的储能作用，使输出电压及电流的脉动趋于平滑。因为电容比电感体积小、成本低，故在小功率直流电源中多数采用电容实现滤波电路，如图 6-30 所示。

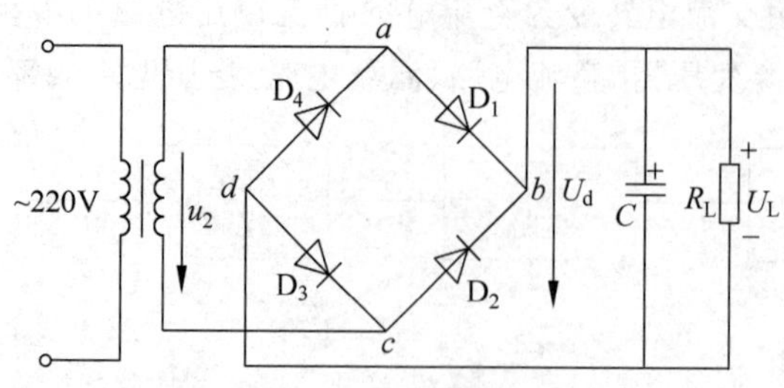

图 6-30 桥式整流滤波电路

当电容 C 的容量足够大时，它对交流所呈现的阻抗很小，从而使输出趋于一个理想的直流。根据理论分析，采用电容滤波方式，有负载 R_L 时，输出直流电压估算为：$U_L=1.2u_2$。

3）集成稳压电源电路

当交流电源电压或负载电流变化时，整流滤波电路所输出的直流电压不能保持稳定不变。为了获得稳定的直流输出电压，在整流滤波电路后需加稳压电路。

目前集成稳压电源的种类很多，具体电路结构也各有差异。最简便的集成稳压组件只有三个引线端（输入端、输出端和公共端），这样的组件常称为"三端集成稳压器"。W7800 系列和 W7900 系列就是这样的三端集成稳压器。W7800 系列输出正的稳定电压，W7900 系列输出负的稳定电压，它们分别有 $\pm5V\sim\pm24V$ 若干种固定的输出电压。表 6-12 列出了 W7800 系列输出的几种固定电压以及相应的输入电压值，W7900 系列的电压值和表 6-12 一致，但均为负值。

表 6-12 W7800 系列的输入和输出电压值 V

型号	输出电压	输入电压	最大输入电压	最小输入电压
W7805	5	10	35	7
W7806	6	11	35	8
W7809	9	14	35	11
W7812	12	19	35	14
W7815	15	23	35	18
W7818	18	26	36	21
W7824	24	33	40	27

W78L××（W79L××）输出电流为 0.1A，W78M××（W79M××）输出电流为 0.5A，W78××（W79××）输出电流为 1.5A。图 6-31 示出了 W7800 系列的外形及相应的管脚识别方法。

W7800 的典型使用电路如图 6-32 所示。图中 C_i 和 C_o 用来减少输入、输出电压的脉动和改善负载的暂态响应。当输出电压较高，且 C_o 的容量较大时，必须在输入端和输出端之间跨接一个保护二极管 D。否则，一旦输入短路时，未经放电的 C_o 上的端电压 U_o 将通过稳压器内的输出晶体管发射结（反向）和集电结（正向）放电。通常，当 $U_o>6V$ 时，输出管发射结便有击穿的可能。接上二极管 D 以后，C_o 可通过 D 放电。

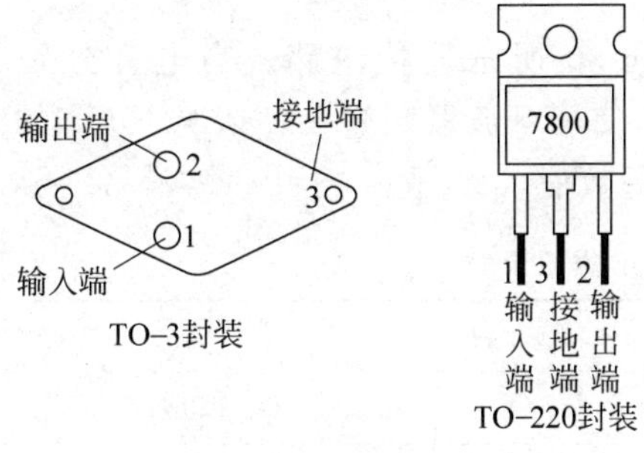

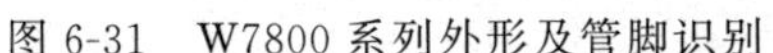

图 6-31 W7800 系列外形及管脚识别

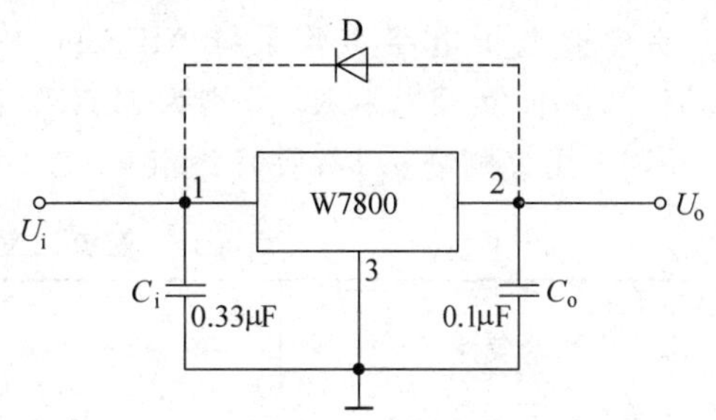

图 6-32 W7800 的典型使用电路

4）直流稳压电源的主要质量指标的测量

直流稳压电源的主要质量指标包括输出电压的相对变化量、输出电阻、输出端纹波电压等。

（1）输出电压相对变化量$\frac{\Delta U_L}{U_L}\times 100\%$

交流电网电压通常允许有±10%的波动。在测量输出电压变化量的时候，用调压变压器人为改变电网电压使其分别为 242V 和 198V，并保持负载不变，分别测出相应的 U_L，计算出输出电压变化量 ΔU_L，从而得到 242V 和 198V 时的输出电压相对变化量。

（2）输出电阻 r_o

保持输入电压 220V 不变，改变负载电阻，使负载电流在 $0\sim I_{L(max)}$ 范围内变化，测出输出电压相应的变化量 ΔU_L，从而求得

$$r_o=-\frac{\Delta U_L}{\Delta I_L} \tag{6-15}$$

（3）输出端纹波电压 U_L

输入交流电压保持 220V，负载电流为 $I_{L(max)}$，用交流毫伏表在稳压电源输出端直接测得纹波电压有效值 U_L，也可以用示波器观察输出的纹波电压波形，测出纹波电压的峰-峰值。

4. 实验任务

1）单相桥式整流电路的研究

在模拟电子电路实验系统 MES-IV 中，按图 6-28 所示连接电路。当负载电阻 R_L 分别为 2kΩ 和 100Ω 时，使用示波器观察 U_L 的波形，并用三用表测量 u_2（有效值）和 U_d、U_L（平均值）的数值，记入表 6-13 中。

表 6-13 整流电路研究数据记录表

测量条件		测量结果			
		u_2/V	U_d/V	U_L/V	U_L 波形图
$C=0$	$R_L=2k\Omega$				
	$R_L=100\Omega$				

2）整流滤波电路的研究

在模拟电子电路实验系统 MES-IV 中，按图 6-30 所示连接电路。当电容分别为 100μF、470μF，负载电阻 R_L 分别为 2kΩ 和 100Ω 时，使用示波器观察 4 种情况下 U_L 的波形，并用三用表测量 u_2（有效值）和 U_d、U_L（平均值）的数值，记入表 6-14 中。

表 6-14 整流滤波电路研究数据记录表

测量条件		测量结果			
		u_2/V	U_d/V	U_L/V	U_L 波形图
$C=100\mu$F	$R_L=2$kΩ				
	$R_L=100$Ω				
$C=470\mu$F	$R_L=2$kΩ				
	$R_L=100$Ω				

3）直流稳压电路的研究

在模拟电子电路实验系统 MES-IV 中，按图 6-33 所示连接电路。

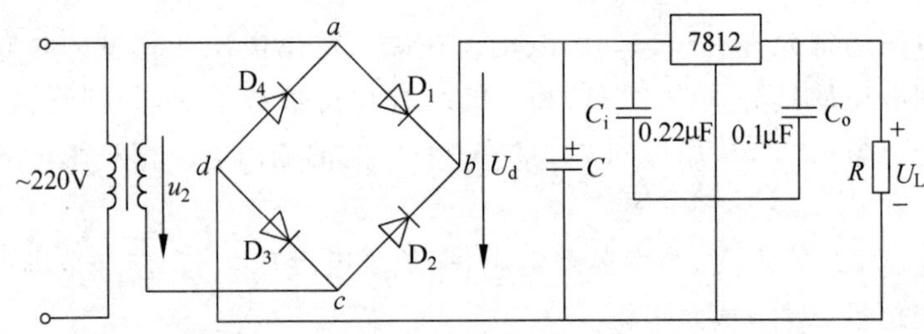

图 6-33 直流稳压电路

改变负载电阻 R_L，研究该电路的稳压特性，将数据记入表 6-15 和表 6-16 中。

表 6-15 直流稳压电路研究数据记录表（一）

负载	测量结果		计算结果	
R_L/Ω	U_d/V	U_L/V	I_L/mA	r_o/Ω
∞				
100				

表 6-16 直流稳压电路研究数据记录表（二）

测量条件 $R_L=100$Ω U_2 作±10%变化	测量结果		计算结果
	U_d/V	U_L/V	$\Delta U_L/U_L\times100\%$
$U_2=$			
$U_2=$			

5. 实验注意事项

(1) 电路中的 u_2 为变压器次级交流电压的有效值，应该使用万用表的交流电压挡测量；而整流输出端电压 U_d 和负载端电压 U_L 均为电压平均值，应该使用万用表的直流电压

挡测量。

(2) 在滤波电路中接入大容量的电解电容时,一方面要注意电容的耐压参数,另一方面更要注意电容的正负极性,一定不能接反,否则会损坏电容。

(3) 在使用示波器观察 U_L 的波形时,其黑色的接地探头应接在电路正确的接地点上,不得随意更换地方。

(4) 不得使用示波器同时观察 u_2 与 U_L,u_2 与 U_d 的波形。

6. 实验报告及要求

(1) 将测量的数据和观察的波形记入相应的表格内。

(2) 分析负载一定时滤波电容 C 的大小对输出电压、输出波形的影响及原因。

(3) 分析电容滤波电路中负载电阻 R 变化对输出电压、输出波形的影响及原因。

(4) 观察和分析当负载变化时三端集成稳压器对直流稳压电路所起的作用。

(5) 回答以下思考题:

① 在单相桥式整流电路中,某个整流二极管分别发生开路、短路或反接等情况时,电路将分别产生什么问题?

② 在进行直流稳压电路的研究实验中,如果负载短路会产生什么问题?

7. 实验仪器设备

模拟电子电路实验系统箱	MES-IV 型
双踪示波器	XJ4316B 型
数字三用表	UT39A 型

6.5　组合逻辑电路设计

1. 预习要求

(1) 查阅附录 B,了解 NET-1E 型数字电路实验箱的使用方法。

(2) 查阅附录 E,熟悉本次实验所选用芯片的引脚排列图。

(3) 复习门电路的逻辑功能及各逻辑函数表达式。

(4) 了解组合逻辑电路的分析与设计步骤。

(5) 查阅资料,完成下列填空

① 74LS(或 74)系列 TTL 集成电路的工作电压为________V,逻辑高电平 1 时电压为________V,低电平 0 时电压为________V。

② 将与非门,或非门以及异或门作为非门用时,多余的输入应如何处理?将四输入与非门作为三输入与非门时,多余的输入应如何处理?

2. 实验目的

(1) 了解集成电路芯片的引脚排列及其使用方法。

(2) 掌握常用 TTL 集成门电路的逻辑功能及其逻辑符号,并掌握测试方法。

(3) 掌握组合逻辑电路的设计和实现方法。

(4) 掌握 NET-1E 型数字电路实验箱的使用。

3. 实验原理

1) 常用 TTL 集成门电路

集成逻辑门电路是最简单、最基本的数字集成元件。任何复杂的组合电路和时序电路都可用逻辑门通过适当的组合连接而成。

TTL 集成电路由于工作速度较高、输出幅度较大、种类多、不易损坏而使用较广。因而在基础数字电路实验中，选用 TTL 电路比较合适。本书大多实验均采用 74LS 系列 TTL 集成电路。它的工作电源电压为 5V±0.5V，逻辑高电平 1 时≥2V(即高电平的下限值，空载时一般为 3.6V 以上)，低电平 0 时≤0.8V(即低电平的上限值。空载时一般为 0.2V 以下)。

常用 TTL 集成门电路的逻辑符号与表达式如表 6-17 所示。

表 6-17　常用 TTL 集成门电路的逻辑符号与表达式

类别		逻辑符号	表达式	常用 TTL 芯片
与		A, B — & — Y	$Y=A\cdot B$	74LS08
或		A, B — ≥1 — Y	$Y=A+B$	74LS32
非		A — 1 — Y	$Y=\overline{A}$	74LS04
异或		A, B — =1 — Y	$Y=A\oplus B$	74LS86
与非	2 输入	A, B — & — Y	$Y=\overline{A\cdot B}$	74LS00
	4 输入	A, B, C, D — & — Y	$Y=\overline{A\cdot B\cdot C\cdot D}$	74LS20

2) 识别集成电路芯片引脚

数字集成电路种类繁多，型号不同，功能各异。实验所采用的芯片是规范化封装的芯片，有统一的引脚排列顺序，识别方法如下：

将芯片印有型号、商标等字样的一面对着读者(如图 6-34 所示)，并将芯片上有缺口或凹圆标识的短边置于左侧，则缺口或凹圆标识一侧的下方左起第一个引脚即是编号为 1 的引脚。其余引脚按逆时针方向排序，编号值由小到大。各芯片引脚及功能请按芯片标明的型号在附录 E 或相关手册中查阅。

3) 组合逻辑电路的设计方法

通常逻辑电路可以分为组合逻辑电路与时序逻辑电路两大类。在任何时刻，电路的输出状态只取决于同一时刻各输入状态的组合，而与先前状态无关的逻辑电路称为组合逻辑电路。

组合逻辑电路设计的基本步骤如图 6-35 所示。

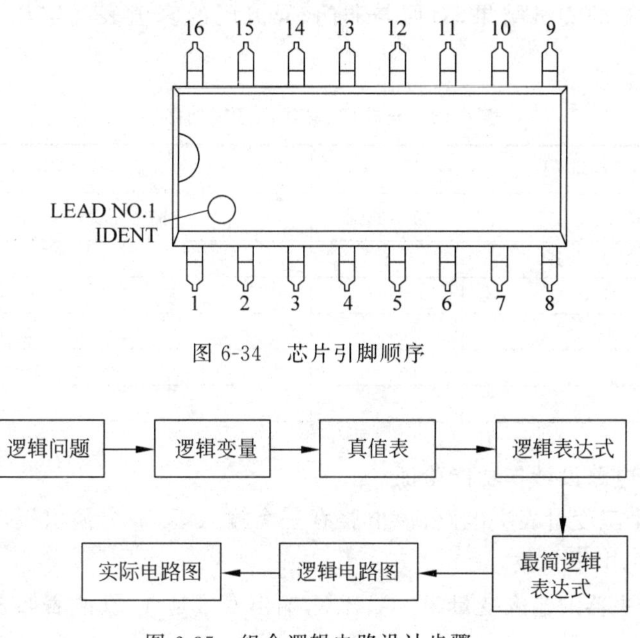

图 6-34　芯片引脚顺序

图 6-35　组合逻辑电路设计步骤

组合逻辑电路设计是根据给出的逻辑问题，设计出一个组合逻辑电路去满足提出的逻辑功能要求。设计步骤如下：

（1）根据设计要求，建立数字电路模型、确定逻辑变量，并根据给出的条件，列出真值表，或者画出卡诺图，也可以直接得到逻辑表达式。

（2）将真值表写入卡诺图化简，也可以直接用公式法化简。但需注意：化简的原则和最简逻辑表达式与所使用的器件紧密相关。如果采用“与非门”实现电路，应化简成与非式；如果采用“或非门”实现电路，应化简成或非式。

（3）根据化简的结果画出逻辑电路图，搭建电路验证逻辑功能。

4. 实验任务

1）TTL 门电路逻辑功能验证

（1）在 NET-1E 型数字电路实验箱 14 引脚芯片插槽中插入 74LS00 芯片，注意芯片方向不要插反。将＋5V 直流电源接入实验箱，并将电源＋5V 与 GND 分别接 74LS00 芯片的 14 脚与 7 脚。

（2）74LS00 芯片集成了四组 2 输入与非门，任意选择其中的一组与非门参与测试。如：选择 2A、2B、2Y，将 2A、2B 两个输入端连接到实验箱左下方逻辑开关，将 2Y 接实验箱上的发光二极管。

（3）检查实验箱电源、芯片 14 脚与 7 脚的工作电源连接无误后接通电源。按表 6-18 所示顺序，拨动 2A 与 2B 输入的逻辑开关值，观察 2Y 所连接发光二极管的状态（Y=1 时二极管发光，Y=0 时不亮）。

(4) 在实验箱上插入 74LS86 芯片，重复上述测试步骤，将测试结果记录在表 6-18 中。注意：当 TTL 芯片内集成有多个相互独立的逻辑门时，某一逻辑门损坏不一定影响其他逻辑门。根据表 6-18 的测试结果，对照与非门、异或门的真值表确定相应逻辑门是否正常工作。

表 6-18　与非门、异或门逻辑功能验证

与非门			异或门		
输入状态		输出状态	输入状态		输出状态
A	B	Y	A	B	Y
0	0		0	0	
·0	1		0	1	
1	0		1	0	
1	1		1	1	

2) 组合逻辑电路设计与功能验证

(1) 设计一个三变量表决电路，该电路有三个输入端，一个输出端，其功能是输出电平与输入信号多数的电平一致。

① 三变量表决器的输入变量为：A、B、C，输出变量是 Y，真值表如表 6-19 所示。

表 6-19　三变量表决器的真值表

输入变量状态			输出状态
A	B	C	Y
0	0	0	0
0	0	1	0
0	1	0	0
0	1	1	1
1	0	0	0
1	0	1	1
1	1	0	1
1	1	1	1

② 根据真值表写出逻辑表达式

$$Y=\overline{A}BC+A\overline{B}C+AB\overline{C}+ABC \tag{6-16}$$

实验给定器材为 74LS00 与 74LS20，即用与非门实现该电路，所以化简为最简与非式：

$$Y=\overline{\overline{AB}\cdot\overline{BC}\cdot\overline{AC}} \tag{6-17}$$

③ 根据最简逻辑表达式（式(6-17)）画出逻辑电路图如图 6-36 所示。

④ 在 NET-1E 型数字电路实验箱上连接电路，验证逻辑功能。注意：实验箱电源与各芯片工作电源均检查无误后再接通电源，按真值表逐一验证功能。

(2) 按上述步骤，用与非门、异或门设计一个半加器，详细写出该组合电路的设计与实现过程。半加器参考电路如图 6-37 所示。

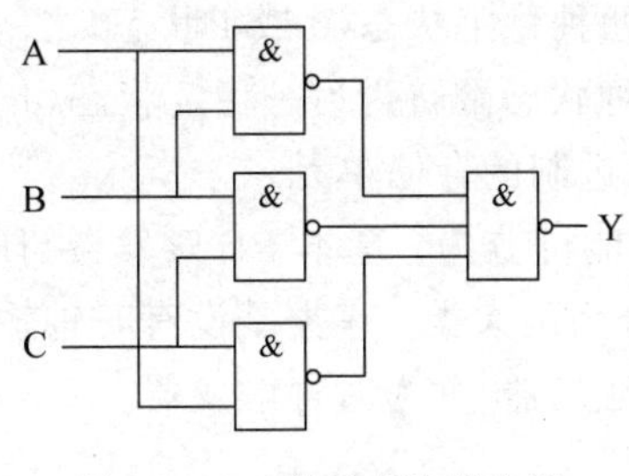

图 6-36　三变量表决器电路

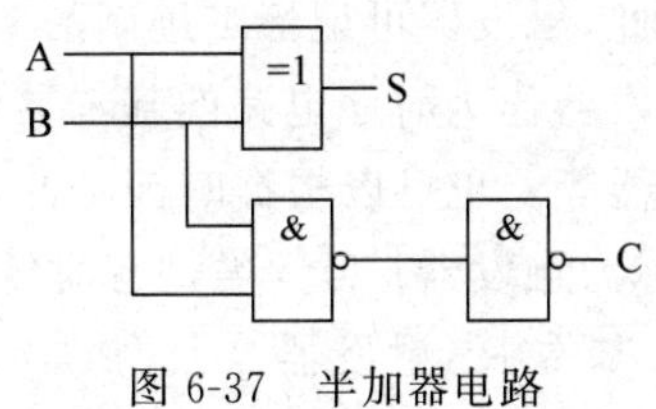

图 6-37　半加器电路

注：半加器即只考虑两个加数 A、B 本身相加，不考虑低位进位，输出结果有两项：和 S、进位 C。

5. 实验报告及要求

(1) 画出实验用门电路的逻辑符号，并写出其逻辑表达式。

(2) 写出半加器组合逻辑电路的设计过程。

(3) 思考题：用下列芯片实现一位全加器：74LS00、74LS86、74LS20 各一片。设加数为 A_n，被加数为 B_n，低位进位为 C_{n-1}，和为 S_n，进位输出为 C_n。

6. 实验仪器设备

直流稳压电源	DF1731SC2A 型
数字电路实验箱	NET-1E 型
TTL 集成电路芯片	74LS00、74LS86、74LS20 各一片

6.6　触发器及应用

1. 预习要求

(1) 查阅附录 E，熟悉本次实验所选用芯片的引脚排列图。

(2) 复习 RS 触发器、JK 触发器、D 触发器的逻辑功能和触发方式。

(3) 查阅资料，试用 JK 触发器构成两位同步二进制加法计数器，用 D 触发器构成两位异步二进制减法计数器。

(4) 画出本实验所用的电路图。

2. 实验目的

(1) 了解基本触发器和时钟触发器的区别。

(2) 掌握基本 RS、JK、D 触发器的逻辑功能与使用方法。

(3) 掌握触发器构成时序电路的典型应用。

3. 实验原理

触发器是具有记忆作用的基本单元，是时序电路中必不可少的器件。触发器具有两个基本性质：①在一定的条件下，触发器可以维持在两种稳定状态（0 或 1 状态）之一而保持不变；②在一定的外加信号作用下，触发器可以从一种状态翻转为另一稳定状态（1→0 或 0→1）。因此，触发器可记忆二进制的 0 或 1，被用作二进制的存储单元。

触发器作为时序电路的基本器件，按照逻辑功能可分为：基本 RS 触发器、JK 触发器、D 触发器等。也可以根据时钟脉冲输入将触发器分为两大类：一类是没有时钟输入端的触发器，称为触发器；另一类是有时钟脉冲输入端的触发器，称为时钟触发器。

1）基本 RS 触发器

由两个与非门交叉耦合而成的基本 RS 触发器是最简单的基本型触发器，具有存储一位二进制信息的功能。在实验中 RS 触发器常作为消抖开关使用。实验时可由 74LS00 中的任意两个与非门构成。基本 RS 触发器的电路如图 6-38 所示，其功能表如表 6-20 所示。RS 触发器的特征方程为

$$\begin{cases} Q^{n+1} = \bar{S} + RQ^n \\ R + S = 1（约束条件） \end{cases} \tag{6-18}$$

式(6-18)中，Q^n 为触发器的现态，Q^{n+1} 为触发器的次态。

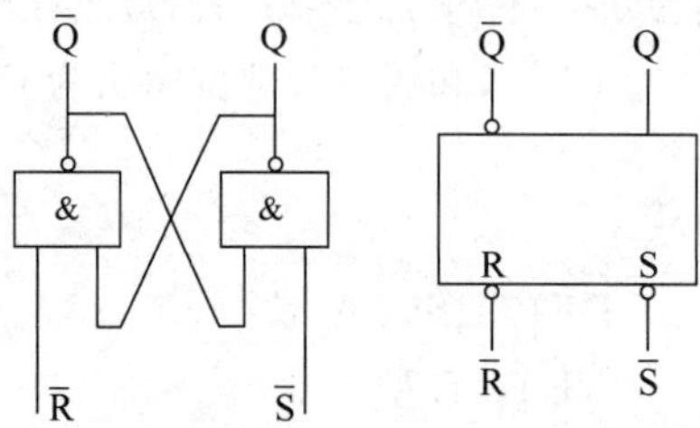

图 6-38　基本 RS 触发器及其逻辑符号

表 6-20　基本 RS 触发器功能表

$\bar{S}$	$\bar{R}$	Q	$\bar{Q}$
1	1	不变	不变
1	⊔	0	1
⊔	1	1	0
⊔	⊔	不定	不定

2）时钟触发器

时钟触发器按逻辑功能分，有以下五种：RS、JK、D、T、T′。它们的触发方式，往往取决于该时钟触发器的结构，通常有三种不同的触发方式：①电平触发（高电平触发、低电平触发）；②边沿触发（上升沿触发、下降沿触发）；③主从触发。本实验主要对 JK 触发器、D 触发器进行研究。

(1) JK 触发器

JK 触发器是常用的触发器之一，有主从型和边沿型两种。图 6-39 所示是响应时钟下降沿的 JK 触发器的逻辑符号，其功能表如表 6-21 所示。其特征方程为

$$Q^{n+1} = J\bar{Q}^n + \bar{K}Q^n \tag{6-19}$$

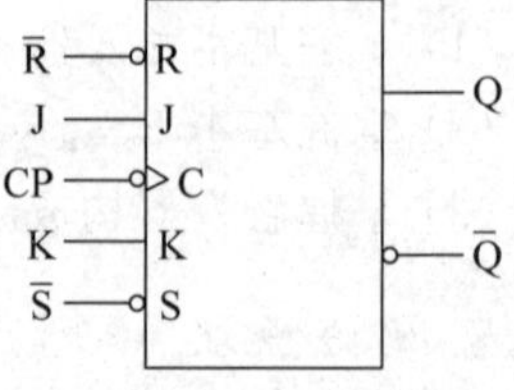

图 6-39　JK 下降沿触发器

该触发器带有异步置 0 端($\overline{R}$)和异步置 1 端($\overline{S}$),均为低电平有效,当 $\overline{R}\overline{S}$=01 时,触发器直接被置 0,当 $\overline{R}\overline{S}$=10 时,触发器直接被置 1。只有当 $\overline{R}\overline{S}$=11 时,才呈现 JK 触发器的功能特点。

表 6-21　JK 触发器功能表

输入					输出			说　明
$\overline{S}$	$\overline{R}$	J	K	CP	Q^n	Q^{n+1}		
0	1	×	×	×	0	1	1/0	$\overline{S}$ 与 $\overline{R}$ 的置位、复位端作用
1	0	×	×	×	1	0		
1	1	0	0	↓	0	0	Q^n	保持输出状态不变
					1	1		
		0	1	↓	0	0	0	置 0,输出状态与 J 状态相同
					1	0		
		1	0	↓	0	1	1	置 1,输出状态与 J 端状态相同
					1	1		
		1	1	↓	0		$\overline{Q^n}$	计数,每输入一个脉冲,输出状态翻转一次
					1			

(2) D 触发器

D 触发器是最常用的触发器之一。如图 6-40 所示是响应时钟上升沿的 D 触发器的逻辑符号。表 6-22 为 D 触发器的功能表。其特征方程为

$$Q^{n+1}=D \qquad (6\text{-}20)$$

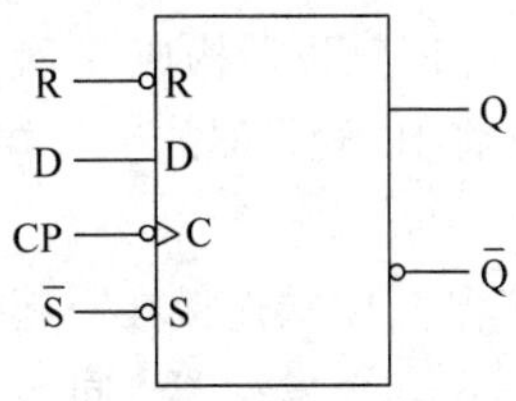

图 6-40　上升沿 D 触发器

表 6-22　D 触发器功能表

输入				输出			说　明
$\overline{S}$	$\overline{R}$	D	CP	Q^n	Q^{n+1}		
0	1	×	×	0	1	1/0	$\overline{S}$ 与 $\overline{R}$ 的置位、复位端作用
1	0	×	×	1	0		
1	1	0	↑	0	0	D	输出状态取决于 D 端输入
				1	0		
		1	↑	0	1	D	输出状态取决于 D 端输入
				1	1		

该触发器也带有异步置 0($\overline{R}$)端和异步置 1($\overline{S}$)端,其作用与上述 JK 触发器中的 $\overline{R}$、$\overline{S}$ 相同。

4. 实验任务

1) JK 触发器的功能测试及其应用

实验采用 74LS112 芯片,它集成了两组下降沿触发的 JK 触发器,带复位端与置位端。实验过程可选取芯片内任意一组 JK 触发器进行测试。

(1) 置位、复位功能的测试(静态测试)

① 在 NET-1E 型数字电路实验箱 16 引脚芯片插槽中插入 74LS112 芯片,注意芯片方向不要插反。将+5V 直流电源接入实验箱,并将电源+5V 与 GND 分别接 74LS112 芯片的 16 脚与 8 脚。

② 选取 74LS112 芯片上一组 JK 触发器,将该触发器的 $\overline{S}$ 与 $\overline{R}$ 分别连接到实验箱左下方的逻辑开关,将输出端 Q 与 $\overline{Q}$ 连接到实验箱的发光二极管,检查芯片工作电源连接无误后闭合工作电源。按表 6-23 所示,拨动逻辑开关,记录逻辑状态于表 6-23(注意观察,当 $\overline{R}\overline{S}$=11 与 $\overline{R}\overline{S}$=00 时,输出端有何特殊)。

表 6-23　JK 触发器置位、复位功能测试

<table>
<tr><th>CP</th><th>J</th><th>K</th><th>$\overline{R}_D$</th><th>$\overline{S}_D$</th><th>Q</th><th>$\overline{Q}$</th></tr>
<tr><td rowspan="5">×</td><td rowspan="5">×</td><td rowspan="5">×</td><td rowspan="2">1</td><td>0</td><td></td><td></td></tr>
<tr><td>1</td><td></td><td></td></tr>
<tr><td>1→0</td><td rowspan="2">1</td><td></td><td></td></tr>
<tr><td>0→1</td><td></td><td></td></tr>
<tr><td>0</td><td>0</td><td></td><td></td></tr>
</table>

(2) JK 触发器构成 T 触发器(动态测试)

① 将 JK 触发器的 J、K 端连接在一起(J=K=T),构成 T 触发器,逻辑电路图如图 6-41 所示。

② 将 J、K 端连接在一起后,接至逻辑开关。

③ 从信号发生器"同步输出端"输出 1kHz 的 TTL 信号,接入 CP 端。

④ 使 T=0,即将 J、K 端连接的逻辑开关拨至 0,用示波器双通道同时观察 CP 端的输入信号与 Q 端的输出波形,在坐标纸上记录两个波形。

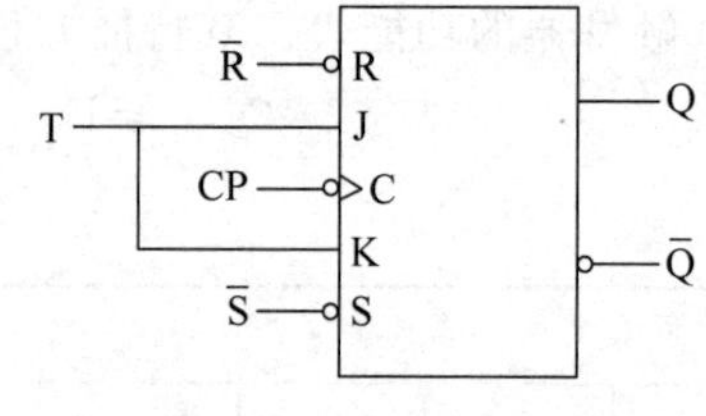

图 6-41　T 触发器

⑤ 使 T=1,即将 J、K 端连接的逻辑开关拨至 1,用示波器双通道同时观察 CP 端的输入信号与 Q 端的输出波形,在坐标纸上记录两个波形。

(3) 用 JK 触发器构成二位同步二进制加法计数器

按照图 6-42 连接电路。在时钟输入端 CP 输入 1kHz TTL 信号。

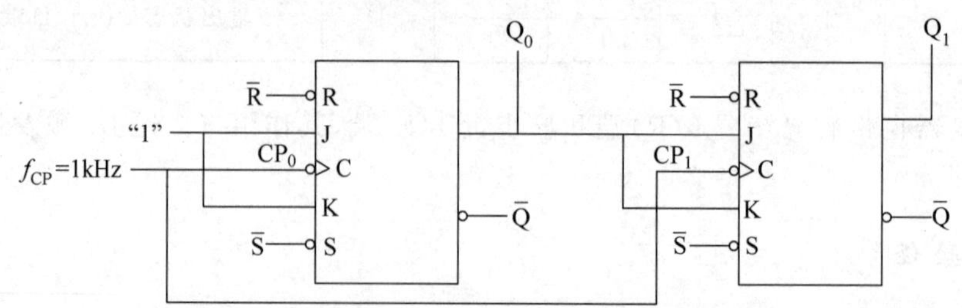

图 6-42　JK 触发器构成二位同步二进制加法计数器

① 用示波器双通道同时观察 CP 端的输入信号与 Q_0 端的输出波形,在坐标纸上记录两个波形。

② 用示波器双通道同时观察 CP 端的输入信号与 Q_1 端的输出波形，在坐标纸上记录两个波形。

注意：记录波形时，Q_0 与 Q_1 的波形要与 CP 的波形相位保持一致。

2）D 触发器的功能测试及应用

实验采用 74LS74 芯片，它集成了两组上升沿触发，带置位与复位端的双 D 触发器。

(1) 置位、复位功能的测试(静态)：测试过程与步骤参照 JK 触发器的置位、复位功能测试，自拟数据表格记录测试结果。

(2) D 触发器计数功能测试(动态测试)。

① 将 D 触发器的 $\overline{Q}$ 与 D 端相连，如图 6-43 所示，该电路即构成一位计数器。

② 在 D 触发器的时钟输入 CP 端输入 1kHz 的 TTL 信号，用示波器双通道同时观察输入 CP 波形与输出 Q 波形，并在坐标纸上记录下两波形(注意观察 Q 是在 CP 的上升沿还是下降沿翻转)。

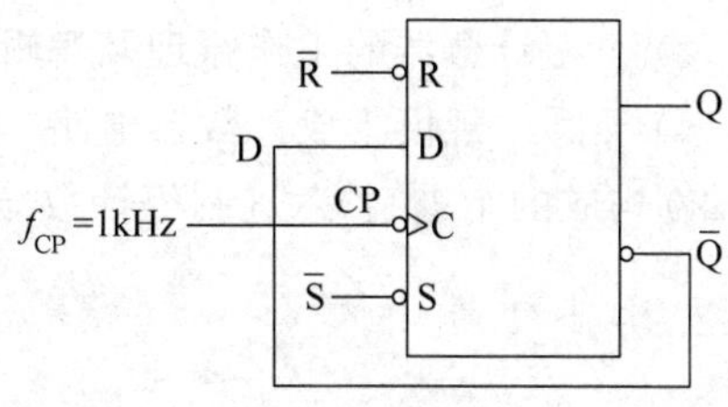

图 6-43 D 触发器构成一位计数器

(3) 用 D 触发器构成二位异步二进制减法计数器

电路如图 6-44 所示，测试过程请读者自己拟定。

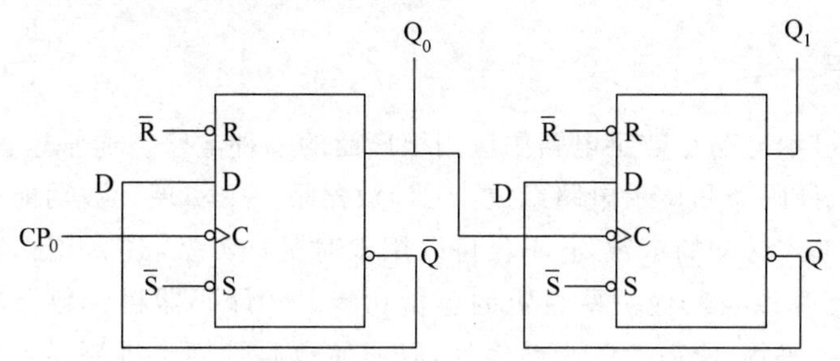

图 6-44 D 触发器构成二位异步二进制减法计数器

5. 实验报告及要求

(1) 整理 JK 触发器、D 触发器动态测试的波形，分析 JK、D 触发器的触发方式(注意：记录的所有波形图均要按时间坐标对应描绘，示波器选择 DC 耦合方式，并在图中标出周期、幅值)。

(2) 总结 JK 触发器、D 触发器的逻辑功能特点。

(3) 思考题：试设计 D 和 JK 触发器之间的转换电路。

6. 实验仪器设备

直流稳压电源	DF1731SC2A 型
数字电路实验箱	NET-1E 型

示波器　　　　　　　XJ4316B

TTL集成电路芯片　　　74LS112、74LS74 各一片

6.7 计数、译码和显示电路

1. 预习要求

(1) 查阅附录E，熟悉本次实验所用芯片的引脚排列图。

(2) 复习译码、显示电路的工作原理和逻辑电路图。

(3) 复习计数器的工作原理及逻辑功能。

(4) 熟悉中规模集成计数器电路74LS90的逻辑功能、外引脚排列和使用方法。画出由74LS90构成的十进制、六进制等计数器的引脚接线图。

2. 实验目的

(1) 了解数码显示电路的组成。

(2) 掌握译码器的基本功能和七段数码管显示器的工作原理。

(3) 了解由集成触发器构成计数器的电路及工作原理。

(4) 掌握中规模集成计数器的应用，并掌握构成各种进制的计数器的方法。

3. 实验原理

计数、译码、显示电路是数字电路中应用很广泛的一种电路。通常这种电路是由中规模集成电路计数器、译码器和显示电路组成：①计数器是一个实现计数功能的时序部件，主要用来累计和记忆输入脉冲的个数，它不仅可以用来对脉冲计数，还常用作数字系统的定时、分频、执行数字运算以及其他一些特定的逻辑功能。②译码器将计数器的输出(二进制代码)译成显示器(数码管)所需要的驱动信号，以便使数码管用十进制显示出BCD代码。根据数码管的不同，用于显示驱动的译码器也不同。③显示器是将数字、文字、符号用人们习惯的形式直观地显示出来的器件，实验室中常选用共阴极、共阳极七段数码管(或八段数码管)作为显示器件。

本实验是通过典型的计数器74LS90计数、译码器74LS247译码，实现将二进制计数结果显示于共阳极七段数码管。

1) 异步二-五-十进制计数器74LS90

74LS90是异步二-五-十进制计数器，如图6-45所示，其内部包含1个独立的二进制计数器和1个独立的异步五进制计数器。表6-24为74LS90的功能表。

二进制计数器的时钟输入端为CP_0，输出端为Q_0；五进制计数器的时钟输入端为CP_1，输出为Q_1、Q_2、Q_3。如果将Q_0与CP_1相连，CP_0作为时钟脉冲输入端，Q_0、Q_1、Q_2、Q_3作为输出端，则为8421BCD码十进制计数器。

$R_{0(1)}$、$R_{0(2)}$：异步清零端，高电平有效；

$S_{9(1)}$、$S_{9(2)}$：异步置9端，高电平有效。

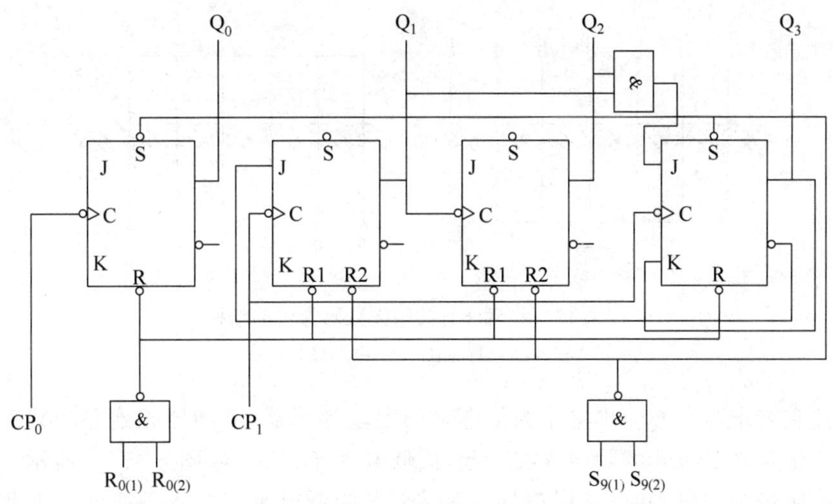

图 6-45　异步二-五-十进制计数器内部逻辑电路图

表 6-24　74LS90 的功能表

复位输入		置位输入		时钟	输出				工作模式
$R_{0(1)}$	$R_{0(2)}$	$S_{9(1)}$	$S_{9(2)}$	CP	Q_0	Q_1	Q_2	Q_3	
1	1	0	×	×	0	0	0	0	异步清"0"
1	1	×	0	×	0	0	0	0	
×	×	1	1	×	1	0	0	1	异步置"9"
×	0	×	0	↓	计数				加法计数
0	×	0	×	↓	计数				
0	×	×	0	↓	计数				
×	0	0	×	↓	计数				

中规模集成计数器 74LS90 除按其自身进制(二进制、五进制、十进制)实现计数功能外,还可以采用反馈法构成任意进制的计数器。

2) 译码、显示

计数器将时钟脉冲个数按 4 位二进制输出,必须通过译码器把这个二进制数译成适用于七段数码管显示的代码。

(1) 数码管

数码管是一种半导体发光器件,其基本单元是发光二极管。数码管按段数分为七段数码管和八段数码管,八段数码管比七段数码管多一个发光二极管单元(多一个小数点显示)。七段数码管由 7 个条形发光二极管构成七段字形,如图 6-46 所示,七段分别为 a、b、c、d、e、f、g,显示哪个字形,则相应段的发光二极管就发光。

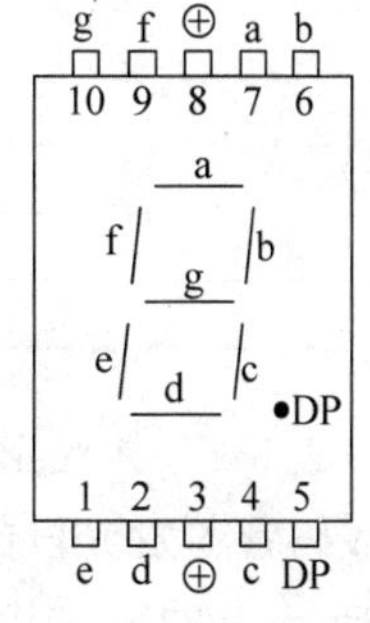

图 6-46　七段数码管

按连接方式不同,LED 数码管分为共阳极和共阴极两种,其内部结构如图 6-47 所示。①共阳极是指数码管中的七个发光二极管的阳极连在一起,接高电平(V_{CC}),如图 6-47(b)所示。当某段发光二极管的阴极为低电平时,该段就导通发光;若为高电平就截止不

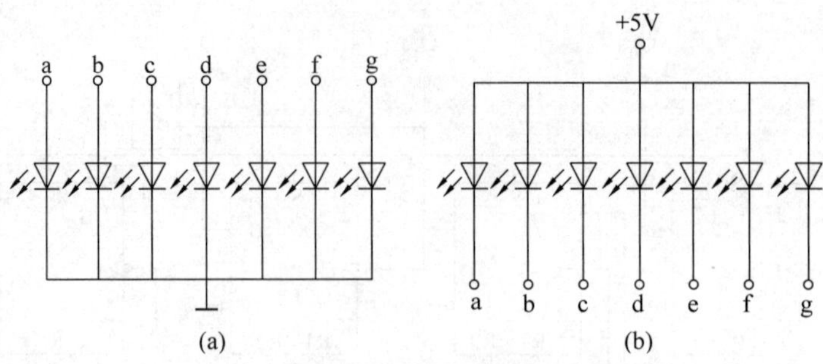

图 6-47　共阴极与共阳极数码管内部结构

(a) 共阴极数码管；(b) 共阳极数码管

发光。因此它要求与有效输出电平为低电平的七段译码器/驱动器相连。②共阴极是指数码管中的 7 个发光二极管的阴极连在一起，接低电平(GND)，如图 6-47(a)所示。当某段发光二极管的阳极为高电平时，该段就导通发光；若为低电平就截止不发光。因此它要求与有效输出电平为高电平的七段译码器/驱动器相连。

注意：七段数码管的各个发光二极管连在一起，其中每一段发光二极管的正常工作的电流一般为 5～20mA，压降约为 1.4V，所以七段数码管在接入译码器/驱动器后，其公共端需接 300Ω 左右的保护电阻。

(2) 译码器

本次实验所选用的数码管是共阳极数码管，因此，译码器必须选择有效输出电平为低电平的七段译码器。74LS247 可驱动七段共阳极数码管，引脚图参看附录 E，其功能表如表 6-25 所示。

表 6-25　74LS247 的功能表

十进制功能	输入端				输出端	字形
	$\overline{LT}$	$\overline{RBI}$	$\overline{BI}/\overline{RBO}$	D C B A	a b c d e f g	
灭灯	×	×	0	××××	1 1 1 1 1 1 1	全灭
试灯	0	×	1	××××	0 0 0 0 0 0 0	8
0	1	1	1	0 0 0 0	0 0 0 0 0 0 1	0
1	1	×	1	0 0 0 1	1 0 0 1 1 1 1	1
2	1	×	1	0 0 1 0	0 0 1 0 0 1 0	2
3	1	×	1	0 0 1 1	0 0 0 0 1 1 0	3
4	1	×	1	0 1 0 0	1 0 0 1 1 0 0	4
5	1	×	1	0 1 0 1	0 1 0 0 1 0 0	5
6	1	×	1	0 1 1 0	0 1 0 0 0 0 0	6
7	1	×	1	0 1 1 1	0 0 0 1 1 1 1	7
8	1	×	1	1 0 0 0	0 0 0 0 0 0 0	8
9	1	×	1	1 0 0 1	0 0 0 0 1 0 0	9

表 6-25 中 A、B、C、D 是输入端，输入 4 位二进制代码，a、b、c、d、e、f、g 是输出端，和共阳极数码管各发光段的阴极引线相互连接(图 6-48)。$\overline{BI}$ 称为灭灯输入端，当 $\overline{BI}=0$ 时，不论 A、B、C、D 的输入状态如何，译码器的输出 a、b、…、g 均为高电平，显示器各段均不亮。只有当 $\overline{BI}/\overline{RBO}=1$、$\overline{LT}=1$ 时，译码器才根据 A、B、C、D 的输入状态而译码输出。

4. 实验任务

1）检验译码、显示功能

如图 6-48 所示，在 NET-1E 型数字电路实验箱上对应的译码显示电路上，接通“＋5V 显示电源”，将译码器的输入端 A、B、C、D 分别接逻辑开关，拨动逻辑开关，使输入逻辑电平按 4 位二进制变化，观察并记录数码管显示的字符与输入逻辑电平的对应关系。

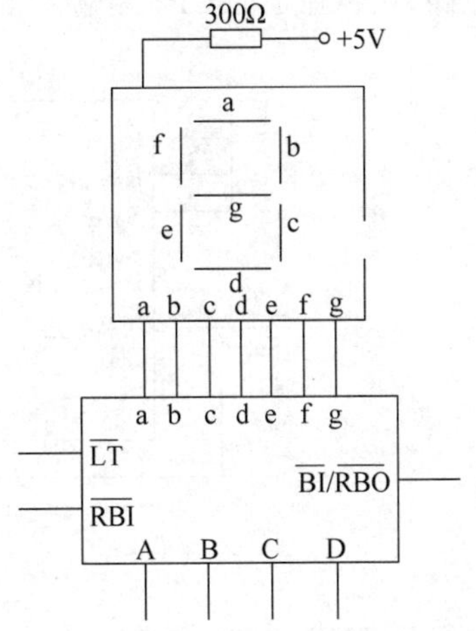

图 6-48　74LS247 驱动共阳极数码管

2）计数器的逻辑功能测试

（1）置位端功能测试

① 在 NET-1E 型数字电路实验箱 14 引脚芯片插槽中插入 74LS90 芯片，注意芯片方向不要插反。将＋5V 直流电源接入实验箱，并将电源＋5V 与 GND 分别接 74LS90 芯片的 5 脚与 10 脚。

② 将 74LS90 的输出端 Q_0、Q_1、Q_2、Q_3 接 LED 发光二极管，置位端 $R_{0(1)}$、$R_{0(2)}$、$S_{9(1)}$、$S_{9(2)}$ 接逻辑开关。检查电源连接无误后，接通电源。

③ 拨动置位端 $R_{0(1)}$、$R_{0(2)}$、$S_{9(1)}$、$S_{9(2)}$ 的逻辑开关，验证其逻辑功能，并与表 6-25 相比较，确定置位端是否正常工作。

（2）计数器的逻辑功能验证

① 将 74LS90 的输出端 Q_0、Q_1、Q_2、Q_3 分别与译码器输入端 A、B、C、D 相连接。

② 将置位端 $R_{0(1)}$、$R_{0(2)}$、$S_{9(1)}$、$S_{9(2)}$ 的输入电平接地，使计数器处于计数状态。

③ 在 CP_0 端输入频率为 1Hz 的 TTL 信号，验证 74LS90 二进制计数功能；在 CP_1 端输入频率为 1Hz 的 TTL 信号，验证 74LS90 五进制计数功能。注意观察计数器是上升沿触发还是下降沿触发。

3）用单片 74LS90 组成模 10 以内的计数器

采用反馈法可以将单片 74LS90 构成 10 以内任意进制的计数器。下面给出十进制、六进制计数器的逻辑电路图，请参照实验任务 2），在实验箱上验证计数器的计数结果。

（1）十进制计数器：逻辑电路图如图 6-49 所示。

（2）六进制计数器：逻辑电路图如图 6-50 所示。

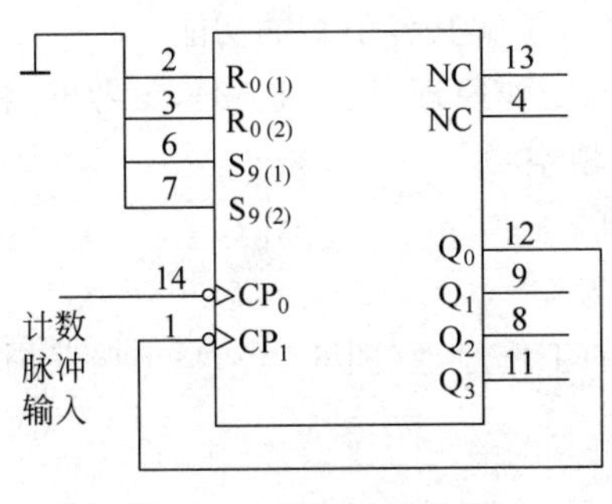

图 6-49　十进制计数器

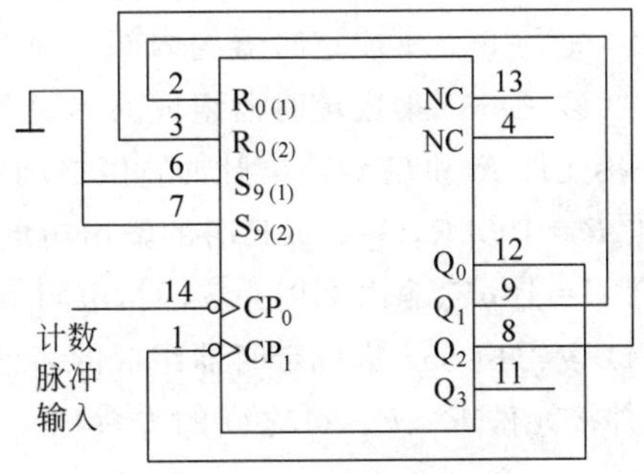

图 6-50　六进制计数器

4）用2片74LS90构成百进制计数器

采用反馈法，可以将两片74LS90芯片构成百以内任意进制计数器。图6-51所示为百进制计数器，按该图连线，将74LS90芯片1、74LS90芯片2分别连接到实验箱两路译码显示电路，在芯片1的CP_0端输入1Hz的TTL信号，验证百进制计数器。

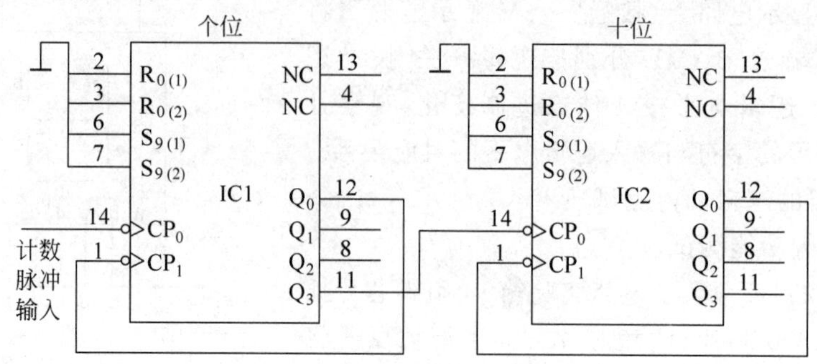

图6-51　百进制计数器

5. 实验报告及要求

（1）画出本次实验各项目的逻辑电路图。

（2）如果本次实验采用的数码管换成共阴极数码管，实验电路该如何改变？

（3）用两片74LS90设计一个六十进制计数器。

（4）用两片74LS90设计一个二十四进制计数器。

6. 实验仪器设备

（1）DF1731SC2A型直流稳压电源。

（2）NET-1E型数字电路实验箱。

（3）TTL集成电路芯片：74LS90两片，74LS247两片，共阳极数码管两只。

6.8　集成定时器及应用

1. 预习要求

（1）查阅附录E，熟悉本次实验所用芯片的引脚排列图。

（2）复习555集成定时器的内部原理（见图6-52），了解其各引脚的功能。

（3）复习555集成定时器组成的单稳态触发器的工作原理（见图6-53），参考电路，写出555外接元件R和C与输出脉冲宽度之间的关系。填空：

① $R=100\text{k}\Omega$，$C=10\mu\text{F}$时的输出矩形脉冲宽度t_W为________s；

② $C=10\mu\text{F}$、输出宽度为5s时，电阻R的取值为________Ω。

（4）复习由555集成定时器组成的多谐振荡器的工作原理（图6-54），写出振荡周期（频率）与外接元件R_1、R_2、C之间的关系。

2. 实验目的

(1) 熟悉 555 集成定时器的工作原理及其使用方法。

(2) 了解用 555 集成定时器组成单稳态触发器、多谐振荡器的工作原理及电路参数对其的影响。

(3) 了解用 555 集成定时器组成施密特触发器电路。

3. 实验原理

1) 555 集成定时器的基本结构与工作原理

555 集成定时器是一种中规模集成电路,只要在外部配上几个适当的电阻、电容元件,就可以方便地构成单稳态触发器、多谐振荡器及施密特触发器等脉冲产生与整形电路。它在工业自动控制、定时、仿声、电子乐器、防盗等方面有广泛的应用。

555 集成定时器有 TTL 和 CMOS 等型号之分,但引脚排列和功能完全相同。如图 6-52 所示分别为 555 集成定时器引脚排列图与内部逻辑电路图。其各个引脚的名称及用途如下:

① GND:接地端。

② $\overline{TR}$(trigger):触发输入端,该端输入电压高于 $V_{CC}/3$ 时,比较器 A2 输出为 0;当输入电压低于 $V_{CC}/3$ 时,比较器 A2 输出为 1。

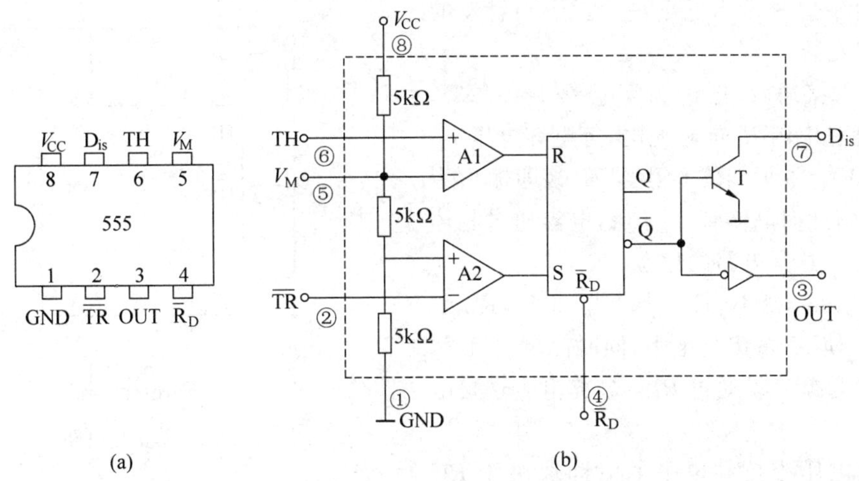

图 6-52　555 集成定时器引脚图与内部逻辑电路图

(a) 引脚图;(b) 内部逻辑电路图

③ OUT(output):输出端,输出最大电流为 200mA。

④ $\overline{R}_D$(reset):复位端,在此端输入负脉冲(0 电平,低于 0.7V)可以使触发器置 0。正常工作时,应将它接 1(接$+V_{CC}$)。

⑤ V_M(control voltage):电压控制端,静态时,此端电位为 $2V_{CC}/3$。若在此端外加直流电压,可以改变分压器各点的电位值。当没有其他外部连线时,应在该端与地间接入 0.01μF 电容,以防将干扰引入比较器 A1 的同相端。

⑥ TH(threshold)：高电平触发端，该端输入电压低于 $2V_{CC}/3$ 时，比较器 A1 输出为 0；当输入电压高于 $2V_{CC}/3$ 时，比较器 A1 输出为 1。

⑦ D_{is}(discharge)：放电端。当输出 $U_O=0$，即触发器 $\overline{Q}=1$ 时，放电三极管 T 导通，相当于⑦对地短接。当 $U_O=1$，即触发器 $\overline{Q}=0$ 时，T 截止，⑦与地隔离。

⑧ V_{CC}：电源端，555 集成定时器的工作电压在 4.5～18V 范围。

555 集成定时器的功能表如表 6-26 所示。从该功能表及其原理图可知，只要在其相关的输入端输入相应的信号就可以构成 555 的各种时基电路，例如：单稳态触发器、多谐振荡器、施密特触发器。下面详细说明单稳态触发器、多谐振荡器的原理与电路参数的选择。

表 6-26 555 集成定时器功能表

输入			输出	
复位端 $\overline{R}_D$	触发端 $\overline{TR}$	高电平触发端 TH	OUT	T 状态
0	×	×	0	导通
1	小于 $V_{CC}/3$	小于 $2V_{CC}/3$	1	截止
1	大于 $V_{CC}/3$	大于 $2V_{CC}/3$	0	导通
1	大于 $V_{CC}/3$	小于 $2V_{CC}/3$	保持	保持

2) 555 集成定时器电路的应用

(1) 单稳态电路

如图 6-53 所示为低电平(负脉冲)触发的单稳态触发器。

当电源接通后，若 v_i 为高电平($>V_{CC}/3$)，则 V_{CC} 通过电阻 R 向 C 充电，等电容电压 v_C 上升到 $2V_{CC}/3$ 时，RS 触发器置 0，即输出为 v_o 低电平，此时晶体管 T 导通，电容通过晶体管 T 放电。这是电路的稳态。

当 v_i 由大变小，且 $v_i<V_{CC}/3$ 时，RS 触发器置 1，使 v_o 输出高电平，同时晶体管 T 截止。此时电源 V_{CC} 通过 R 向 C 充电。这是电路的暂态。

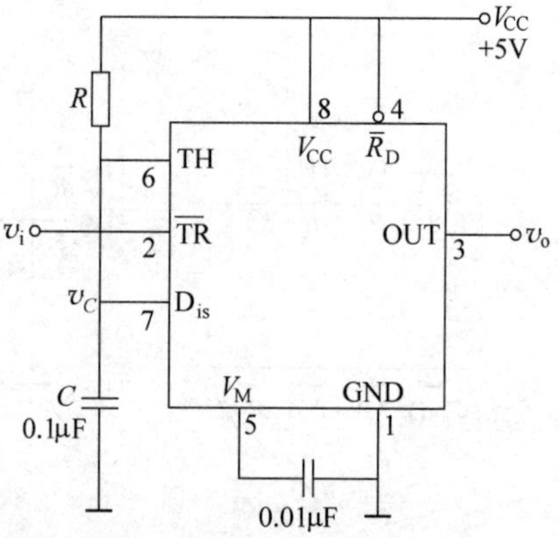

图 6-53 单稳态电路

输出电压维持高电平的时间取决于 RC 的充电时间。当 v_C 上升到 $2V_{CC}/3$ 时，若此时 v_i 已变为高电平，则电路的状态将回到稳态。设维持高电平的时间为 t_W，则有

$$v_C(t_W)=V_{CC}(1-e^{-\frac{t_W}{RC}})=\frac{2}{3}V_{CC} \tag{6-21}$$

$$t_W=RC\ln 3\approx 1.1RC \tag{6-22}$$

一般取 $R=1\text{k}\Omega\sim 10\text{M}\Omega$，$C>1000\text{pF}$。

显然，该电路每触发一次将产生一个固定宽度(仅由 R、C 决定)的正脉冲。因此该电路可以作为定时器使用。而且，从上面的分析可知，触发信号的脉冲宽度必须小于 t_W，且触发信号的重复周期必须大于 t_W，该电路才能正常工作。

(2) 多谐振荡器

多谐振荡器是一种能产生矩形波的自激振荡器,也称矩形波发生器。"多谐"指矩形波中除了基波成分外,还含有丰富的高次谐波成分。多谐振荡器没有稳态,只有两个暂稳态。在工作时,电路的状态在这两个暂稳态之间自动地交替变换,由此产生矩形波脉冲信号,常用作脉冲信号源及时序电路中的时钟信号。

图 6-54(a)所示为占空比可调的多谐振荡器。该电路由于接入了隔离二极管,使电路的定时电容 C_T 的充电与放电回路分开。

接通电源 V_{CC} 时,$v_{C_T}=0$,电路处于暂态,$v_o=$"1",晶体管 T 截止,由 V_{CC} 经 R_1、D_1 对 C_T 充电,v_{C_T} 上升。当 $v_{C_T}=2V_{CC}/3$ 时,电路转为复位状,$v_o=$"0",晶体管 T 导通,C_T 经 D_2、R_2 及晶体管 T 放电,v_{C_T} 下降,至 $v_{C_T}=v_{th2}=V_{CC}/3$ 时,定时电路又转到置位状态,$v_o=$"1",如此循环往复,形成振荡,如图 6-54(b)所示。

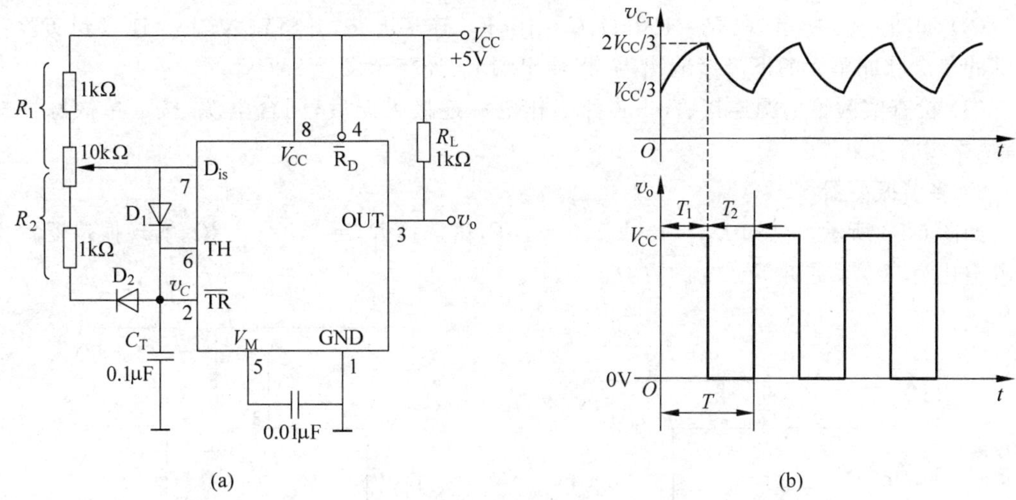

图 6-54　占空比可调的脉冲波发生电路

根据充、放电回路和起止电压可得振荡波形正、负脉冲宽 T_1 和 T_2 分别为

$$T_1=R_1C_T\ln2\approx0.693R_1C_T \tag{6-23}$$

$$T_2=R_2C_T\ln2\approx0.693R_2C_T \tag{6-24}$$

振荡周期和频率分别为

$$T=T_1+T_2\approx0.693(R_1+R_2)C_T \tag{6-25}$$

$$f=\frac{1}{T}\approx\frac{1.443}{(R_1+R_2)C_T} \tag{6-26}$$

输出脉冲信号的占空比

$$q=\frac{T_1}{T_2}=\frac{R_1}{R_1+R_2} \tag{6-27}$$

调节电路中的电位器可改变占空比,调节范围为 8.3%~91.3%。

(3) 施密特触发器

施密特触发器是一种特殊的门电路,与普通的门电路不同,施密特触发器有两个阈值电压,分别称为正向阈值电压和负向阈值电压。在输入信号从低电平上升到高电平的过程中使电路状态发生变化的输入电压称为正向阈值电压，在输入信号从高电平下降到低电平的过程中使电路状态发生变化的输入电压称为负向阈值电压。正向阈值电压与负向阈值电压之差称为回差电压。施密特触发器的电路如图 6-55 所示。v_i 端加入三角波(或正弦波)信号时，当 $v_i > 2V_{CC}/3$ 时，触发器置 0，输出 $v_o=0$；当 $v_i < V_{CC}/3$ 时，触发器置 1，输出 $v_o=1$。因此，该施密特触发器的正向阈值电压为 $U_{T+}=2V_{CC}/3$，负向阈值电压 $U_{T-}=V_{CC}/3$，回差电压 $\Delta U_T=U_{T+}-U_{T-}=V_{CC}/3$。

4. 实验任务

1) 单稳态触发器

(1) 在 NET-1E 型数字电路实验箱上 8 引脚芯片插槽中插入 555 芯片，注意芯片方向不要插反。将 +5V 直流电源接入实验箱，并将电源 +5V 与 GND 分别接 555 芯片的 8 脚与 1 脚。

(2) 如图 6-53 所示，取 $R=100\text{k}\Omega$，$C=10\mu\text{F}$。连接电路，并将输入端 v_i 连接到实验箱提供的单次脉冲单元的下降沿输出端，将输出端 v_o 连接至发光二极管。

(3) 检查实验箱电源连接、555 芯片工作电源连接无误后，闭合电源，按下单次脉冲按键，观察实验结果。

2) 多谐振荡器

如图 6-56 所示。已知 $R_2=430\text{k}\Omega$、$C=1\mu\text{F}$，试选择 $R_1=$ ________ Ω，实现振荡器输出一占空比为 50%，周期 $T=1\text{s}$ 的方波。

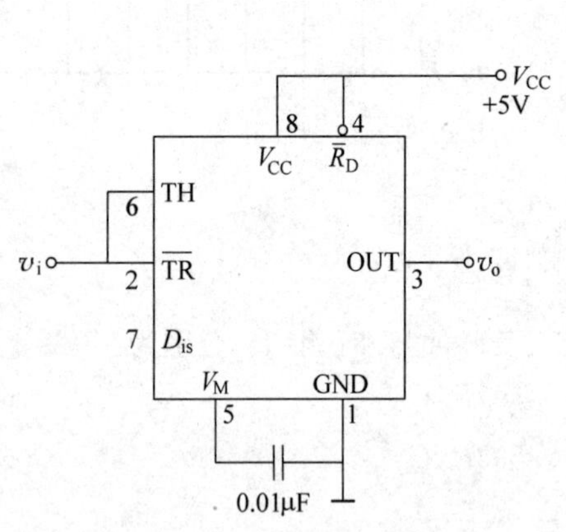

图 6-55 施密特触发器

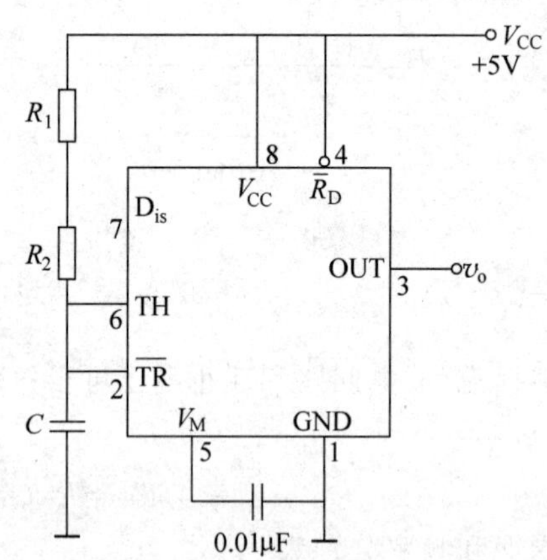

图 6-56 秒脉冲振荡电路

实验步骤同任务 1)。

3) 施密特触发器

按图 6-55 连接线路。使用信号发生器产生三角波($f=500\text{Hz}$，$U_{p\text{-}p}=5\text{V}$)，连接到该电路的输入端 v_i。用示波器双通道同时观察 v_i 与 v_o，记录两个波形，读出施密特触发器的正向阈值电压 U_{T+}、负向阈值电压 U_{T-}，计算回差电压。

5. 实验报告及要求

(1) 画出本次实验各项目的逻辑电路图。

(2) 计算实验电路中 555 集成定时器应用时的理论值 t_W。

(3) 试用一片 555 集成定时器，设计多谐振荡器电路，使振荡输出的方波信号占空比为 33%，$f=2\text{kHz}$。

6. 实验仪器设备

直流稳压电源	DF1731SC2A 型
数字电路实验箱	NET-1E 型
TTL 集成电路芯片	555 一片
电阻	100kΩ、430kΩ 各一只
电位器	510kΩ 一只
电容	0.01μF、1μF、10μF 各一只

Multisim 10 仿真实验

7.1 概　　述

EDA 是 electronic design automation 的缩写,即电子设计自动化,是在 20 世纪 90 年代初计算机辅助设计(CAD)、计算机辅助制造(CAM)、计算机辅助测试(CAT)和计算机辅助工程(CAE)等概念的基础上发展而来。EDA 所涉及的范围主要有以下三个方面。

1. 电路设计

主要是指原理电路的设计、PCB 设计、专用集成电路(ASIC)设计、可编程逻辑器件和单片机(MCU)的设计。

2. 电路仿真

利用 EDA 系统工具的模拟功能对电路环境(含电路元器件级测试仪器)和电路过程(从激励到响应的全过程)进行仿真。由于不需要真实电路环境的介入,实验过程也是理想化的模拟过程,没有真实元器件参数的离散和变化,没有仪器精度变化带来的影响等。总之,一切干扰和影响都被排除了,实验结果反映的是实验的本质过程,因而准确、真实、形象。

3. 系统分析

利用 EDA 技术及工具能对电路进行直流工作点分析、交流分析、瞬态分析、参数扫描分析、傅里叶分析,等等。

Multisim 计算机虚拟仿真软件是一款界面形象直观、操作方便、分析功能强大、易学易用的优秀 EDA 软件。

Multisim 是一个完整的设计工具系统,提供了一个庞大的元件数据库,并提供原理图输入接口、全部的数模 SPICE 仿真功能、VHDL/Verilog 设计接口与仿真功能、FPGA/CPLD 综合、RF 射频设计能力和后处理功能,还可以从原理图 PCB 布线工具包进行无缝数据传输。它提供的单一易用的图形输入接口可以满足使用者的设计要求。

作为 Multisim 仿真软件的最新版本,Multisim 10 不仅可以实现计算机仿真设计与虚拟实验,与传统的电子电路设计与实验方法相比,具有如下特点:设计与实验可以同步进行,可以边设计边实验,修改调试方便;设计和实验用的元器件及测试仪器齐全,可以完成各种类型的电路设计与实验;可以方便地对电路参数进行测试和分析,实验所需元器件的种类和数量不受限制,实验成本低,速度快,效率高;设计和实验的电路可以在产品中使用。

Multisim 10 易学易用，便于通信工程、电子信息、自动化、电气控制等专业的学生学习和进行综合的设计、实验，有利于培养其综合分析能力、开发能力和创新能力。

7.2 Multisim 10 基本界面简介

安装 Multisim 10 后运行程序，出现 Multisim 10 基本界面，如图 7-1 所示。

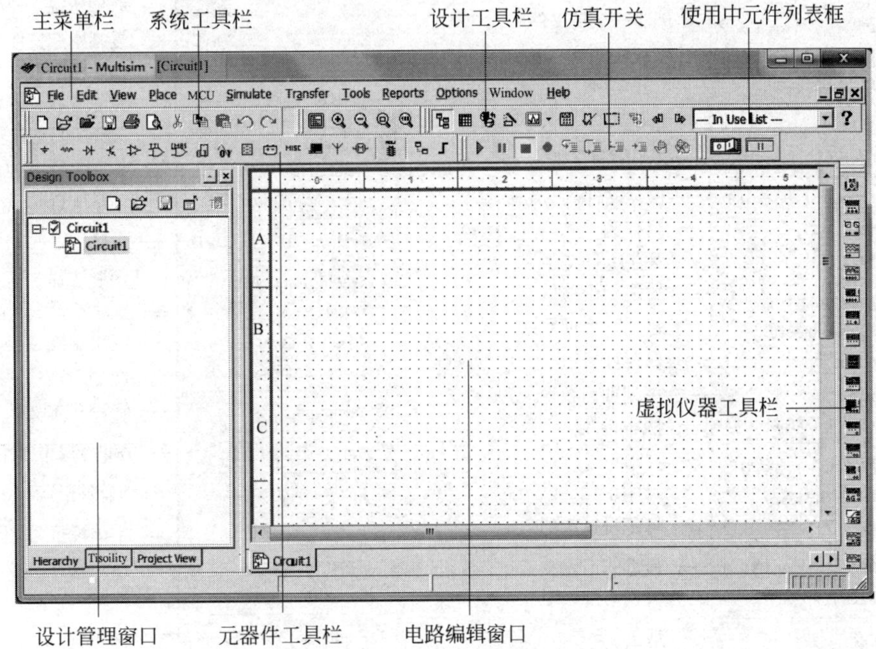

图 7-1 Multisim 10 基本界面

7.2.1 Multisim 10 的主菜单栏

Multisim 10 的界面与 Windows 应用程序一样，可以在主菜单中找到各个功能的命令。基本界面最上方是主菜单栏(Menus)，共 12 项，它们的中文译意如图 7-2 所示。

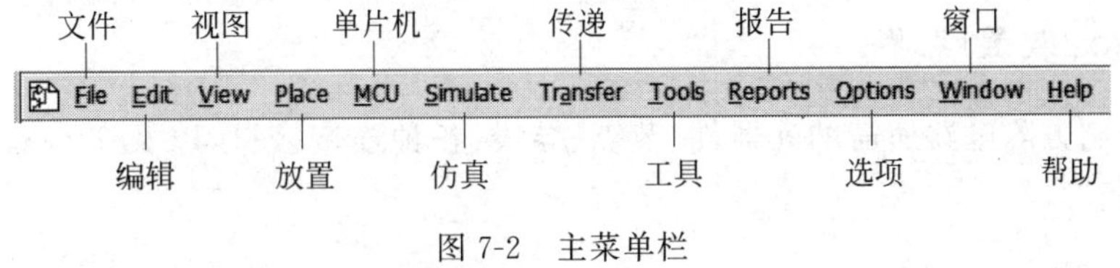

图 7-2 主菜单栏

下面一一列出主菜单栏的各个功能命令。

1. File(文件)菜单

用于 Multisim 所创建电路文件的管理，包括打开、新建、保存文件等操作命令，用法与 Windows 类似。在此简要说明，如图 7-3 所示。

2. Edit(编辑)菜单

提供了对电路窗口中的电路或元件进行撤销、删除、复制、翻转等操作命令。在此简要说明，如图 7-4 所示。

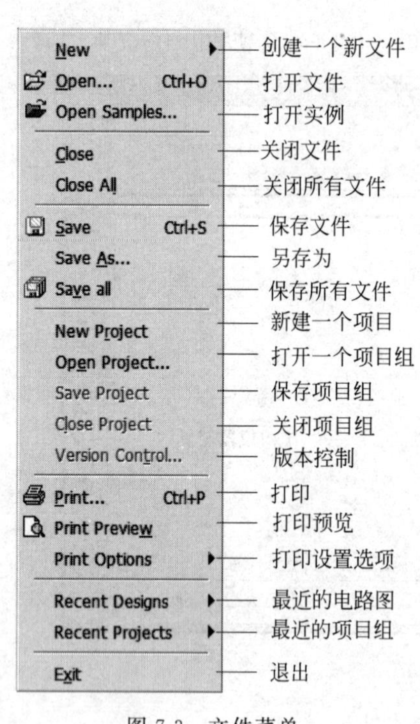

图 7-3 文件菜单

图 7-4 编辑菜单

3. View(视图)菜单

提供了显示、缩放基本操作界面、绘制电路工作区的显示方式、电路的文本描述、工具栏是否显示等操作命令，如图 7-5 所示。

4. Place(放置)菜单

提供绘制方阵电路所需的元器件、节点、导线、各种连接接口，以及文本框等操作命令，如图 7-6 所示。

5. MCU(单片机)菜单

提供了调试、导入、导出、运行等操作命令，如图 7-7 所示。

6. Simulate(仿真)菜单

提供了开启、暂停电路仿真和仿真所需的各种仪器仪表；提供对电路的各种分析；设

置仿真环境等仿真操作命令,如图 7-8 所示。

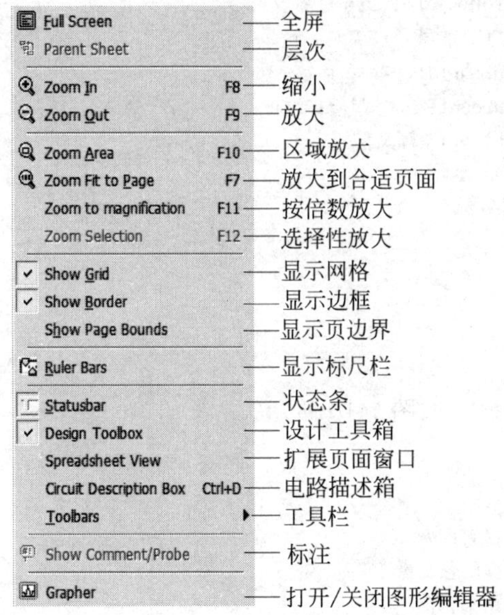

图 7-5　视图菜单

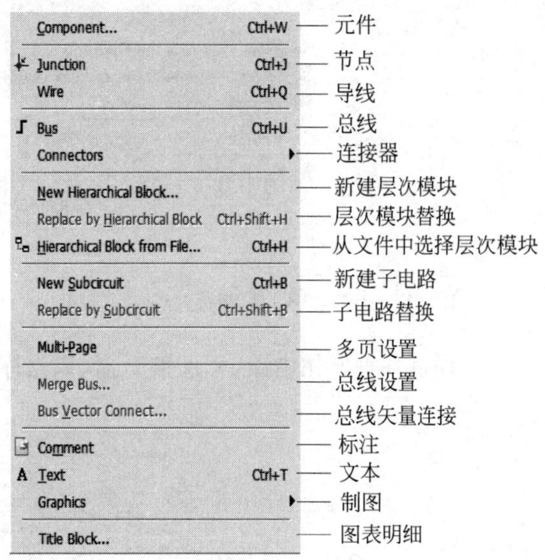

图 7-6　放置菜单

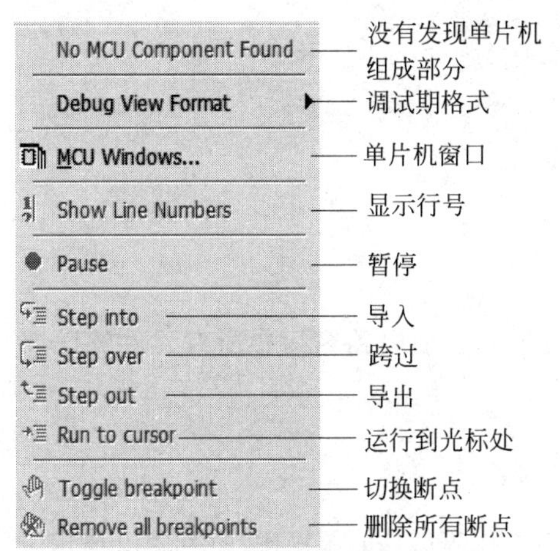

图 7-7　单片机菜单

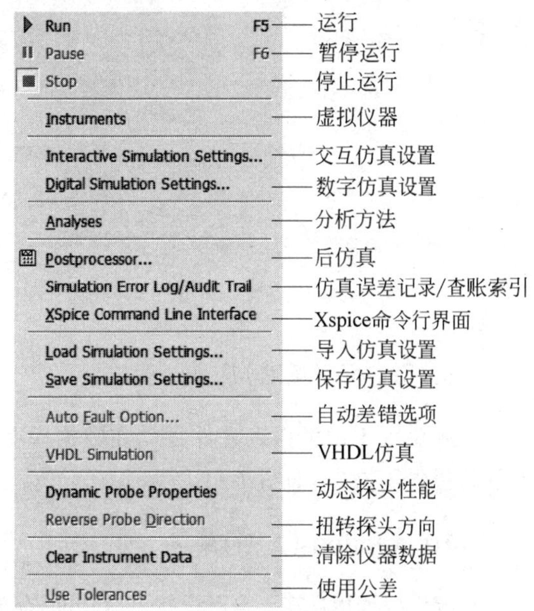

图 7-8　仿真菜单

7. Transfer(传递)菜单

提供仿真电路的各种数据与 Ultiboard 10 和其他 PCB 软件的数据互相传递功能,如图 7-9 所示。

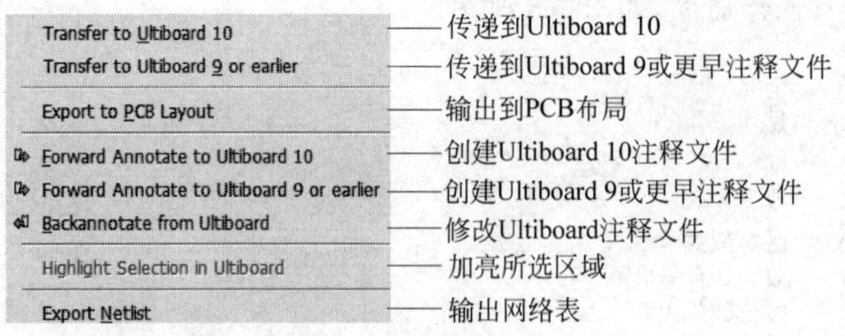

图 7-9 传递菜单

8. Tools(工具)菜单

提供各种常用电路、元件编辑器、数据库等操作命令，如图 7-10 所示。

图 7-10 工具菜单

9. Reports(报告)菜单

主要用于产生指定元件存储在数据库中的所有信息和当前电路窗口中所有元件的详细参数报告等操作，如图 7-11 所示。

10. Options(选项)菜单

提供根据用户需要自己设置电路功能、存放模式以及工作界面功能等操作，如图 7-12 所示。

11. Window(窗口)菜单

提供建立新窗口、关闭窗口、窗口选择等操作命令，如图 7-13 所示。

12. Help(帮助)菜单

为用户提供在线技术帮助和使用以及版本介绍等，如图 7-14 所示。

图 7-11　报告菜单

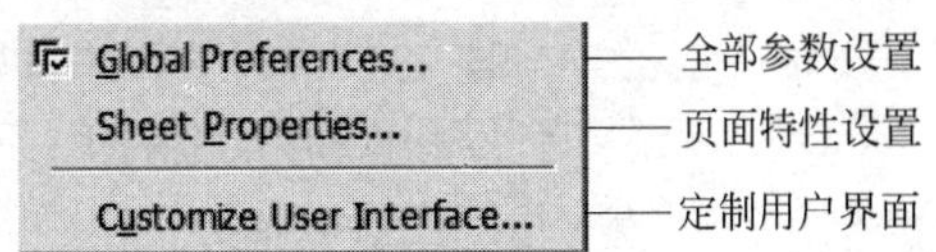

图 7-12　选项菜单

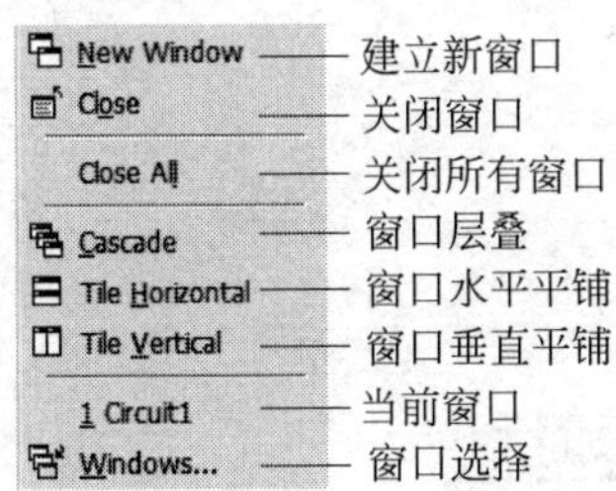

图 7-13　窗口菜单

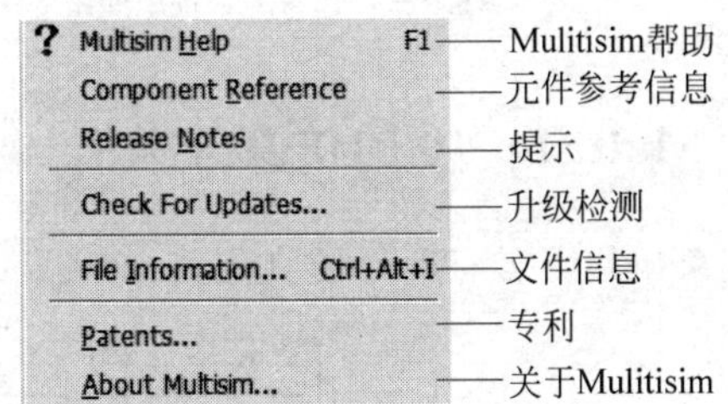

图 7-14　帮助菜单

7.2.2　Multisim 10 的系统工具栏

主菜单栏下方左侧是系统工具栏，如图 7-15 所示。

图 7-15　系统工具栏

系统工具栏中各图标及含义如下所示：

新建文件　　打开文件

打开一个样本设计　　保存

打印　　打印预览

剪切　　复制

粘贴　　撤销上一步

不撤销　　全屏

放大　　缩小

调整到选定区域大小　　调整到适合页面大小

7.2.3　Multisim 10 的设计工具栏

主菜单栏下方右侧是设计工具栏，如图 7-16 所示。

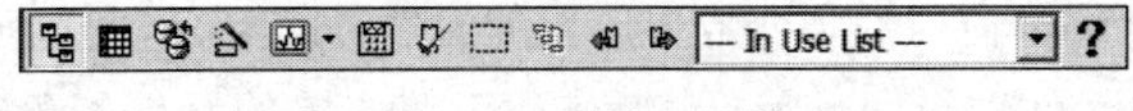

图 7-16　设计工具栏

设计工具栏中各图标及含义如下所示：

	显示或隐藏设计工具栏		开关当前电路的电子数据表
	开启数据库管理对话框		调整或增加、创建新元件
	图形编辑器/分析		后处理
	电气规则检查		捕捉屏幕面积
	转到根目录		打开Ultiboard Log File
	打开Ultiboard 10 PCB	?	帮助按钮
--- In Use List ---	当前所使用的所有元件列表		

7.2.4 Multisim 10 的仿真开关

在主菜单栏下方有两处仿真开关，如图 7-17 所示。

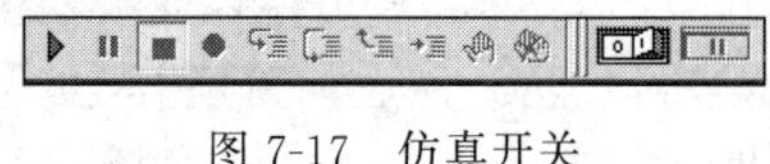

图 7-17 仿真开关

“ ”与“ ”：都是仿真启动按钮。

“ ”与“ ”：都是仿真暂停按钮。

“ ”与“ ”：都是仿真停止按钮。

“ ”：这些按钮的功能，请参考图 7-7 的注释。

7.2.5 Multisim 10 的元器件工具栏

元件工具栏是默认可见的，在系统工具栏的下方，它分门别类地集中了大量的常用仿真元器件。在元器件工具栏中，它们以元件库形式示出，如图 7-18 所示。

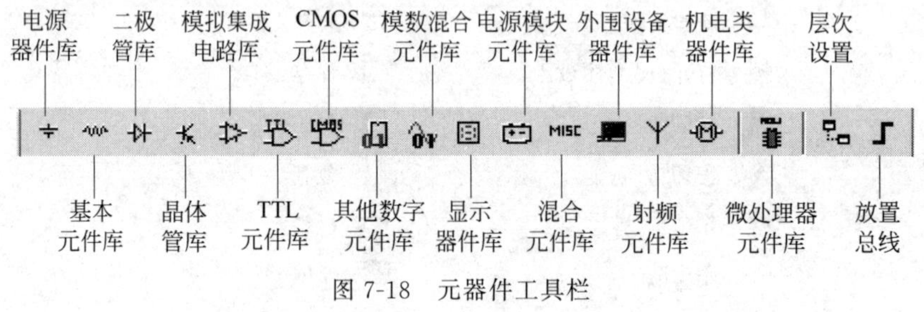

图 7-18 元器件工具栏

单击每个元件组都会显示出一个界面，该界面所展示的信息大体相似。在此，以“(Basic)”基本元件库组为例说明该界面的内容，如图 7-19 所示。

在元件组选择界面中，主数据库(Master Database)是默认的数据库。选择和放置元件时，只需单击 Component 中相应的元件组，然后从对话框中选择一个元件，当确定找到了所要的元件后，单击对话框中的 OK 按钮即可。如果要取消放置元件，则单击 Close 按钮。元件组界面关闭后，光标移到电路编辑窗口后将变成要放置的元件的幻象，这表示元件已准备被放置。

如果要对放置的元件进行角度旋转，当拖动正在放置的元件幻象时，按住以下键可进行

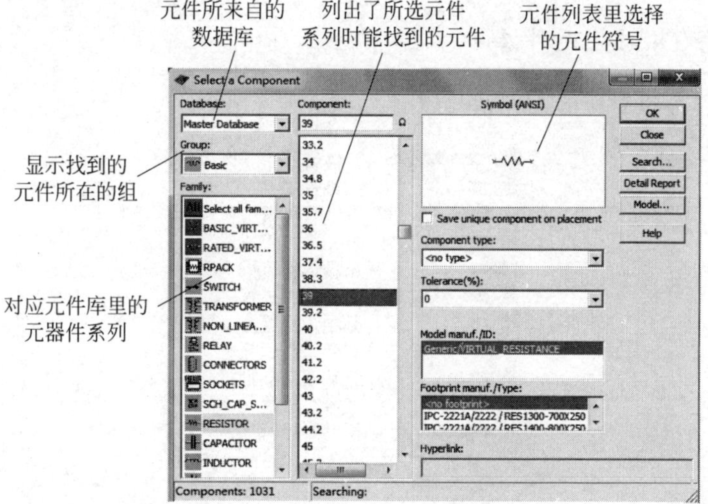

图 7-19　Basic 元件组选择界面

相应操作。

Ctrl＋R：元件顺时针旋转 90°。

Ctrl＋Shift＋R：元件逆时针旋转 90°。

下面对几种常用元件库的对应元件系列进行介绍。

1. 电源(Sources)器件库

电源器件库包括以下几组元件系列：

POWER_SOURCES	电源
SIGNAL_VOLTAGE_SOURCES	信号电压源
SIGNAL_CURRENT_SOURCES	信号电流源
CONTROLLED_VOLTAGE_SOURCES	控制电压源
CONTROLLED_CURRENT_SOURCES	控制电流源
CONTROL_FUNCTION_BLOCKS	控制函数器件

2. 基础(Basic)元件库

基础元件库包括以下几组元件系列：

BASIC_VIRTUAL	基本虚拟元件
RATED_VIRTUAL	定额虚拟元件
RPACK	电阻器组件
SWITCH	开关
TRANSFORMER	变压器
NON_LINEAR_TRANSFORMER	非线性变压器
RELAY	继电器
CONNECTORS	连接器
SOCKETS	插座、管座
SCH_CAP_SYMS	各种元件图标
RESISTOR	电阻器
CAPACITOR	电容器
INDUCTOR	电感器
CAP_ELECTROLIT	电解电容
VARIABLE_CAPACITOR	可变电容
VARIABLE_INDUCTOR	可变电感
POTENTIOMETER	电位器

3. 二极管(Diodes)元件库

二极管元件库里对应的元件系列如下：

DIODES_VIRTUAL	二极管虚拟元件
DIODE	二极管
ZENER	齐纳二极管
LED	发光二极管
FWB	二极管整流桥
SCHOTTKY_DIODE	肖特基二极管
SCR	晶闸管整流器
DIAC	双向二极管开关
TRIAC	三端双向晶闸管开关
VARACTOR	变容二极管
PIN_DIODE	插针二极管

4. 晶体管(Transistors)元件库

晶体管元件库里所对应的元件系列如下：

TRANSISTORS_VIRTUAL	晶体三极管虚拟元件
BJT_NPN	双极结型NPN型晶体管
BJT_PNP	双极结型PNP型晶体管
DARLINGTON_NPN	达林顿NPN管
DARLINGTON_PNP	达林顿PNP管
DARLINGTON_ARRAY	达林顿阵列
BJT_NRES	NRES双极结型晶体管
BJT_PRES	PRES双极结型晶体管
BJT_ARRAY	双极结型晶体管阵列
IGBT	绝缘栅双极型三极管
MOS_3TDN	N沟道耗尽型金属-氧化物-半导体场效应管
MOS_3TEN	N沟道增强型金属-氧化物-半导体场效应管
MOS_3TEP	P沟道增强型金属-氧化物-半导体场效应管
JFET_N	N沟道耗尽型结型场效应管
JFET_P	P沟道耗尽型结型场效应管
POWER_MOS_N	N沟道MOS功率管
POWER_MOS_P	P沟道MOS功率管
POWER_MOS_COMP	COMP MOS功率管
UJT	UJT管
THERMAL_MODELS	温度模型

5. 指示器(Indicators)元件库

VOLTMETER	电压表	LAMP	灯
AMMETER	电流表	VIRTUAL_LAMP	虚拟灯
PROBE	探针	HEX_DISPLAY	十六进制显示器
BUZZER	蜂鸣器	BARGRAPH	条柱显示

7.2.6 Multisim 10 的虚拟仪器工具栏

在实际实验过程中要使用到各种仪器，而这些仪器大部分都比较昂贵，并且存在着损坏的可能性，这些原因都给实验带来了难度。Multisim 10 仿真软件最具特色的功能之一，便是该软件中带有各种用于电路测试任务的仪器，这些仪器能够逼真地与电路原理图放置在同一个操作界面里，对实验进行各种测试。

工具栏中各虚拟仪器的名称如图 7-20 所示。

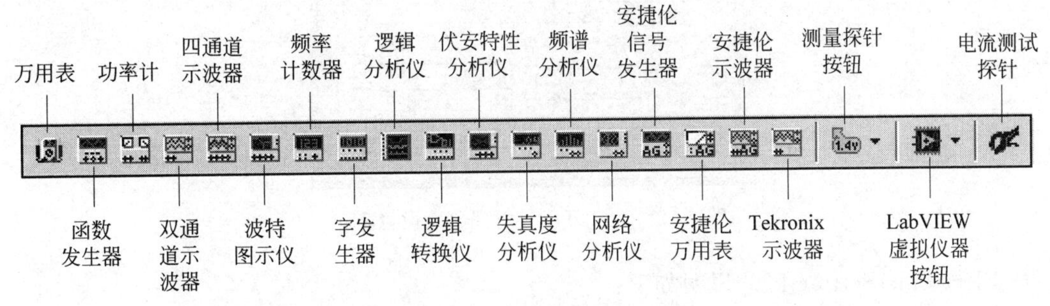

图 7-20　虚拟仪器工具栏

在调用仪器时，可用鼠标单击虚拟仪器工具栏中的图标，将仪器拖放到电路窗口中，然后将仪器图标中的连接端与相应电路的连接点相连即可。设置仪器参数时，用鼠标双击仪器图标，便会打开该仪器的面板，用鼠标单击面板中的按钮可进行操作或弹出对话框进行参数设置。

下面具体地介绍一些常用仪器的调用、设置及操作方法。

1. 数字万用表

数字万用表又称数字多用表，同实验室使用的数字万用表一样，是一种比较常用的仪器。该仪器能够完成交/直流电压、交/直流电流、电阻及电路中两点之间的分贝(dB)的测量。与真实万用表相比，其优势在于能够自动调整量程。

数字万用表在电路编辑窗口中所显示的图标如图 7-21(a)所示，用鼠标双击该图标，会弹出如图 7-21(b)所示的仪器面板。

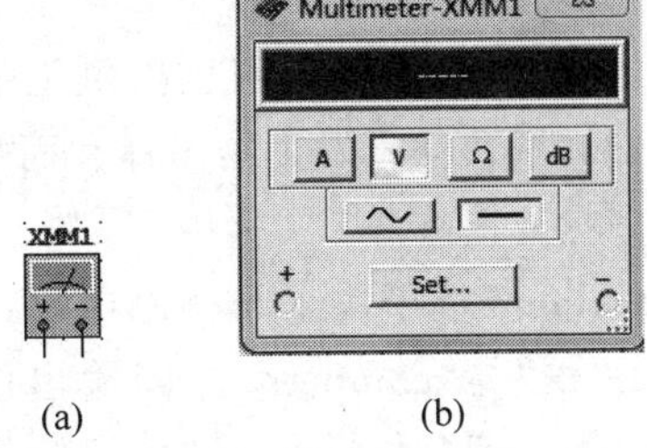

图 7-21　数字万用表

(a) 图标；(b) 仪器面板

图标连线方法：图标中的“＋”“－”两个端子用来与待测电路的端点相连。测电压时，应与待测的端点并联；测电流时，应串联在待测电路中。

仪器面板中各个按钮分别对应的功能为：

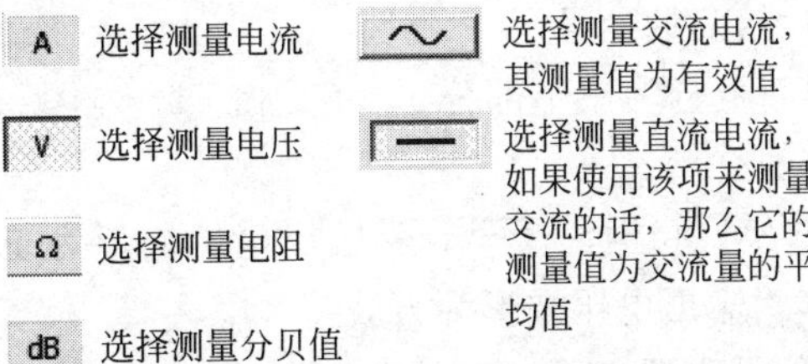

按钮 Set... 用来对数字万用表的内部参数进行设置。单击该按钮将出现如图 7-22 所示的对话框。

Multimeter Settings
Electronic Setting
Ammeter resistance (R) 1 nΩ
Voltmeter resistance (R) 1 GΩ
Ohmmeter current (I) 10 nA
dB Relative Value (V) 774.597 mV
Display Setting
Ammeter Overrange (I) 1 GA
Voltmeter Overrange (V) 1 GV
Ohmmeter Overrange (R) 10 GΩ
Accept Cancel

图 7-22　数字万用表内部参数设置窗口

Electronic Setting 区的说明如下：

Ammeter resistance(R)：设置电流表的内阻，该阻值的大小会影响电流的测量精度。

Voltmeter resistance(R)：设置电压表的内阻，该阻值的大小会影响电压的测量精度。

Ohmmeter current(I)：为欧姆表测量时流过该表的电流值。

dB Relative Value(V)：为数字万用表使用时分贝相对值。

Display Setting 区的说明如下：

Ammeter Overrange(I)：电流测量显示范围。

Voltmeter Overrange(V)：电压测量显示范围。

Ohmmeter Overrange(R)：电阻测量显示范围。

2. 函数信号发生器

函数信号发生器是可以提供正弦波、三角波、方波三种不同波形的电压信号源。图 7-23 中分别为函数信号发生器图标和面板。

图标连接方法：图标中“＋”“－”和中间的端点“common”端子用来与待测电路的输入端口相连：①“＋”与“common”之间输出信号为正极性信号；②“－”与“common”之间输出信号为负极性信号；③“＋”与“－”之间输出信号为正负极性信号；④“＋”“common”与“－”都使用，且把 common 端子接地(与公共地 Ground 符号相连)，则输出两个大小相等、极性相反的信号。

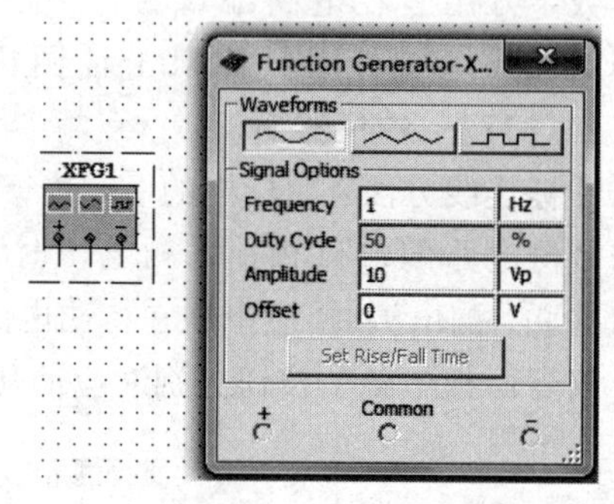

图 7-23　函数信号发生器的图标和面板

函数信号发生器仪器面板分为三个部分。

(1) Waveforms(波形)区

波形区有三种周期信号可供选择：正弦波图标 输出电压波形为正弦波；三角波图标 输出电压波形为三角波；方波图标 输出电压波形为方波。

(2) Signal Options(信号设置)区

信号设置区可对信号的频率、占空比、幅值(电压峰值 U_p)大小以及偏置电压进行设置。

Frequency：频率，其可设置范围为 0.001pHz～1000THz；

Duty Cycle：占空比，其可设置范围为 1%～99%；

Amplitude：幅值，其可设置范围为 0.001pV～1000TV；

Offset：偏置电压，也就是把正弦波、三角波或方波叠加在设置的偏置电压上输出，其可选范围为－999～999kV。

(3) Set Rise/Fall Time（方波信号上升、下降时间）设置按钮

按钮"Set Rise/Fall Time"用来设置方波信号的上升和下降时间，该按钮只在产生方波时有效。单击该按钮后，出现如图 7-24 所示对话框。

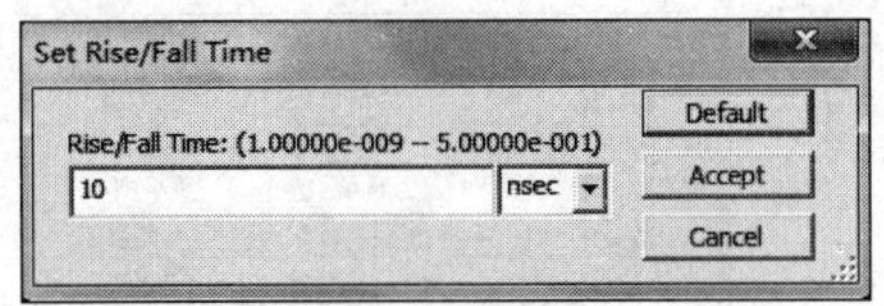

图 7-24　设置信号的上升和下降时间

对话框的时间设置单位下拉列表共有三个单位可选：nSec、μSec、mSec，在左边的格内输入数值后单击 Accept 按钮，便完成了设置；单击 Default 按钮，则恢复默认设置；若取消设置，则单击 Cancel 按钮。

3. 功率表

功率表（瓦特表）的图标和面板如图 7-25 所示。它既可以用于交流电路也可以用于直流电路。

图标连接方法：从图标中可以看出，功率表共有四个端子与待测元件相连接。左边"V"标记的两个端子与待测元件并联；右边"I"标记的两个端子与待测元件串联。

从该仪器面板中可看到，该表除了可以测量功率外，还可以测量功率因数(Power Factor)。

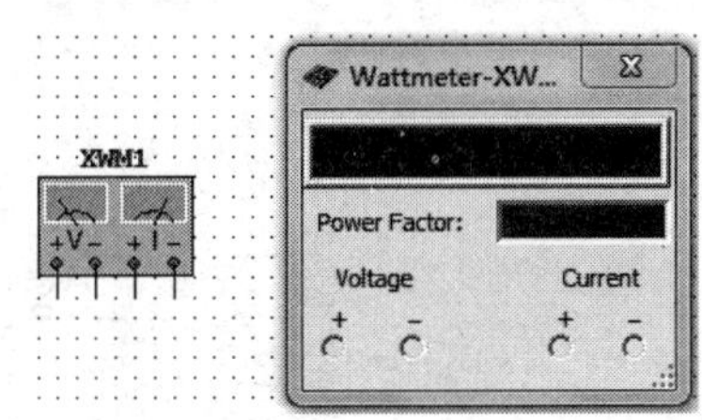

图 7-25　功率表

4. 两通道示波器

示波器是电子实验中使用最为频繁的仪器之一。它可以用来显示电信号的波形、测量幅值、周期等参数。

两通道示波器（双踪示波器）的图标和面板如图 7-26 所示，该仪器的图标上共有 6 个端子，分别为 A 通道的正、负端，B 通道的正、负端和外触发的正、负端（正端即为信号端，负端即为接地端）。

连接时要注意它与实际仪器的不同。

首先，A、B 两个通道只需正端分别用一根导线与被测点相连接，而负端可不接，即可显示被测点与地之间的电压波形。

其次，若需测量两点间的信号波形，则只需将 A 或 B 通道的正、负端与该两点相连即可。

两通道示波器的面板分为五个部分。

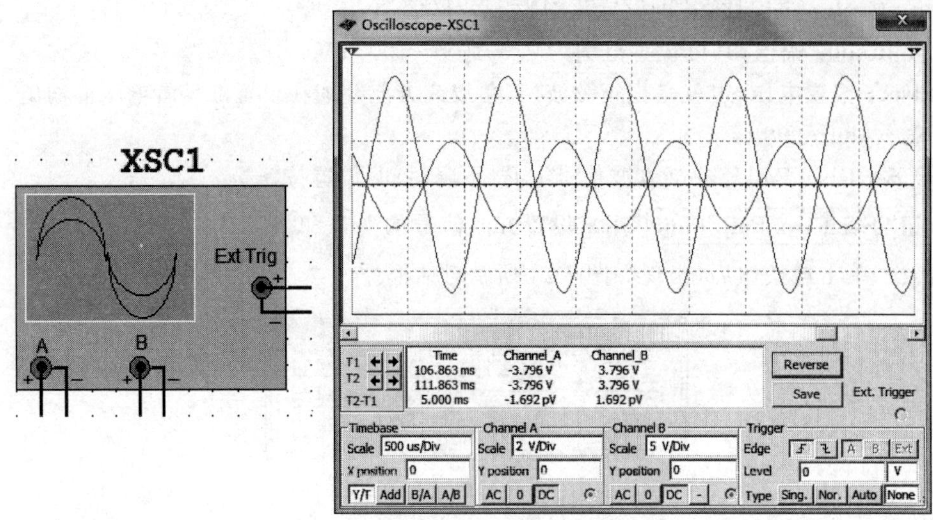

图 7-26　两通道示波器图标和面板

(1) 波形显示及结果显示区,如图 7-27 所示

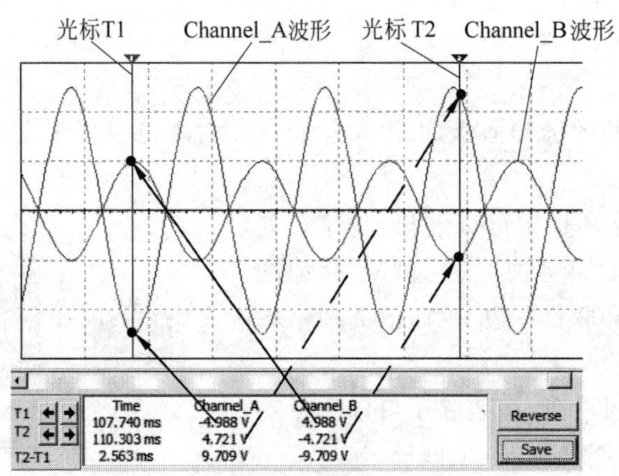

图 7-27　双踪波形显示及结果显示区域

Time 项的数值从上到下分别为：光标 1 处的时间,光标 2 处的时间,两光标之间的时间差值。

Channel_A 项的数值从上到下分别为：A 通道光标 1 处的电压值,光标 2 处的电压值,两光标间的电压差值。

Channel_B 项的数值从上到下分别为：B 通道光标 1 处的电压值,光标 2 处的电压值,两光标间的电压值。

Reverse 按钮：改变显示区的背景颜色(白和黑之间转换)。

Save 按钮：以 ASCII 文件形式保存扫描数据。

(2) Timebase 区

Scale：设置 X 轴方向每一格代表的时间(即扫描时基因数)。单击该栏后,出现上下翻转的列表,可根据实际需要选择适当的数值。

X position：设置信号波形在 X 轴方向的起始位置。

Y/T：Y 轴方向显示 A、B 通道的信号，X 轴方向是时间，即要显示随时间变化的信号波形时采用该方式。

B/A：将 A 通道信号作为 X 轴扫描信号，将 B 通道信号施加在 Y 轴上。

A/B：将 B 通道信号作为 X 轴扫描信号，将 A 通道信号施加在 Y 轴上。

Add：X 轴是时间，而 Y 轴方向显示 A、B 通道的输入信号之和。

(3) Channel A 区

Scale：设置 A 通道 Y 轴方向每格所代表的电压数值(即电压灵敏度)。单击该栏后，将出现上下翻转列表，根据需要选择适当值即可。

Y position：设置信号波形在显示区中的上下位置。当值大于零时，时间基线在屏幕中线的上方，否则在屏幕中线的下方。

AC：交流耦合方式，仅显示信号中的交流分量。

0：接地。

DC：直流耦合方式，将信号的交、直流分量全部显示。

(4) Channel B 区

各参数的意义、功能与 Channel A 区的作用相同。

(5) Trigger 区

：将触发信号的上升沿或下降沿作为触发边沿。

A B：用 A 通道或 B 通道的输入信号作为触发信号。

Ext：用示波器图标上外触发信号端子连接的信号作为触发信号。

Level：设置选择触发电平的大小(单位可选)，其值设置范围为－999～999kV。

Sing.：单次扫描方式。

Nor.：触发扫描方式。

Auto：自动扫描方式。

Ext. Trigger：外触发。

5. 波特图示仪

波特图示仪类似实验室的频率特性测试仪，可用来测量和显示电路或系统的幅频特性 $A(f)$ 与相频特性 $\varphi(f)$，其图标如图 7-28 所示。

从图中可以看到，它有四个端子，两个输入(IN)端子和两个输出(OUT)端子。在应用时，输入(IN)的＋、－分别与电路输入端的正、负端子相连接；输出(OUT)的＋、－分别与电路输出端的正、负端子相连接。

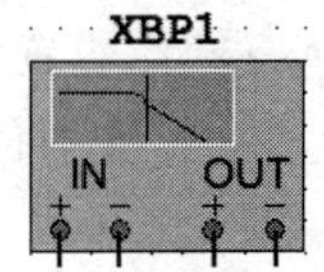

图 7-28　波特图示仪图标

波特图示仪操作面板如图 7-29 所示，可分为五个部分：

(1) 显示区

显示区包括波特图示仪的屏幕以及屏幕下方的数据显示区。

← 与 →：在仿真时用来调整光标的位置，单击按钮可进行左右调整。

(2) Mode 区

设置显示屏幕中的显示曲线的内容：Magnitude 设置选择显示幅频特性曲线；Phase

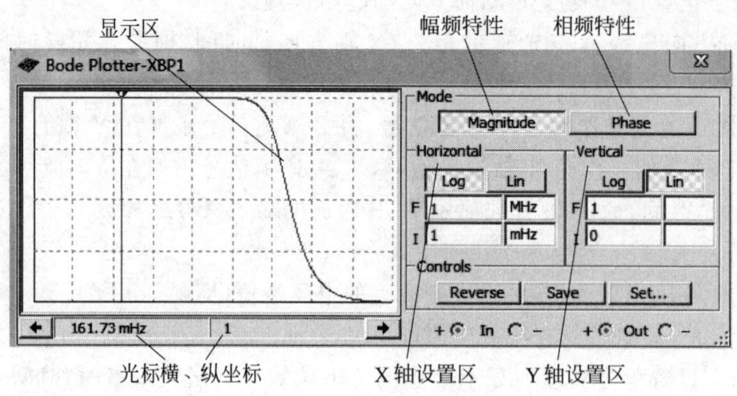

图 7-29 波特图示仪操作面板

设置选择显示相频特性曲线。

(3) Horizontal 区

设置波特图示仪显示的 X 轴显示类型和频率范围。

Log：表示坐标是对数；

Lin：表示坐标是线性；

F：表示坐标最终值(Final)；

I：表示坐标初始值(Initial)。

若测量信号的频率范围较宽时，用 Log(对数)坐标更合适。

(4) Vertical 区

设置 Y 轴的标尺刻度类型。

Log：测量幅频特性时，单击 Log 按钮后，Y 轴坐标表示 $20\lg A(f)$，其中，$A(f)=\frac{U_o}{U_i}$，单位为 dB(分贝)。

Lin：单击该按钮后，Y 轴的刻度为线性刻度。在测量幅频特性时，Y 轴代表 $A(f)=\frac{U_o}{U_i}$，没有单位；在测量相频特性时，Y 轴坐标表示相位差，单位为(°)。通常都采用线性刻度。

(5) Controls 区

Reverse：设置背景颜色，在黑与白之间切换。

Save：将测量结果以 BOD 格式存储。

Set...：设置扫描分辨率，单击该按钮，将出现如图 7-30 所示的对话框。

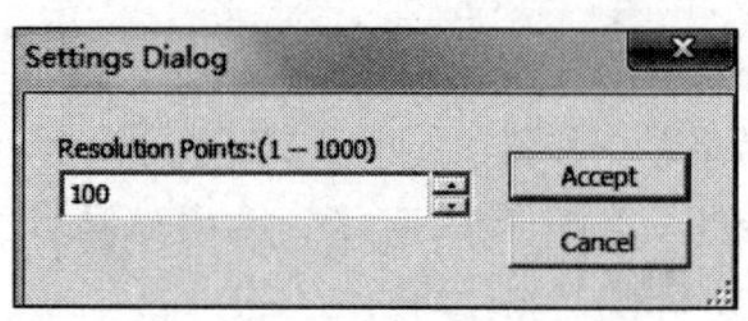

图 7-30 设置扫描分辨率

7.3 Multisim 10 在电路分析中的应用

Multisim 10 几乎可以仿真实验室内所有的电路实验，但有时需要注意，Multisim 10 中所进行的电路实验通常是在不考虑元件的额定值和实验危险性等情况下进行的，所以在确定某些电路参数(如电阻、灯泡等的额定电压值)时应该很好地考虑实际情况。同时,它也带来一些好处,如三相电路实验可以先在 Multisim 10 中进行仿真实验,然后再实际操作。

7.3.1　直流电路定理的仿真分析

1. 实验目的

(1) 熟悉 Multisim 10 软件,学会使用直流电压表、直流电流表和功率表测量电路参数。

(2) 通过仿真,进一步加深对基尔霍夫定律、叠加定理和戴维南定理的理解。

2. 电路原理图编辑

实验电路图如图 7-31 所示,若想利用 Multisim 10 软件中各种探测仪表以及分析方法对电路进行测量和分析,那么,首先要编辑其电路原理图,包括创建电路文件、元器件基本操作、电路连接操作及文件保存等步骤。

1) 创建电路文件

运行 Multisim 10 之后,就会自动打开名为“Circuit 1”的电路图,在这个电路图的电路窗口中,没有任何元器件及连线,电路图可以根据自己的需要创建,如图 7-32 所示。

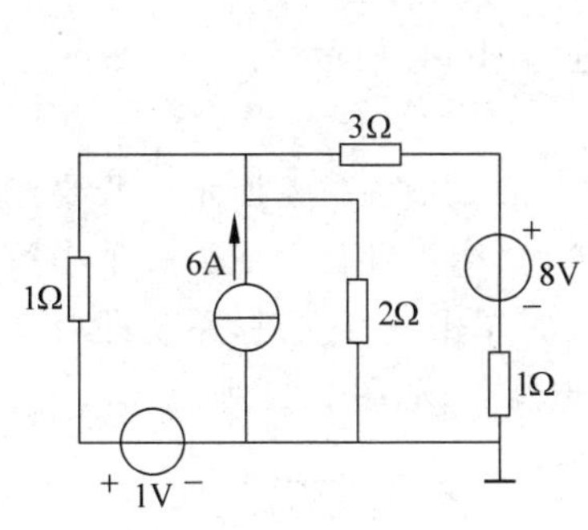

图 7-31　实验电路

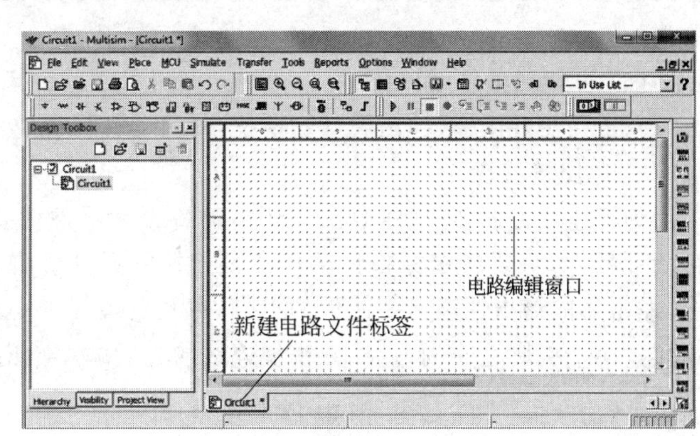

图 7-32　创建电路图文件

2) 元器件基本操作

元器件基本操作包括元器件的放置、选中、移动、翻转与转向、删除、复制与粘贴、标识与参数设置等。

(1) 放置元器件

放置电压源:执行“Sources”库→“POWER_SOURCES”系列→“DC_POWER”命令,即可放置直流电压源。

放置电流源:执行“Sources”库→“SIGNAL_CURRENT_SOURCES”系列→“DC_CURRENT”命令,即可放置直流电流源。

放置接地点:执行“Sources”库→“POWER_SOURCES”系列→“GROUND”命令,即可放置接地点。

放置电阻元件:在“Basic”库→“RESISTOR”系列→“?Ω”挑选所需阻值的电阻。

（2）选中元器件

选中方法有：①用鼠标左键单击元器件图标；②按住鼠标左键画出矩形框；③将鼠标指向元器件，单击鼠标右键。凡选中的元器件，周围将出现蓝色虚线框，如图 7-33 所示，此时才能对元器件进行旋转、删除以及参数设置等操作。

（3）移动元器件

当元器件被选中以后，按住鼠标左键拖动，即可移动元器件。

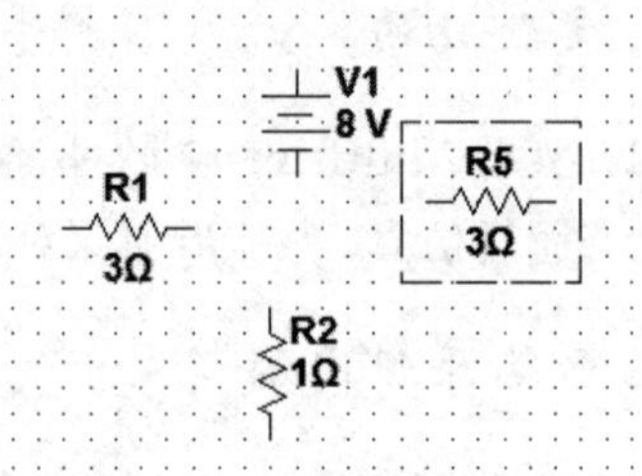

图 7-33　电阻 R_5 被选中

（4）删除元器件

选中元器件之后，将其删除的方法有：①单击系统工具栏剪切按钮，或按住“Ctrl＋X”组合键，或按一下键盘上的“Delete”键；②右击元器件，在弹出的对话框中选择“Cut”或“Delete”项。

（5）复制/粘贴元器件

用鼠标左键选中要复制的元器件之后，直接按快捷键“Ctrl＋C”即复制了该元器件，然后按快捷键“Ctrl＋V”即粘贴操作，鼠标上会挂有该元件的幻象。这时用鼠标左键单击要放置的位置，即放置新的复制了的元件，并且自动生成新的元件序列号；若单击鼠标右键，则取消放置。

（6）设置元器件的参数

双击元器件图标，弹出属性对话框，对元器件标识及数值（Value）进行设置。

3）电路连接操作

为了连线方便，首先将电路中所需的各个元器件按要求放置，如图 7-34 所示。若要连接两元器件，只要将鼠标指针移向所要连接的元件引脚一端，鼠标指针自动变为一个小黑点，左击并拖动指针至另一元件的引脚，在此出现一个小红点时单击鼠标左键，系统即自动连接这两个引脚之间的连线，并根据连线的先后顺序给出节点编号，如图 7-35 所示。

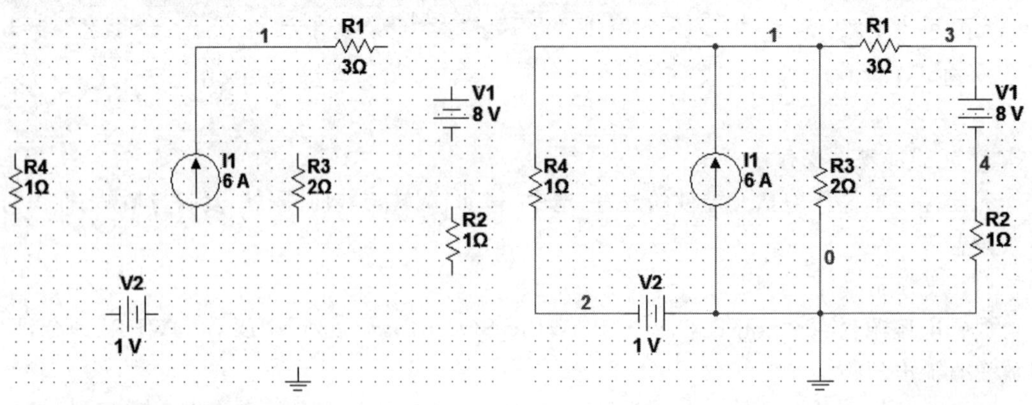

图 7-34　两个元器件的连接　　图 7-35　元器件与某一线路的连接

若是要将元器件与某一线路连接，则从元器件引脚开始，鼠标指针指向该引脚并单击，然后拖向所要连接的线路上再单击鼠标左键，系统不但自动连接这两个点，同时在所连接线路的连接处自动放置一个连接点，如图 7-35 所示。

若要删除连错的导线，可用鼠标右击该连线，在出现的下拉菜单中选择“Delete”，如图 7-36 所示，即可将其删除；或用鼠标左键单击该连错的线，导线上将产生一些蓝色小方块，按下键盘上的“Delete”键也可将其删除。

4）电路文件保存

在对电路图编辑处理之后，便要将其命名、保存。对编辑的文件，系统自动命名为 Circuit 1，保存类型自动默认为 Multisim 10 Files(＊.ms10)，并保存在默认路径下。用户如果需要修改，其方法与 Windows 操作相同。

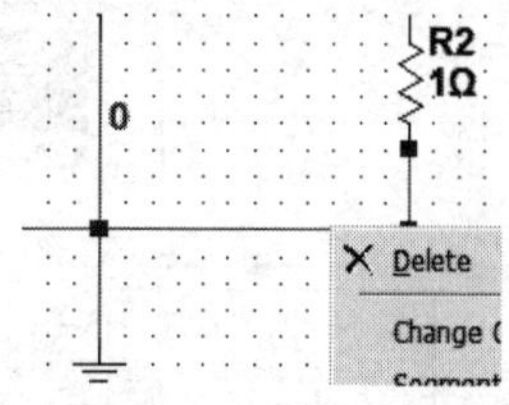

图 7-36　删除错误的导线

3. 电路仿真分析

1）验证基尔霍夫定律

用鼠标单击元器件工具栏中的“Indicator”（显示）器件库，在弹出的对话框中的“Family”栏下选取“AMMETER”（电流表），再在“Component”栏下选取“AMMETER_H”横向电流表或“AMMETER_V”纵向电流表放置在电路窗口中。用相同的方法调出电压表（VOLTMETER），如图 7-38 所示。放置测量仪表的时候要特别注意电压表和电流表的正、负极性，务必保证与图 7-37 中的参考方向一致。

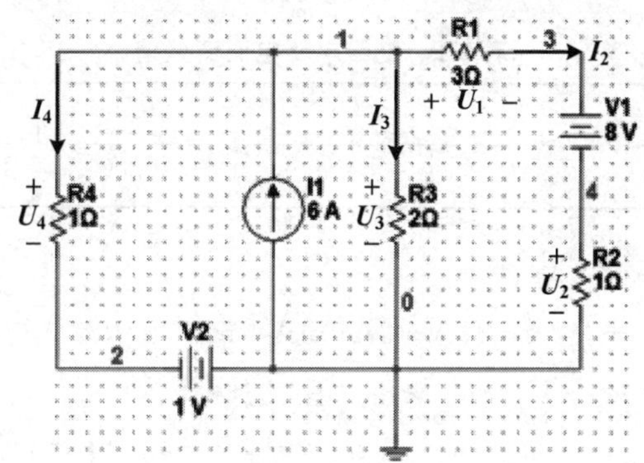

图 7-37　实验电路的仿真电路图

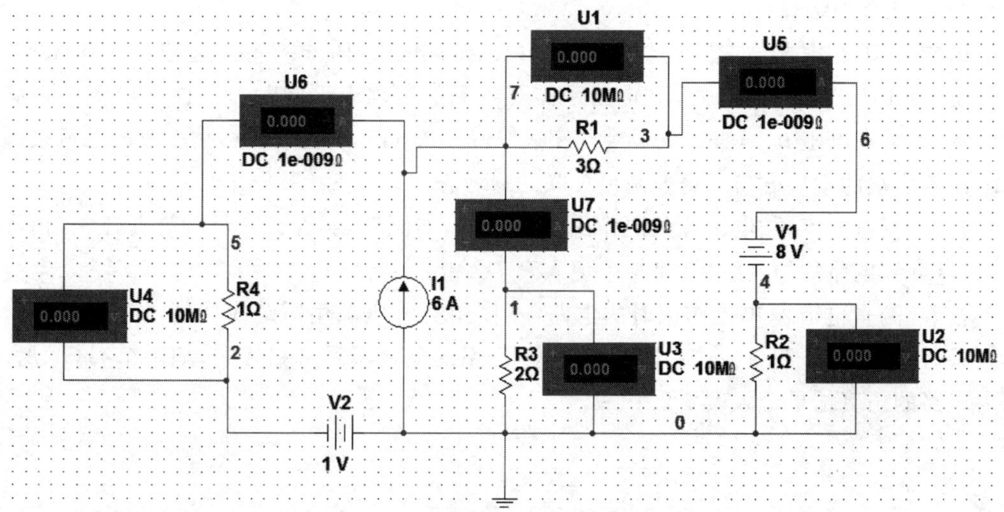

图 7-38　实验电路的测量电路图

开启仿真开关,稍等片刻,可以看到电路的仿真结果,如图 7-39 所示。

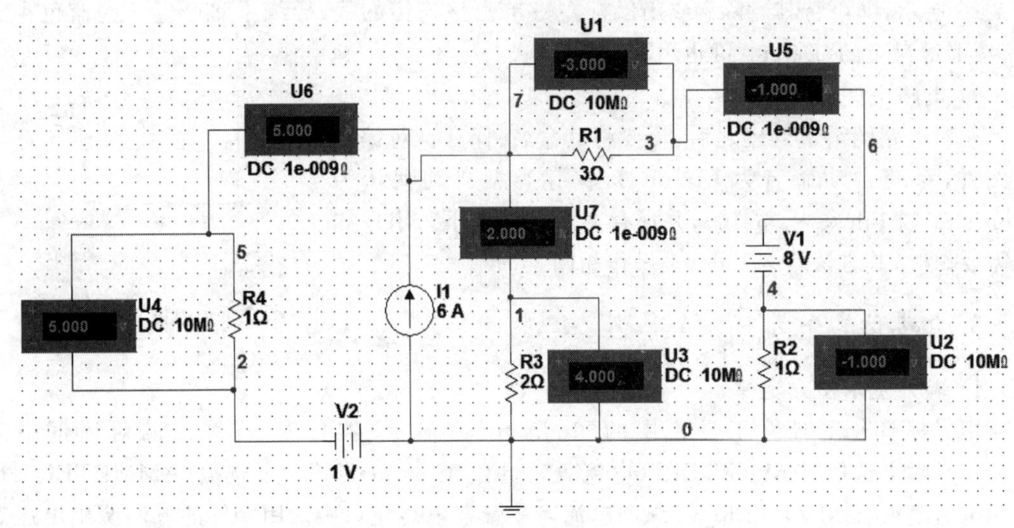

图 7-39 仿真结果

将仿真结果填入表 7-1 中,根据测量结果验证基尔霍夫定律的正确性。

表 7-1 电路电压电流测量值

U_{R_1}	U_{R_2}	U_{R_3}	U_{R_4}	I_{R_2}	I_{R_3}	I_{R_4}
−3V	−1V	4V	5V	−1A	2A	5A

对于电路图 7-37 中的节点 1:

流出电流 $I_{R_2}+I_{R_3}+I_{R_4}=-1\text{A}+2\text{A}+5\text{A}=6\text{A}=I_1$,流入电流,满足 KCL 定律

对于电路图 7-37 中 $R_1\to V_1\to R_2\to R_3$ 组成的网孔:

$$U_{R_1}+V_1+U_{R_2}-U_{R_3}=-3\text{V}+8\text{V}-1\text{V}-4\text{V}=0\text{,满足 KVL 定律}$$

基于同样的方法可对电路中其他节点和回路进行验证。

2) 验证叠加定理

用鼠标单击虚拟仪器工具栏中的"Measurement Probe" ,选取"Instantaneous Voltage and Current"器件放置在电路中需要观测的支路上。同时为了检验功率是否满足叠加定理,可在电阻 R_1 与 R_4 上放置功率表"Wattmeter"。特别注意,功率表的电流接线端与电压接线端的连接方向一定要满足关联的参考方向。

首先,测量电流源、电压源共同作用时的电路,如图 7-40 所示。开启仿真开关,稍等片刻,可以看到电路的仿真结果,将结果记入表 7-2 中。

接着,测量电流源单独作用时的电路,不作用的电压源用短路线代替,如图 7-41(a)所示。最后,测量电压源单独作用时的电路,不作用的电流源用开路代替,如图 7-41(b)所示。将各电路的仿真结果记入表 7-2 中。

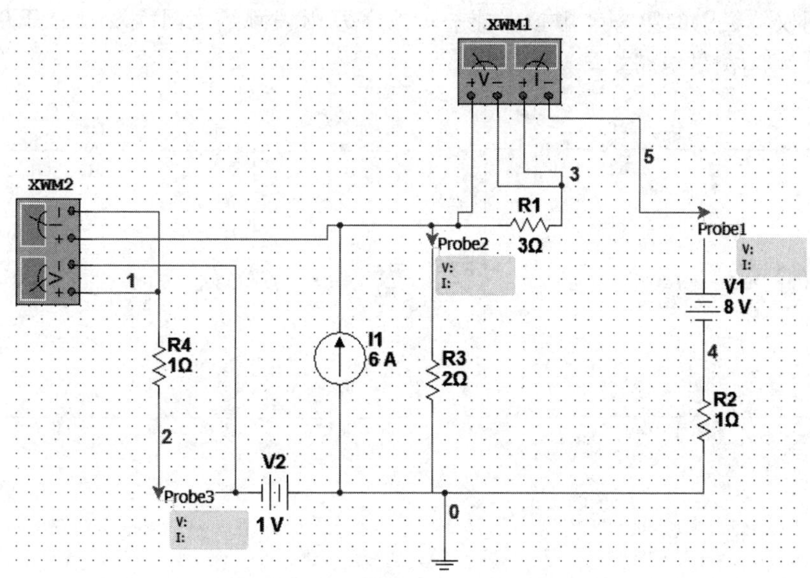

图 7-40　电流源、电压源共同作用时的测量电路

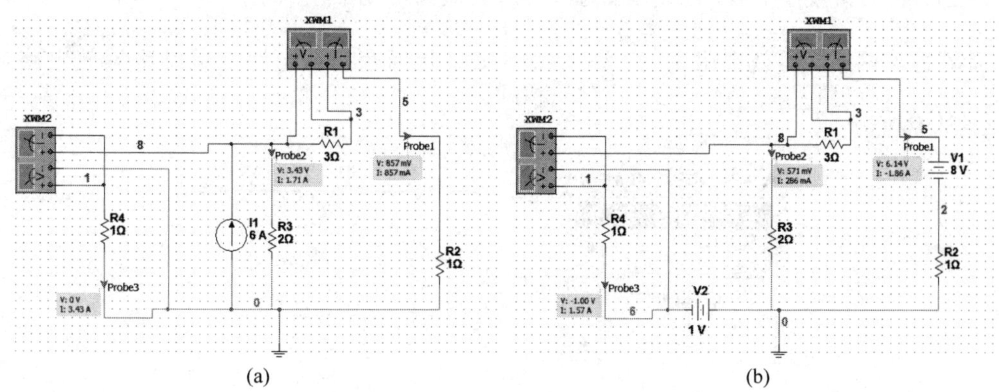

(a)　(b)

图 7-41　叠加定理验证的测量电路

(a) 电流源单独作用的测量电路；(b) 电压源单独作用的测量电路

表 7-2　叠加定理验证的测量数据

测量条件	Probe1		Probe2		Probe3		P_{R_1}/W	P_{R_4}/W
	I/A	U/V	I/A	U/V	I/A	U/V		
同时作用	−1	7	2	4	5	−1	3	25
电流源单独作用	0.86	0.86	1.71	3.43	3.43	0	2.204	11.755
电压源单独作用	−1.86	6.14	0.29	0.57	1.57	−1	10.347	2.469

从表 7-2 的测量数据中可以看出，其中支路电压、电流满足叠加定理但是功率并不满足。

3）验证戴维南定理

在实验电路图 7-42 中，从电阻 R_2 端口看进去的有源线性一端口网络的戴维南等效电路可以利用仪器栏中的第一个虚拟仪器——数字万用表测量该网络端口的开路电压 U_{OC} 和短路电流 I_{SC}，测量电路如图 7-43 所示。

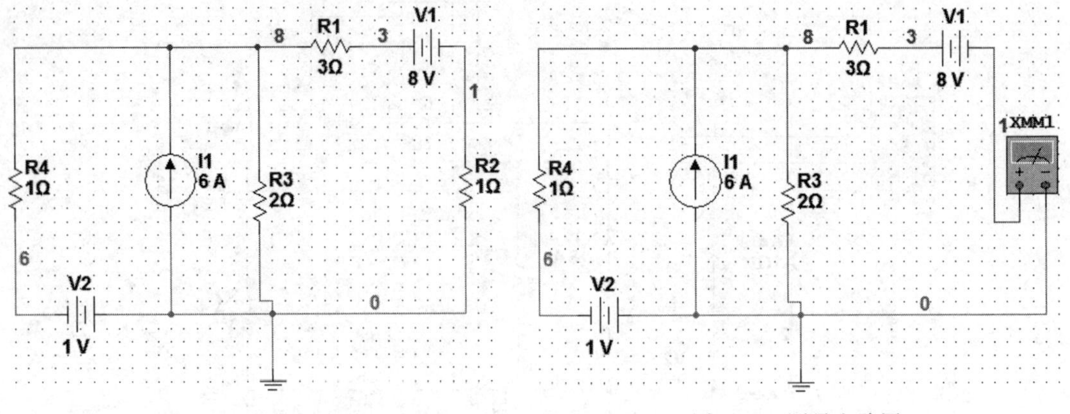

图 7-42 实验电路图　　　　图 7-43 测量电路图

双击万用表图标出现其控制面板，当“V”按钮被按下时，测量对象为该端口的开路电压 U_{OC}；当“A”按钮被按下时，测量对象为该端口的短路电流 I_{SC}。测量结果可从图 7-44(a)看出，计算得该网络的等效电阻 $R_i=\dfrac{U_{CC}}{I_{SC}}=3.67\Omega$。从而获得原电路的戴维南等效电路，如图 7-44(b)所示。

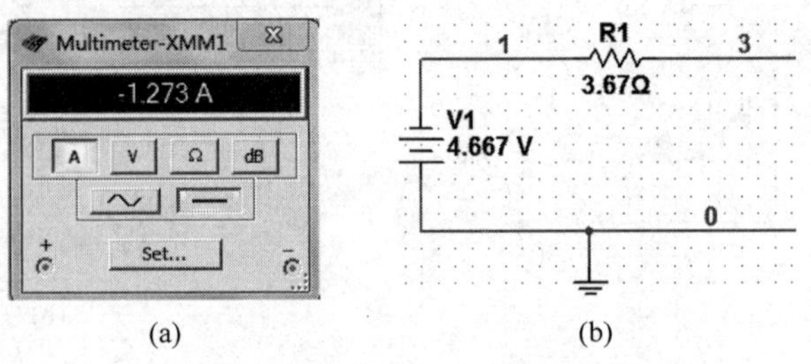

(a)　　(b)

图 7-44 戴维南等效电路测量结果

(a) 原电路测量结果；(b) 原电路的戴维南等效电路

接着，要验证两电路端口的伏安特性的等效性。可以利用 Multisim 10 软件中的参数扫描分析(Parameter Sweep Analysis)来分析原电路与等效电路端口的伏安特性，即改变电阻 R_2 的阻值，测量该端口的电压及电流值。利用鼠标单击 Multisim 10 软件主菜单栏中的“Simulate”，选择“Analysis”中的 Parameter Sweep Analysis，弹出如图 7-45 所示的对话框。

本例在分析参数的设置上，选择电阻 R_2 为扫描元件，设置 R_2 扫描的起始点为 0Ω、终止点为 5Ω、扫描点数为 10、扫描方式为线性扫描。选择扫描分析类型为直流工作点分析(DC Operating Point)。同时，在“Output”选项卡中选定 1 号节点电压作为需要分析的变量，如图 7-46 所示。

单击“Simulate”按钮后，得到分析结果如图 7-47 所示。可以清晰地看到端口电压随负载电阻阻值变化而产生的改变。

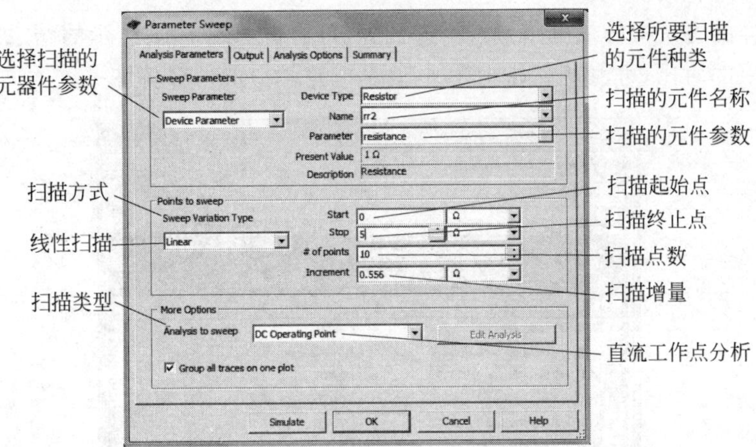

图 7-45　参数扫描分析对话框

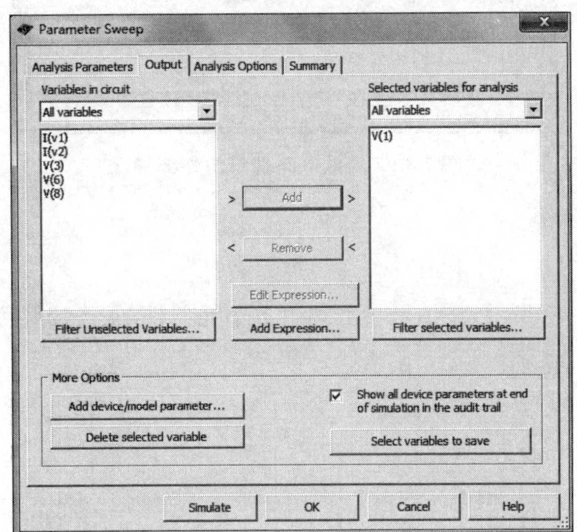

图 7-46　直流工作点输出设置

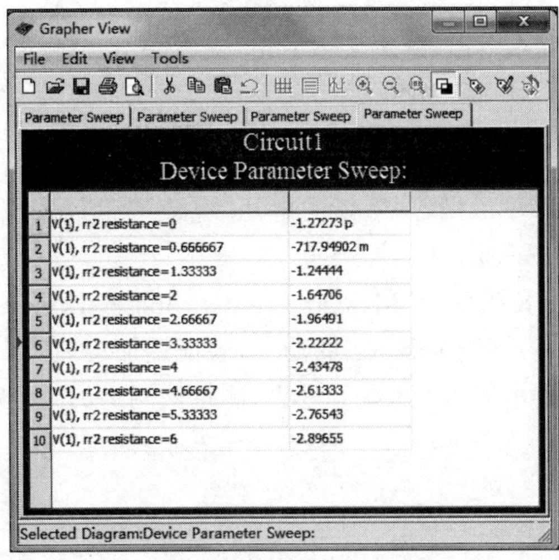

1	V(1), rr2 resistance=0	-1.27273 p
2	V(1), rr2 resistance=0.666667	-717.94902 m
3	V(1), rr2 resistance=1.33333	-1.24444
4	V(1), rr2 resistance=2	-1.64706
5	V(1), rr2 resistance=2.66667	-1.96491
6	V(1), rr2 resistance=3.33333	-2.22222
7	V(1), rr2 resistance=4	-2.43478
8	V(1), rr2 resistance=4.66667	-2.61333
9	V(1), rr2 resistance=5.33333	-2.76543
10	V(1), rr2 resistance=6	-2.89655

图 7-47　原电路端口的外部特性

采用同样的方法对等效电路节点 3 进行分析，可得如图 7-48 所示的结果。通过对两个电路分析结果的对比，可清晰直观地看到，两个电路端口的外部特性一致。

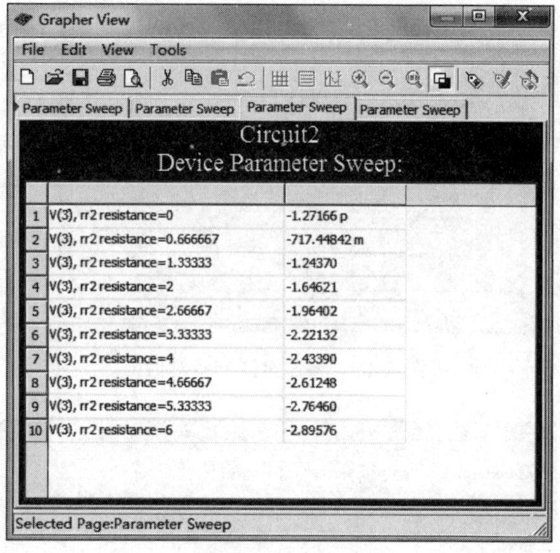
Grapher View

File Edit View Tools

Parameter Sweep | Parameter Sweep | Parameter Sweep | Parameter Sweep

Circuit2
Device Parameter Sweep:

1	V(3), rr2 resistance=0	-1.27166 p
2	V(3), rr2 resistance=0.666667	-717.44842 m
3	V(3), rr2 resistance=1.33333	-1.24370
4	V(3), rr2 resistance=2	-1.64621
5	V(3), rr2 resistance=2.66667	-1.96402
6	V(3), rr2 resistance=3.33333	-2.22132
7	V(3), rr2 resistance=4	-2.43390
8	V(3), rr2 resistance=4.66667	-2.61248
9	V(3), rr2 resistance=5.33333	-2.76460
10	V(3), rr2 resistance=6	-2.89576

Selected Page:Parameter Sweep

图 7-48　等效电路端口的外部特性

4. 实验内容

实验电路如图 7-49 所示，按图示参数调出各个元器件，并连接好仿真电路。

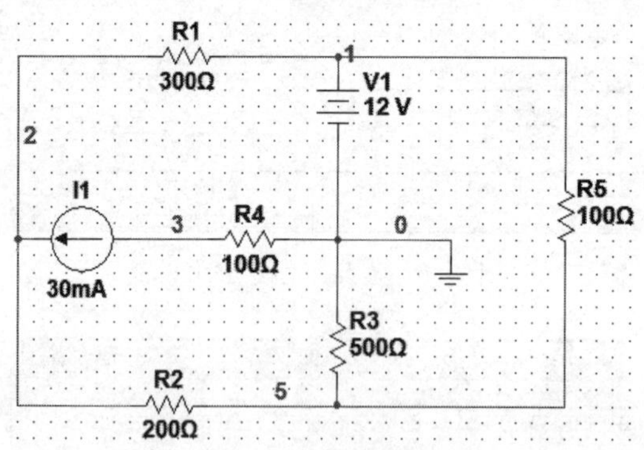

图 7-49　实验电路

(1) 使用“Indicator”(显示)器件库里的电压、电流测量仪表探测电路中各电阻端电压及各支路电流，验证基尔霍夫定律。

(2) 使用虚拟仪器工具栏中的“Measurement Probe”探测各支路、节点的电流和电压，并使用功率表(Wattmeter)探测电阻 R_5 的功率，验证叠加定理。

(3) 从图 7-49 电路的电阻 R_5 两端看进去，测量该网络的戴维南等效电路，并验证其等效性。

7.3.2 受控源特性的仿真分析

1. 实验目的

(1) 进一步掌握 Multisim 10 仿真软件的使用,学会使用虚拟函数信号发生器、示波器。

(2) 通过仿真进一步加深对受控源特性的理解。

2. 仿真内容与步骤

1) 测试电流控制电流源(CCCS)的特性

新建一电路窗口,用鼠标单击电子仿真软件 Multisim 10 基本界面元器件工具栏中的"Source"(电源)器件库,在弹出的对话框中的"Family"栏下选取"CONTROLLED_CURRENT_SOURCES"(受控电流源),再在"Component"栏下选取"CURRENT_CONTROLLED_CURRENT_SOURCES"(电流控制电流源),最后单击对话框右上角的"OK"按钮,将电流控制电流源 I_1 调出放置在电路窗口中。双击电流控制电流源的图标,弹出其属性对话框,在"Value"项中对"Current Gain(F)"(电流增益)项进行相应设置,将电流增益改为 1.5(即 $\beta=1.5$),然后单击"OK"按钮。

调出其他元器件:直流电流源 I_2 取 2mA,电阻 1kΩ,两只电流表以及一只电压表。对元器件位置、方向进行适当调整后,连接仿真电路,如图 7-50 所示。

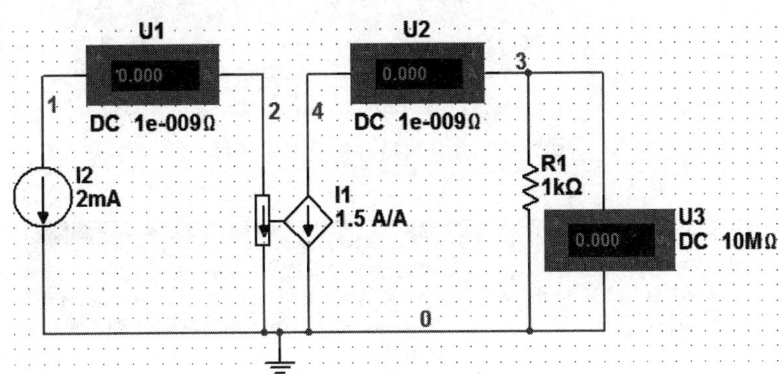

图 7-50 电流控制电流源仿真电路

开启仿真开关,稍等片刻,这时可以看到电路的仿真结果:电阻 R_1 两端的电压为 3V,如图 7-51 所示,可得 $\beta=\dfrac{-3\text{mA}}{-2\text{mA}}=1.5$。若仅仅改变电阻值为 500Ω,电流增益 β 是否发生改变?自行仿真,观察结果,总结电流控制电流源的工作特点。

如果想分析直流电流源 I_2 的变化对电路中电阻 R_1 端电压的影响,可以利用直流扫描(DC Sweep)分析,能分析指定节点的直流工作状态随电路中的直流电源变换的情况。用鼠标单击主菜单栏"Simulate"→"Analysis"→"DC Sweep",调出如图 7-52 所示的设置对话框。选择直流电流源 ii2,扫描的开始数值 −4mA、结束数值 4mA、扫描电流增量 1mA。同时,在"Output"选项卡中选定 3 号节点电压 V(3)为需要分析的对象。单击"Simulate"按钮后,得到分析结果如图 7-53 所示。由此可清晰直观地看到,电流控制电流源输出电压随直流电流源变化的情况。

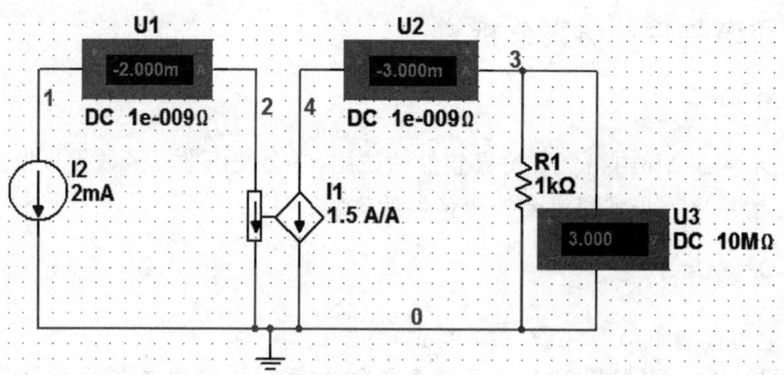

图 7-51 仿真结果

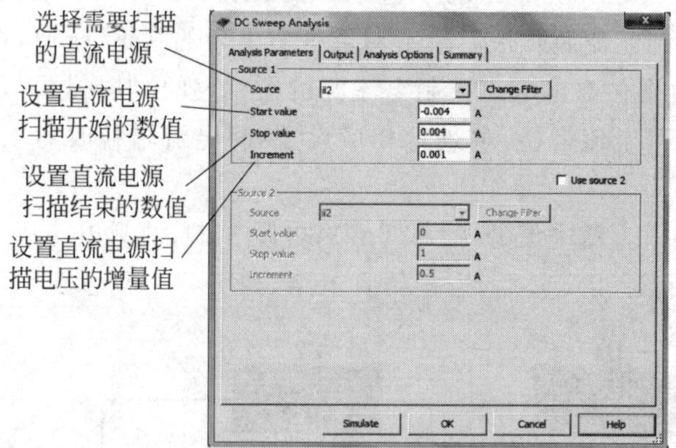

图 7-52 直流扫描分析设置对话框

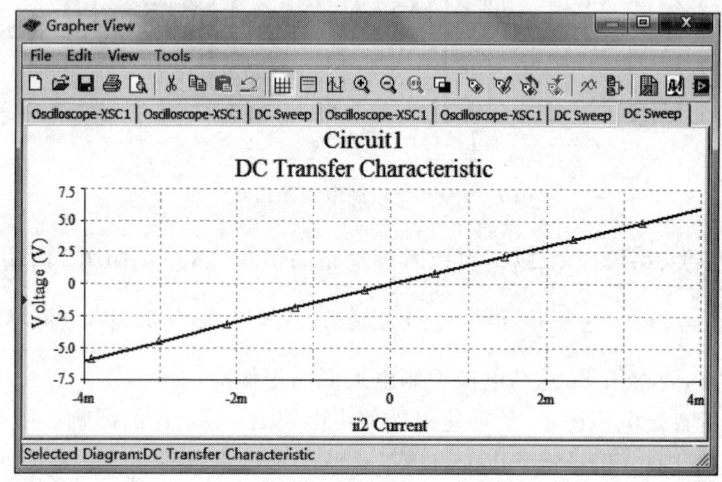

图 7-53 直流扫描分析结果

2）测试电压控制电压源(VCVS)的特性

新建一电路窗口，用鼠标单击电子仿真软件 Multisim 10 基本界面元器件工具栏中的“Source”(电源)器件库，在弹出的对话框中的“Family”栏下选取“CONTROLLED_VOLTAGE_SOURCES”

(受控电压源),再在“Component”栏下选取“VOLTAGE_CONTROLLED_VOLTAGE_SOURCES”(电流控制电流源),最后单击对话框右上角“OK”按钮,将电压控制电压源 V_1 调出放置在电路窗口中。双击电流控制电流源的图标,弹出其属性对话框,在“Value”项中对“Current Gain(F)”(即电流增益)项进行相应设置,将电压增益改为 3(即 $\mu=3$),然后单击“OK”按钮。

用鼠标单击电路窗口中虚拟仪器工具栏,调出函数信号发生器,将其放置在电路窗口中。双击其图标,在弹出的面板中,先选择“正弦波”信号,然后将其频率栏设置成“1kHz”,幅值栏设置成“5V_P”,如图 7-54 所示。都设置好后关闭函数信号发生器面板。接着在仪器工具栏中调出两通道示波器,将其放置在电路窗口中。电路连接图如图 7-55 所示。

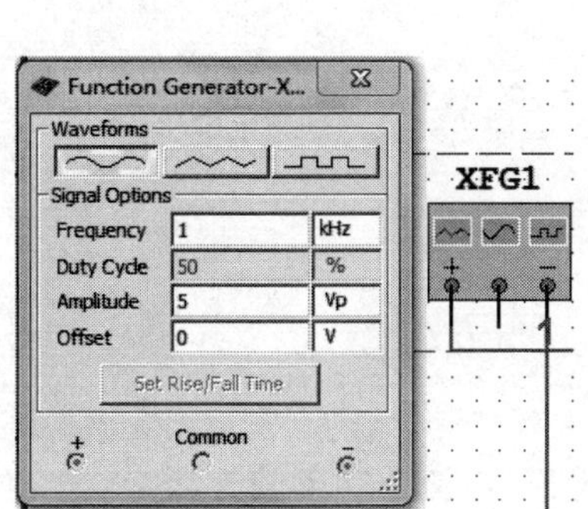

图 7-54　信号发生器面板

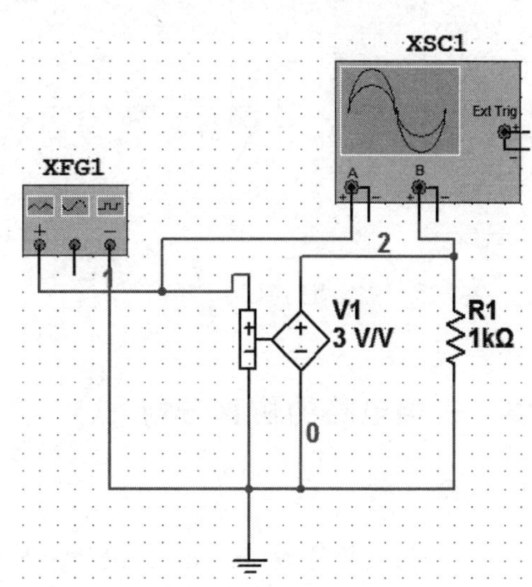

图 7-55　观察 VCVS 控制特性仿真电路

开启仿真开关,双击示波器图标“XSC1”,将弹出示波器面板,如图 7-56 所示。把示波器的两通道电压灵敏度都改为:5V/div,然后选择 B/A 方式。这时看到的图形即是 VCVS 的控制特性曲线图。

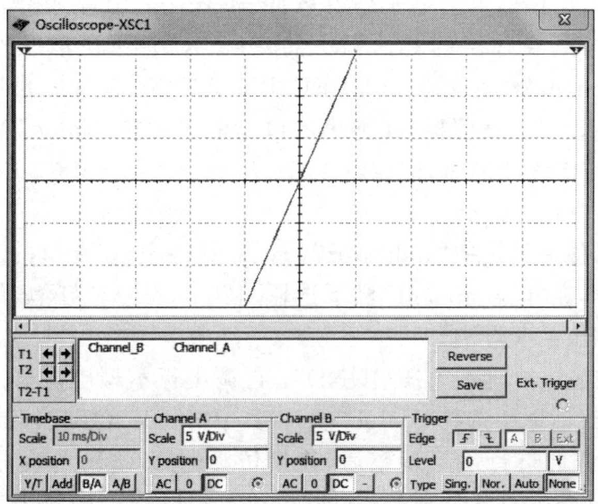

图 7-56　示波器面板

3）测试图 7-57 所示电路的各节点电压及 VCVS 上的电流

按图示参数调出各个元器件，并连接好仿真电路，放置好测量探针，如图 7-58 所示。

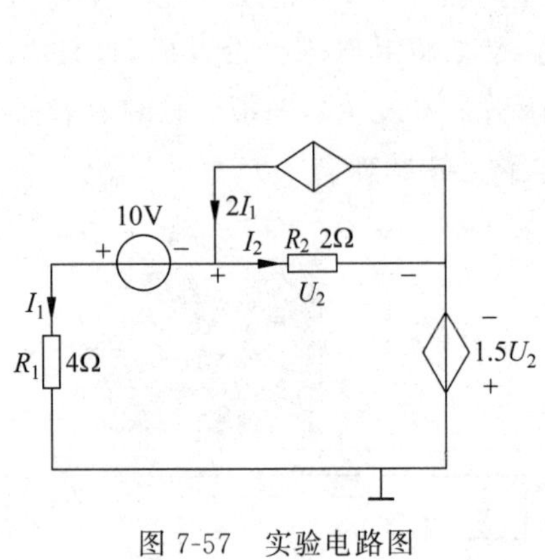

图 7-57　实验电路图

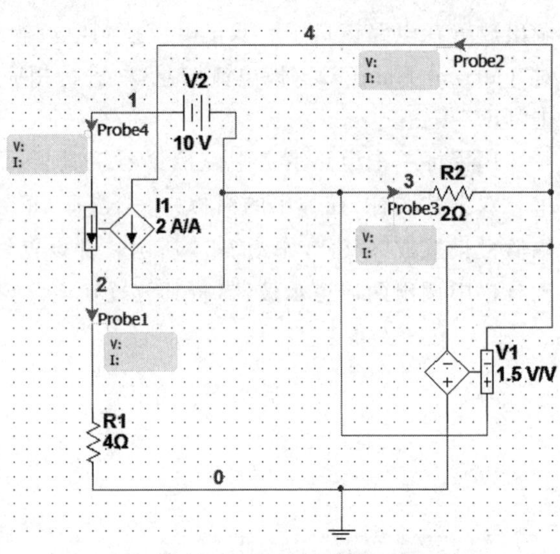

图 7-58　仿真测量电路

7.3.3　三相电路的仿真分析

1. 实验目的

（1）掌握仿真软件 Multisim 10 测量三相电流的电压、电流及功率的方法。

（2）通过仿真进一步加深对三相电路的理解。

（3）掌握对称三相电路线电压与相电压、线电流与相电流之间的关系。

2. 仿真内容与步骤

1）负载星形连接的仿真分析

新建一电路窗口，用鼠标单击电子仿真软件 Multisim 10 基本界面元器件工具栏中的“Source”（电源）器件库，在弹出的对话框中的“Family”栏下选取“ POWER_SOURCES”（电源），再在“Component”栏下选取“THREE_PHASE_WYE”（三相星形电压源），将其调出放置在电路窗口中。双击该图标，在弹出的对话框中选择“Value”项，先将其中“Voltage（L-N，RMS）”（相线与中线的电压，即相电压）改为 120V，再将其中“Frequency（F）”（频率）改为 50Hz，最后单击“OK”按钮。

用鼠标单击元器件工具栏中“Indicator”（显示）器件库，在弹出的对话框中的“Family”栏下选取“LAMP”，再在“Component”栏下选取“120V_250W”灯泡，最后单击“OK”按钮。然后再用相同方法调出两个灯泡。

在电路窗口中放置一个地线“GROUND”；再调出指示型电流表三个、电压表六个，双击其图标，在弹出的对话框中选择“Value”项，将其中“Mode”（模式）改为 AC。

对元器件位置、方向进行适当调整后，连接仿真电路，进行仿真分析，如图 7-59 所示。电流表 U1、U2、U3 的测量对象分别是相（线）电流 I_A、I_B、I_C，电压表 U4、U5、U6 的测量对

象分别是线电压 U_{AB}、U_{BC}、U_{CA}，电压表 U7、U8、U9 的测量对象分别是相电压 U_{AO}、U_{BO}、U_{CO}，将仿真结果记入表 7-3 中。

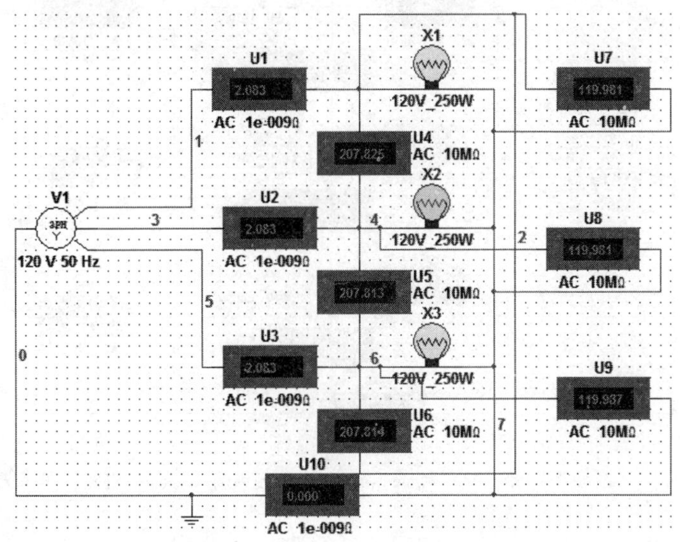

图 7-59　负载星形接法对称有中线

利用同样的方法，对负载星形接法对称无中线的电路进行测量，并将仿真结果记入表 7-3 中。

表 7-3　负载星形连接测量数据

负载情况＼测量数据		线电压/V			相电压/V			相(线)电流/A			$I_{NO'}$/A	$U_{NO'}$/V
		U_{AB}	U_{BC}	U_{CA}	$U_{AO'}$	$U_{BO'}$	$U_{CO'}$	I_A	I_B	I_C		
对称	有中线											
	无中线											
不对称	有中线											
	无中线											

将其中一只灯泡改为“120V_100W”，如图 7-60 所示。其中，中线断开，调用电压表 U10 测量中线电压 $U_{NO'}$。从仿真结果中能看出，额定功率较低的“120V_100W”灯泡被烧坏。将结果记入表 7-3 中。

若将其中线上的仪表 U10 改为电流表，则成为负载星形接法不对称有中线的电路，如图 7-61 所示。将结果记入表 7-3 中。

2）负载三角形连接的仿真分析

新建一电路窗口，用鼠标单击电子仿真软件 Multisim 10 基本界面元器件工具栏中的“Source”(电源)器件库，在弹出的对话框中的“Family”栏下选取“ POWER_SOURCES”(电源)，再在“Component”栏下选取“THREE_PHASE_WYE”(三相星形电压源)，将其调出放置在电路窗口中。双击该图标，在弹出的对话框中选择“Value”项，先将其中“Voltage (L-N,RMS)”(相线与中线的电压，即相电压)改为 50V，再将其中“Frequency(F)”(频率)改为 50Hz，最后单击“OK”按钮。

用鼠标单击元器件工具栏中“Indicator”(显示)器件库，在弹出的对话框中的“Family”

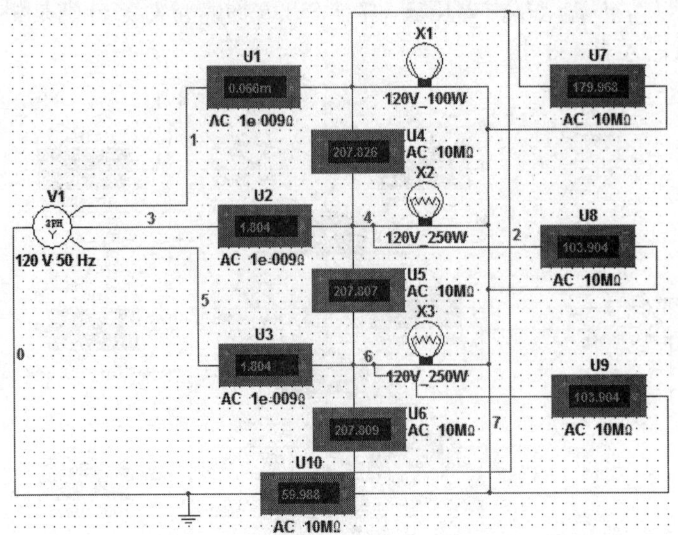

图 7-60　负载星形接法不对称无中线

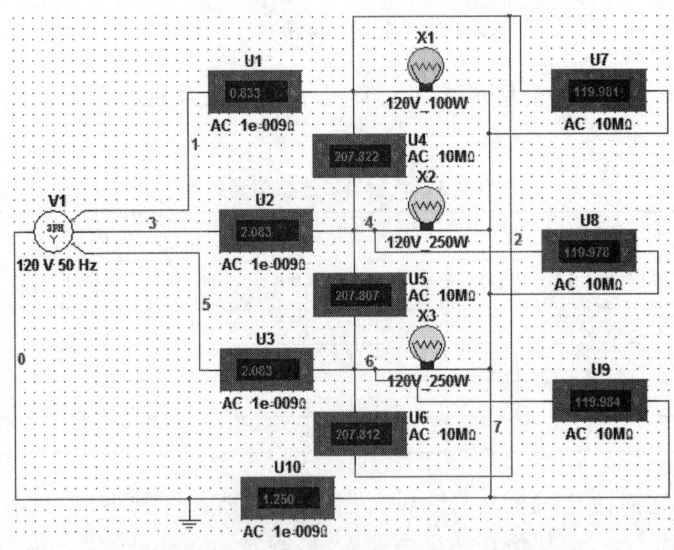

图 7-61　负载星形接法不对称有中线

栏下选取"LAMP",再在"Component"栏下选取"120V_250W"灯泡,最后单击"OK"按钮。然后再用相同方法调出两个灯泡。

在电路窗口中放置一个地线"GROUND";再调出指示型电流表六个、电压表三个,双击其图标,在弹出的对话框中选择"Value"项,将其中"Mode"(模式)改为 AC。

对元器件位置、方向进行适当调整后,连接仿真电路,进行仿真分析,如图 7-62 所示。电流表 U1、U2、U3 的测量对象分别是线电流 I_A、I_B、I_C,电流表 U4、U5、U6 的测量对象分别是相电流 I_{AB}、I_{BC}、I_{CA},电压表 U7、U8、U9 的测量对象分别是线(相)电压 U_{AB}、U_{BC}、U_{CA},将仿真结果记入表 7-4 中。

利用同样的方法,将其中一只灯泡改为"120V_100W",成为负载三角形接法不对称的电路,并将其电路进行仿真测量,仿真结果记入表 7-4 中。

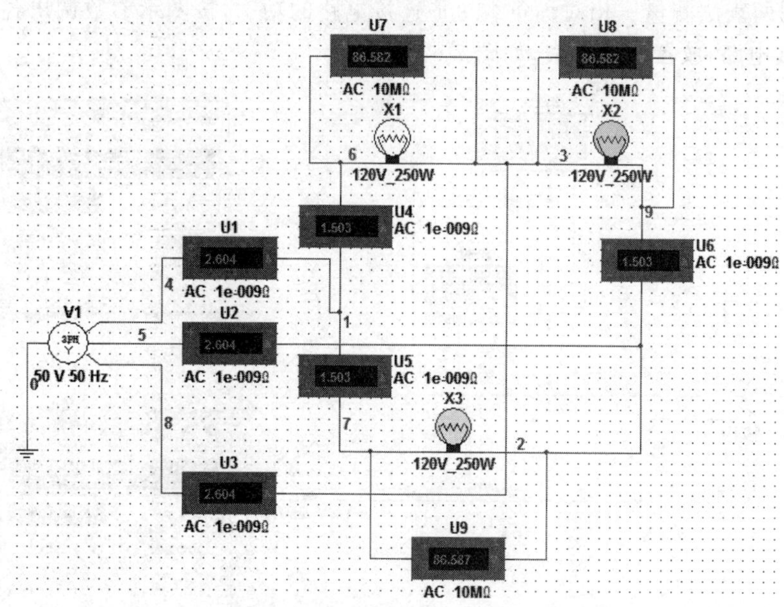

图 7-62　负载三角形接法对称电路

表 7-4　负载三角形连接测量数据

测量数据 / 负载情况	线(相)电压/V			线电流/A			相电流/A		
	U_{AB}	U_{BC}	U_{CA}	I_A	I_B	I_C	I_{AB}	I_{BC}	I_{CA}
对称									
不对称									

3）测量三相电路的功率

（1）采用三表法测量三相对称负载星形连接电路的功率，按图示参数调出各个元器件，并连接好仿真电路，放置好功率表，如图 7-63 所示。

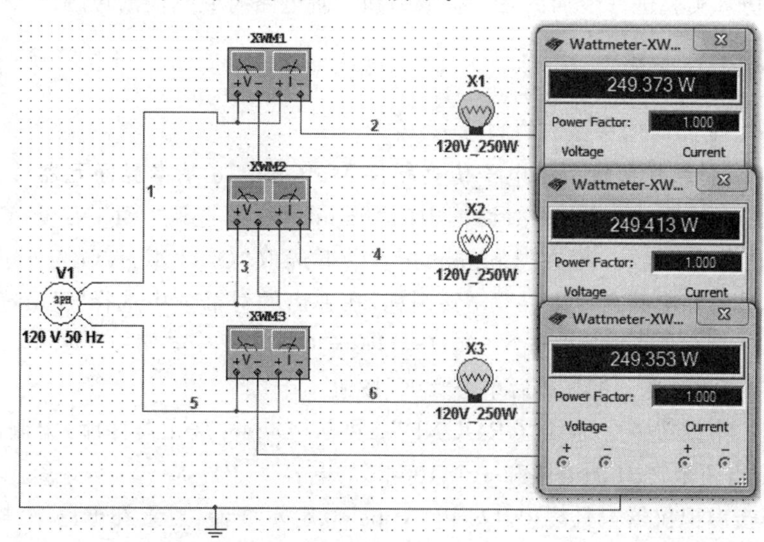

图 7-63　负载星形接法对称有中线三功率表法

(2) 采用两表法测量三相对称负载星形连接电路的功率,按图示参数调出各个元器件,并连接好仿真电路,放置好功率表,如图 7-64 所示。

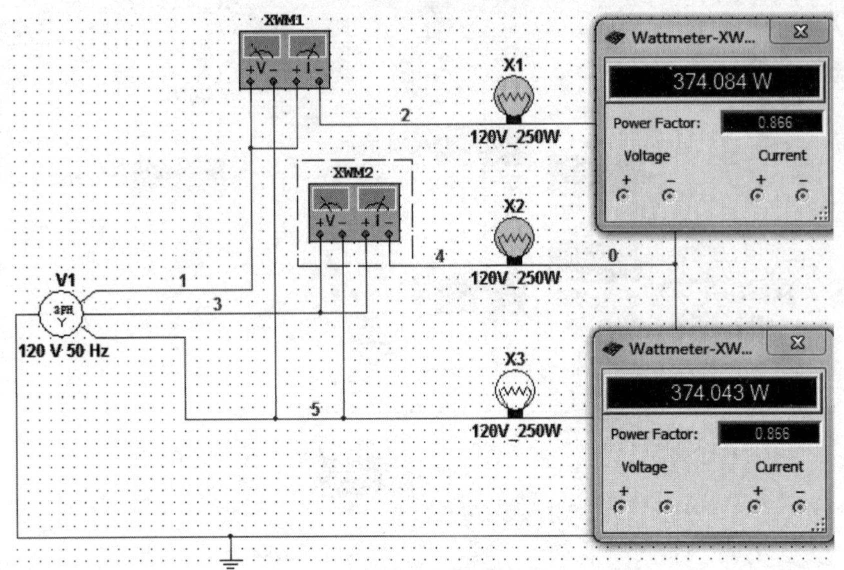

图 7-64 负载星形接法对称有中线二功率表法

通过上述测量,可以验证二功率表法测量三相电路功率的正确性。

同样可以使用该方法测量不对称的三相电路功率。

7.3.4 动态电路时域响应的仿真分析

1. 实验目的

(1) 掌握用 Multisim 10 中的虚拟示波器测试电路时域特性与参数的方法。

(2) 通过仿真实验进一步加深对一阶电路和二阶电路时域响应的理解。

2. 仿真内容与步骤

1) 一阶 *RC* 电路时间常数 τ 的测量

新建一电路窗口,用鼠标单击电子仿真软件 Multisim 10 基本界面元器件工具栏中的"Source"(电源)器件库,在弹出的对话框中的"Family"栏下选取" SIGNAL_VOLTAGE_SOURCES"(信号电压源),再在"Component"栏下选取"CLOCK_VOLTAGE"(时钟电压),将其调出放置在电路窗口中。双击该图标,在弹出的对话框中选择"Value"项,先将其中"Frequency(F)"(信号频率)改为 500Hz,"Duty Cycle"(占空比)改为 50,最后再将其"Voltage"(电压幅值)改为 4V,最后单击"OK"按钮。

在电路窗口中放置一个地线"GROUND";再从"Diodes"(元器件库)中调出虚拟二极管 D1;最后调出两个 2kΩ 的电阻和一个 100nF 的电容。

用鼠标单击虚拟仪器工具栏中"Oscilloscope"双踪示波器,放置在电路中,将其 A 通道与输入信号源正极相连,B 通道与电容端非接地点相连。连线图如图 7-65 所示。

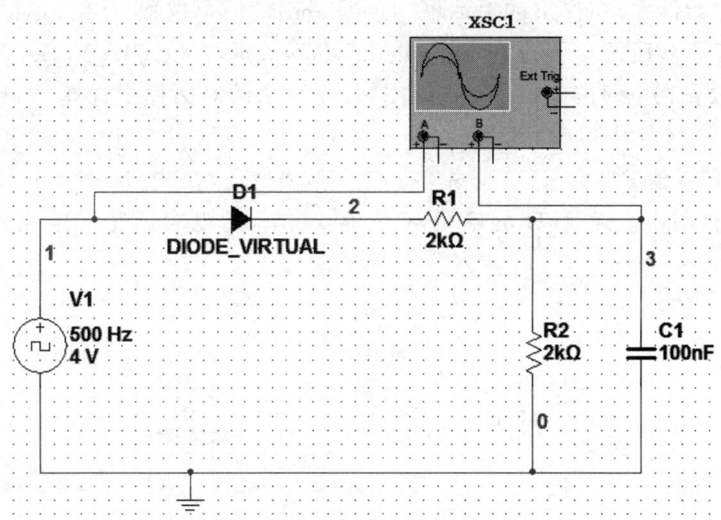

图 7-65　一阶 *RC* 电路测量电路

开启仿真开关，双击示波器图标“XSC1”，将弹出示波器面板，如图 7-66 所示。示波器的时间灵敏度改为 500μs/div，A 通道电压灵敏度改为 2V/div，B 通道电压灵敏度改为 1V/div，然后选择默认的 Y/T 方式。这时看到的图形是输入的方波激励信号以及电容端的响应曲线 $u_C(t)$。

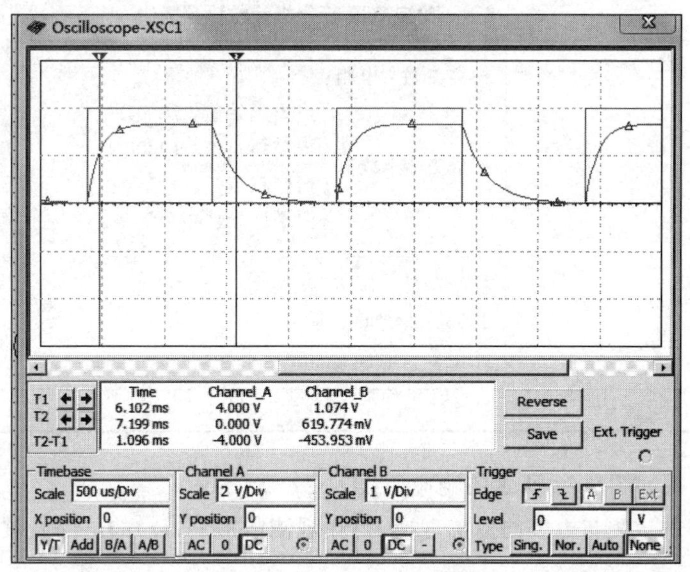

图 7-66　一阶 *RC* 电路响应曲线

根据电容全响应的曲线，在充电区间，测得当 $u_C(t)=0.632U_{max}$ 的时间 t 即为充电时间常数 $\tau_1=0.1$ms；在放电区间，测得当 $u_C(t)=0.368U_{max}$ 的时间 t 即为放电时间常数 $\tau_2=0.2$ms。可验证，该测量结果与理论计算值相同。

2）一阶 *RC* 电路的响应曲线的仿真分析

新建一电路窗口，用鼠标单击电子仿真软件 Multisim 10 基本界面元器件工具栏中的

"Source"(电源)器件库,在弹出的对话框中的"Family"栏下选取" SIGNAL_VOLTAGE_SOURCES"(信号电压源),再在"Component"栏下选取"CLOCK_VOLTAGE"(时钟电压),将其调出放置在电路窗口中。双击该图标,在弹出的对话框中选择"Value"项,先将其中"Frequency(F)"(信号频率)改为 500Hz,"Duty Cycle"(占空比)改为 50,最后再将其"Voltage"(电压幅值)改为 4V,最后单击"OK"按钮。在电路窗口中放置一个地线"GROUND";再调出一个 1kΩ 的电阻和一个 100nF 的电容。完成电路连接如图 7-67 所示。

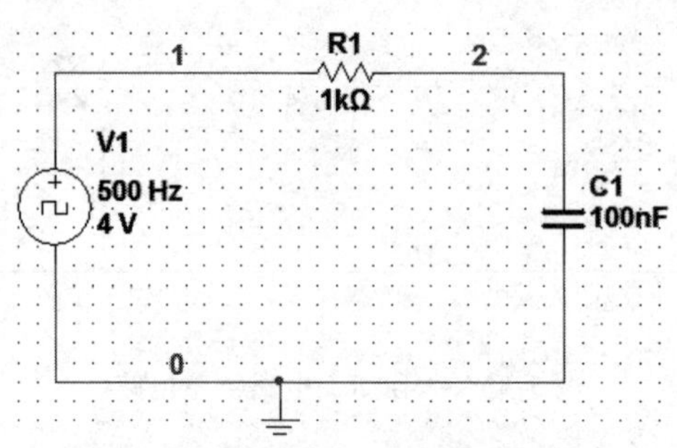

图 7-67 一阶 RC 电路响应波形

现分析电路中电阻阻值变化对电路响应曲线的影响,因此选择参数扫描分析(parameter sweep analysis)。该电路分析参数的设置如表 7-5 所示。

表 7-5 一阶电路瞬态分析参数设置表

参数扫描分析设置	扫描参数:电阻 扫描方式:线性 { 扫描起始值:1000Ω 扫描终止值:10000Ω 扫描点数:4 扫描增量:3000Ω
瞬态分析设置 (transient analysis)	初始条件:程序自动决定 起始分析时间:0s 终止分析时间:0.004s
变量输出设置	V(2)

通过分析获得如图 7-68 所示的响应曲线 $u_C(t)$。

将图 7-67 中的电阻与电容的位置互换,得到观测响应 $u_R(t)$的电路及波形图,如图 7-69 所示。

从图 7-68 的各响应曲线中可以看出,阻值越大,过渡过程越缓慢,电容上的电压还没充满时,下一个脉冲已来到,便开始放电,还没放完电时,下一个脉冲又已到来,又开始充电……依次下去,直到波形稳定,当 $RC \gg T/2$ 时,响应波形变为三角波;在图 7-69 中可以看出,R 和 C 的参数越小,输出波形 $u_R(t)$越接近尖脉冲。

3) 二阶 RLC 电路时域响应的仿真分析

在图 7-70 所示的 RLC 二阶电路中,已知方波激励 $U_S = 4\text{V}$,$f = 2.5\text{kHz}$,取 $R = 2\text{k}\Omega$,

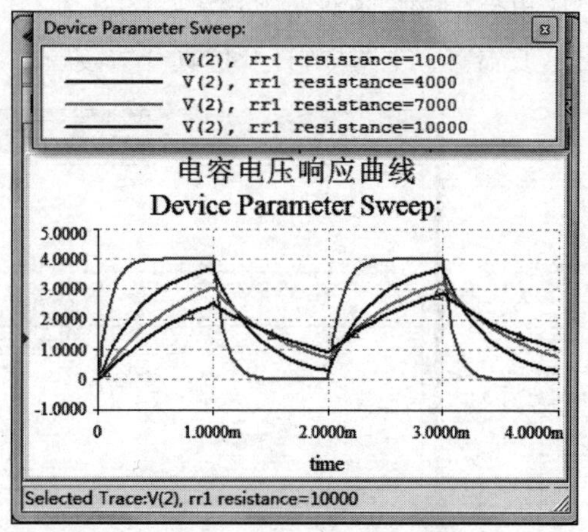

图 7-68　不同阻值时一阶电路响应波形 $u_C(t)$

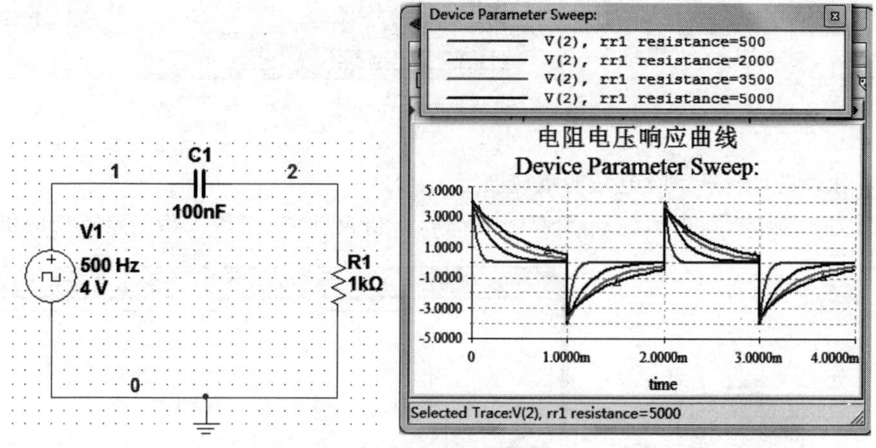

图 7-69　不同阻值时的响应波形 $u_R(t)$

$L=4\text{mH}$，$C=3000\text{pF}$，三者串联，$R_0=1\Omega$（电流取样电阻）以及接地点"Ground"也连接起来。用示波器观察电路的响应波形 $u_C(t)$ 和 $i_C(t)$，并用参数扫描分析的瞬态分析方法研究电路参数对响应波形的影响。

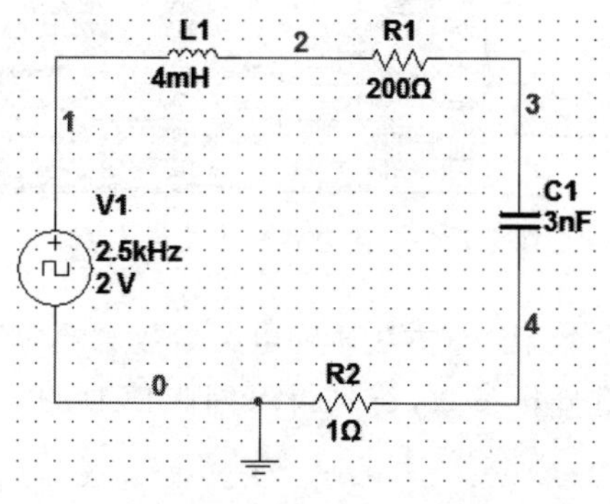

图 7-70　*RLC* 二阶电路

(1) 用示波器观察二阶电路的响应波形 $u_C(t)$

按图 7-71 接线，双击示波器 XSC1 图标，打开仿真开关，获得二阶电路响应波形 $u_C(t)$。

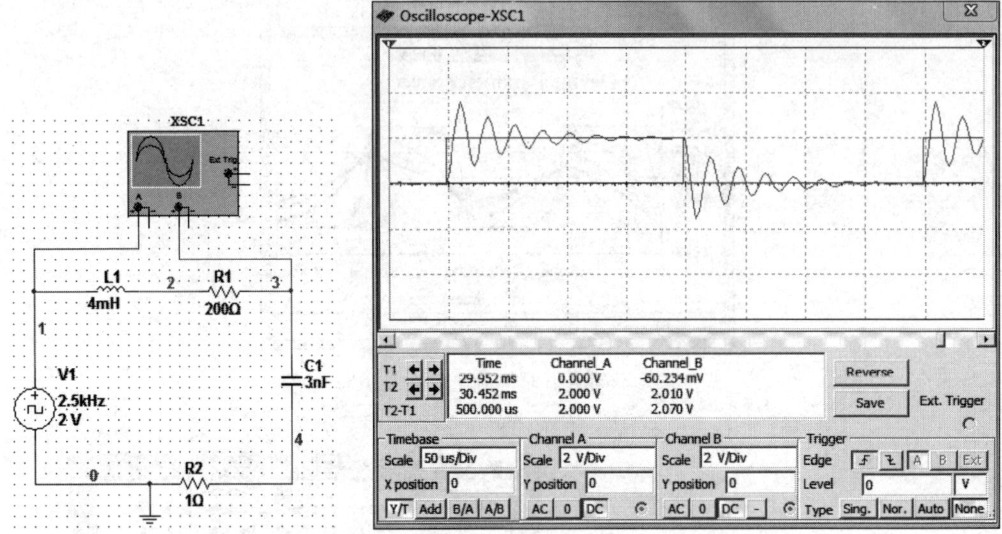

图 7-71　二阶电路响应波形 $u_C(t)$

(2) 用示波器观察二阶电路的响应波形 $i_C(t)$

按图 7-72 接线，双击示波器 XSC1 图标，打开仿真开关，获得二阶电路响应波形 $i_C(t)$。

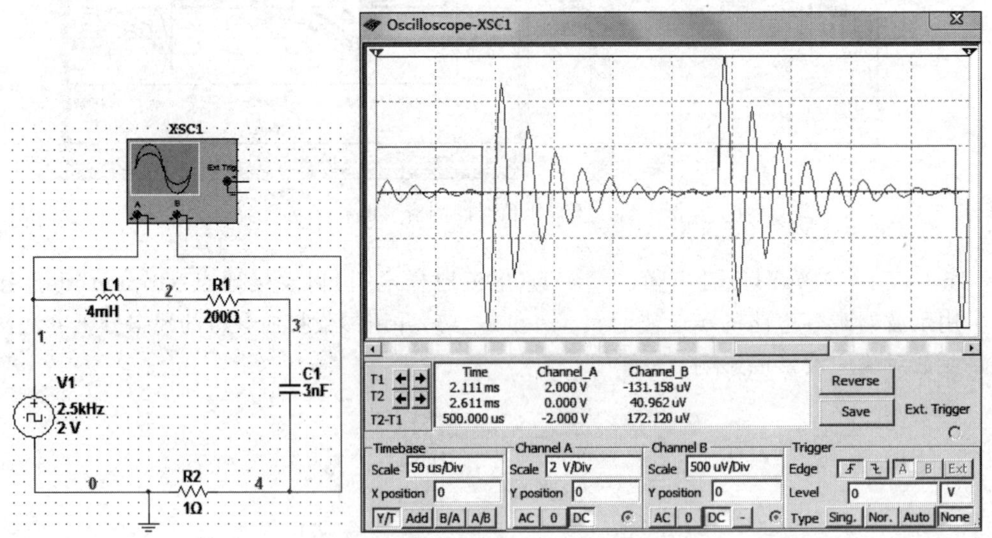

图 7-72　二阶电路响应波形 $i_C(t)$

(3) 用参数扫描分析的瞬态分析方法研究电路参数对响应波形的影响

按表 7-6 设置二阶电路分析参数，仿真得不同阻值时的 $u_C(t)$ 和 $i_C(t)$ 如图 7-73 和图 7-74 所示。

表 7-6 二阶电路瞬态分析参数设置表

参数扫描分析设置	扫描参数：电阻 扫描方式：线性 { 扫描起始值：200Ω 扫描终止值：3000Ω 扫描点数：4 扫描增量：933.33Ω }
瞬态分析设置 (transient analysis)	初始条件：程序自动决定 起始分析时间：0s 终止分析时间：0.0004s
变量输出设置	V(3)和 V(4)

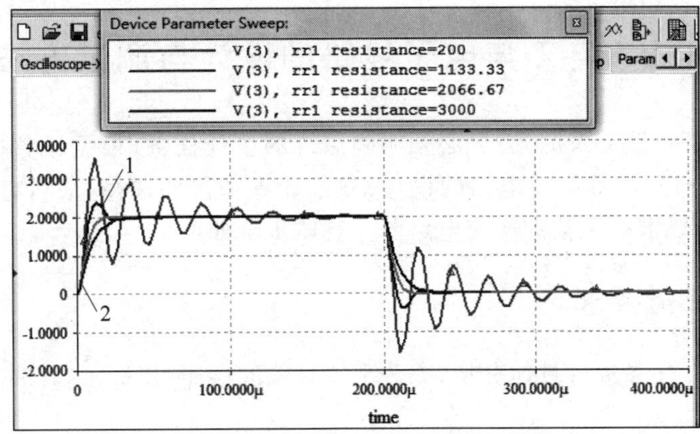

图 7-73 不同阻值时的二阶电路响应波形 $u_C(t)$

当 $R=200\Omega$ 时为欠阻尼情况，响应将出现减幅振荡，称为振荡型，响应波形是按指数规律衰减的正弦波，如图 7-73 中的曲线 1；当 $R=3000\Omega$ 时为过阻尼情况，如图 7-73 中的曲线 2。

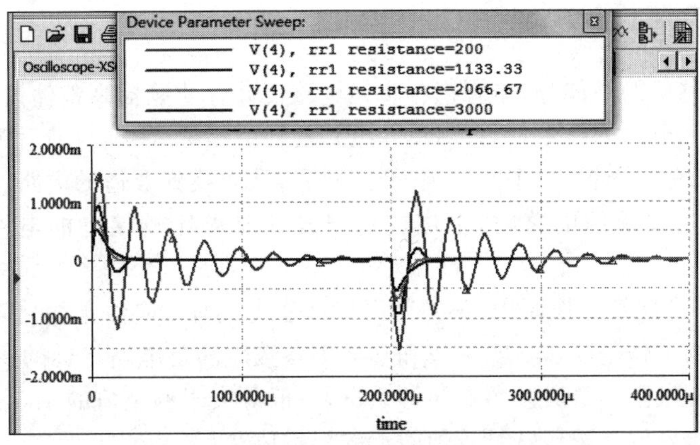

图 7-74 不同阻值时的二阶电路响应波形 $i_C(t)$

课程设计

本章介绍了电工与电子技术课程的电子线路设计课题，同时提出了课程设计的方法和要求。实验内容、题量和难易程度覆盖了不同层次，可供不同专业的学生学习。

8.1 电工与电子线路的设计与调试方法

设计一个电子电路系统时，首先必须明确系统的设计任务，根据任务进行方案选择，然后对方案中的各部分进行单元电路的设计、参数计算和器件选择，最后将各部分连接在一起，画出一个符合要求的完整的系统电路图。具体步骤如下。

8.1.1 明确任务要求

对系统的设计任务进行具体分析，充分了解系统的性能、指标、内容和要求，以便明确系统应完成的任务。

8.1.2 方案选择

应根据掌握的知识和资料，针对所给的任务要求，做到设计方案合理、可靠、经济、功能齐全、技术先进，框图必须能够清楚地反映系统应完成的任务和各单元的功能。

8.1.3 单元电路设计

单元电路是整机的一部分，只有把各单元电路设计好才能提高整体设计水平。设计前，首先需明确本单元电路的任务，拟订出单元电路的性能指标，明确与前后级之间的关系。具体设计时，应查阅有关资料，以丰富知识、开阔眼界，从而找到合适的电路。如果确实找不到性能指标完全满足要求的电路时，也可选用与设计要求比较接近的电路，然后调整电路参数。

参数计算时，应理解工作原理、正确利用计算公式。通常应注意下列问题：

(1) 元器件的工作电流、电压、频率和功耗等参数应满足电路指标的要求；

(2) 元器件的极限参数必须留有足够余量，一般应大于额定值的 1.5 倍；

(3) 电阻和电容的参数应选计算值附近的标称值。

8.1.4 绘制电路图

为详细表示设计的整机电路及单元电路的连接关系，设计时需绘制完整电路图。电路图通常是在系统框图、单元电路设计的基础上绘制的，它是组装、调试和维修的依据。绘制电路图时应注意以下几点。

(1) 布局合理、排列均匀、图面清晰、便于读图。通常一个总电路由几部分组成，画图时应尽量把所有电路画在一张图纸上，而把一些比较独立或次要的部分画在另外的图纸上，并在电路的断口处做上标记，标出信号从一张图到另一张图的引出点和引入点，以此说明各图纸在电路连线之间的关系。为便于看清各单元电路的功能关系，每一个功能单元电路的元件应集中布置在一起，并尽可能按工作顺序排列。

(2) 注意信号的流向。一般从输入端或信号源画起，由左至右或由上至下按信号的流向依次画出各单元电路，而反馈通路的信号流向则与此相反。

(3) 图形符号要标准，图中应加适当标注。电路图中的中、大规模集成电路器件，一般用方框表示，在方框中标出它的型号，在方框的边线两侧标出每根线的功能名称和管脚号。除中、大规模器件外的其余器件符号也应当标准化。

(4) 连接线应成直线，并且交叉和折弯应最少。通常连接线可以水平布置或垂直布置，一般不画斜线。互相连通的交叉线，应在交叉处用圆点表示。

设计的电路是否能满足设计要求，还必须通过组装、调试进行验证。

8.2 电子电路的安装、调试与故障检测

8.2.1 电子电路的安装

电子电路一般通过焊接安装在印制电路板(简称 PCB)上。由于焊接安装方法中元器件的重复利用率低，损耗大，故在电子线路课程设计中组装电路通常采用在面包板上插接的形式，这样电路便于调试，并且可提高器件的利用率。

插接集成电路时首先应认清方向，不要倒插，以免通电后损坏。所有集成电路的插入方向要保持一致，即1号引脚位于左下角，其余的脚按逆时针方向顺序排列，注意管脚不能弯曲。

根据电路图的各功能安排元器件在面包板上的位置，并按信号的流向将元器件顺序地连接，以易于调试。同时注意电路之间要共地。

为方便地检查与调试电路，应根据连线性质选用不同颜色的导线。通常是用红导线连接正电源，用蓝导线连接负电源，用黑导线连接地线，而信号线用其他颜色。

连接用的导线的直径应和面包板的插孔一致，过粗易损坏插孔，过细则与插孔的接触不良。导线两头塑料皮需剥去0.5～1cm，使裸露的金属线头刚好能插入面包板的孔中。若线头太短，插不到底，则与插孔的接触不良；若线头太长，则容易与其他导线短路。布线时导线要紧贴面包板，尽量做到横平竖直，且连线不要跨接在集成电路上，一般从集成电路周围通过。这样不仅美观，而且连接可靠，不易由于被触碰而松动，也便于查线和更换器件。

布线过程中，可把元器件在面包板上的相应位置及所有引脚号标在电路图上，以保证调试和查找故障的顺利进行。

8.2.2 电子电路的调试

经过设计和安装后，便得到了电子电路。但电路能否实现预期的功能，需要通过测试（调试）才能确定。测试时需要给电路加上适当的直流供电电源以及测试信号，然后检查电路的输出响应是否正确。

用于调试的实验仪器有：直流稳压电源、示波器、信号发生器、交流毫伏表和万用表等。

电路的设计与安装往往难以一次成功，除了设计中存在一些不合理和不正确的因素外，安装中也容易出现一些连接错误。此外，对于大多数模拟电路，由于元器件存在离散性，要想得到预期的电路性能，必须通过调试才能实现。

通常采用的调试方法是把一个总电路按框图上的功能分成若干单元电路进行安装和调试，在完成各单元电路调试的基础上，逐步扩大安装和调试的范围，最后完成整机调试。

一般步骤如下。

1. 通电前检查

电路安装完毕，首先直观检查电路各部分接线是否正确，检查电源、地线、信号线、元器件引脚之间有无短路，器件有无接错。检查时应用万用表的欧姆挡直接测量元器件的引脚之间是否真正的连通。这是因为有些线看上去是连了，但由于接触不良，实际并未连上，只有用万用表量后才能确定是否连通。

2. 通电检查

接入电路所要求的电源电压，观察电路中各部分器件有无异常现象。如果出现异常现象，则应关闭电源，故障排除后方可重新通电。

3. 单元电路调试

调试前应明确本部分的调试要求。按调试要求测试性能指标和观察波形。调试顺序按信号的流向进行。这样可以把前面调试过的输出信号作为后一级的输入信号，为最后的整机联调创造条件。

数字电路的调试主要通过测量器件或电路各输入、输出端的高、低电压及相互间的逻辑关系，来发现设计不当、器件损坏和连线错误等问题。

模拟电路一般先检查直流工作点，此时只接通直流供电电源但不加测试信号。直流检查后，就可以进行交流检查。此时给电路加上适当频率和幅值的信号，然后根据信号的流向逐级检查电路各点的波形和性能参数（如幅值、增益、相位、输入阻抗、输出阻抗等）是否正常以及电路的整体指标是否满足要求。若达不到要求，需将理论知识和实测情况结合起来，合理调整电路结构与元件参数，直到得到满足设计指标的电路。

4. 整机联调

各单元电路调试完成后为整机调试打下了基础。整机联调时应观察各单元电路连接后各级之间的信号关系。主要观察动态结果，检查电路的性能和参数，分析测量的数据和波形是否符合设计要求，对发现的故障和问题及时采取处理措施。

8.2.3　电子电路的故障检测

电路的故障现象和存在于电路中的物理缺陷是多种多样的，难以一一列举。常见的故障现象主要有：

(1) 数字电路的逻辑功能不能满足设计要求。

(2) 模拟电路中输出电参量或输出波形异常。

电路中出现故障的原因主要有：

(1) 实际安装的电路与所设计的原理图不符，主要是发生错接、短路、开路等。

(2) 仪器使用不当引起的故障，如共地不当，信号线与地线接反等。

(3) 元器件使用不当或损坏。

电路故障的检测可以按下述几种方法进行：

(1) 逐级检测法。寻找电路故障时，一般可以按信号的流向逐级进行。从电路的输入端加入适当的信号，用示波器或电压表等仪器逐级检查信号在电路内各部分传输的情况，根据电路的工作原理分析电路的功能是否正常，如果有问题，应及时处理。调试电路时也可以从输出级向输入级倒推进行，信号从最后一级电路的输入端加入，观察输出端是否正常，然后逐级将适当信号加入前面一级电路输入端，继续进行检查。这里所指的“适当信号”是指频率、电压幅值等参数应满足电路要求，这样才能使调试顺利进行。

(2) 分段检测法。把有故障的电路分为几部分，先检测各部分中究竟是哪部分有故障，然后再对有故障的部分进行检测，一直到找到故障为止。对于一些有反馈的环形电路，如振荡器、稳压器等电路，它们各级的工作情况互相会有牵连。这时可将反馈环去掉，然后逐级检查，可更快地查出故障部分。对自激振荡现象也可以用此法检查。

(3) 电容旁路法。如遇电路发生自激振荡或寄生调幅等故障，检测时可用一只容量较大的电容并联到故障电路的输入或输出端，观察对故障现象的影响，据此分析故障的部位。在放大电路中，旁路电容失效或开路，使负反馈加强，输出量下降。此时，用适当的电容并联在旁路电容两端，就可以看到输出幅度恢复正常，也就可断定旁路电容的问题。这种检查可能要多处试验才有结果，这时要细心分析可能引起故障的原因。此方法也用来检查电源滤波和去耦电路的故障。

(4) 静态检测法。故障部位找到后，要确定是哪一个或哪几个元件有问题，最常用的是静态测试法和动态测试法。静态测试是用万用表测试电阻值、电容是否漏电、电路是否断路或短路，晶体管和集成电路的各引脚电压是否正常等。这种测试是在电路不加信号时进行的，所以叫静态测试。通过这种测试可以发现元器件的故障。

(5) 动态检测法。当静态测试还不能发现故障原因时，可以采用动态测试法。测试时在电路输入端加上适当的信号再测试元器件的工作情况，观察电路的工作状况，分析、判别故障原因。

安装电路要认真细心，要有严谨的科学作风。要注意布局合理。调试电路要注意正确使用测量仪器，系统各部分要“共地”。调试过程中要跟踪、记录观察到的现象，及时记录测量数据和波形。通过安装、调试电路，发现问题、解决问题，提高设计水平，圆满地完成设计任务。

8.2.4 课程设计总结报告

编写课程设计的总结报告是对学生撰写科学论文和科研总结报告能力的训练。通过写报告，不仅把设计、组装、调试的内容进行全面的总结，而且把实践内容上升到理论高度。总结报告应包括以下几点。

(1) 课题名称。

(2) 内容摘要。

(3) 设计内容及要求。

(4) 比较和选定设计的系统方案，画出系统框图。

(5) 单元电路设计、参数计算和器件选择。

(6) 画出完整的电路图，并说明电路的工作原理。

(7) 组装调试的内容。包括：

① 使用的主要仪器仪表。

② 调试电路的方法和技巧。

③ 测试的数据和波形并与计算结果比较分析。

④ 调试中出现的故障、原因及排除方法。

(8) 总结设计电路的特点和方案的优缺点，指出课题的核心及实用价值，提出改进意见和展望。

(9) 列出系统需要的元器件。

(10) 列出参考文献。

8.3 函数信号发生器

1. 实验目的

(1) 培养集成运算放大器综合应用的能力。

(2) 锻炼实际连线与调试电路的能力。

2. 实验原理

函数信号发生器是指能产生两种或两种以上不同输出波形的信号发生器。可以组合各种运放基本电路来构成一个函数发生器，框图结构如图 8-1 所示。

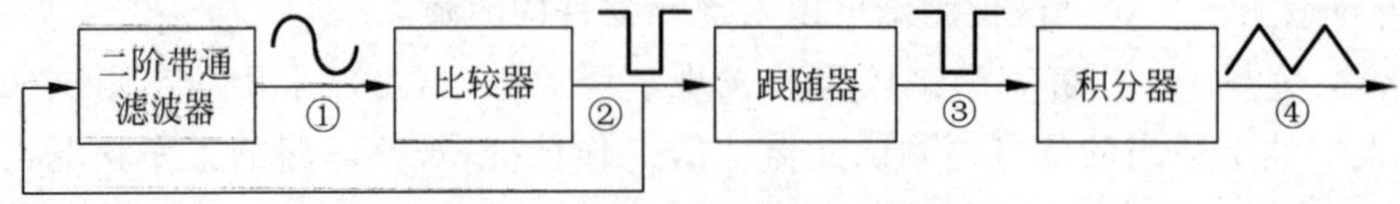

图 8-1 函数信号发生器组成框图

方波信号包含极丰富的谐波成分，即方波是由很多个频率不同的正弦谐波叠加而成。当方波从带通滤波电路中输入时，其低次谐波和高次谐波都被滤除，只剩下中心频率为 f_0 的正弦谐波被保留下来，没有衰减，从而得到相应频率的正弦波。该正弦波加到比较器的输入端得到方波输出，再将此方波又反馈到带通滤波器的输入端从而引起振荡。根据具体电路原理图(图 8-2)，可知输出正弦波频率为

$$f_{\text{out}}=\frac{1}{2\pi\sqrt{R_{\text{P}}R_2C_1C_2}} \tag{8-1}$$

其中，$R_{\text{P}}=\dfrac{R_1R_{\text{W}}}{R_1+R_{\text{W}}}$。

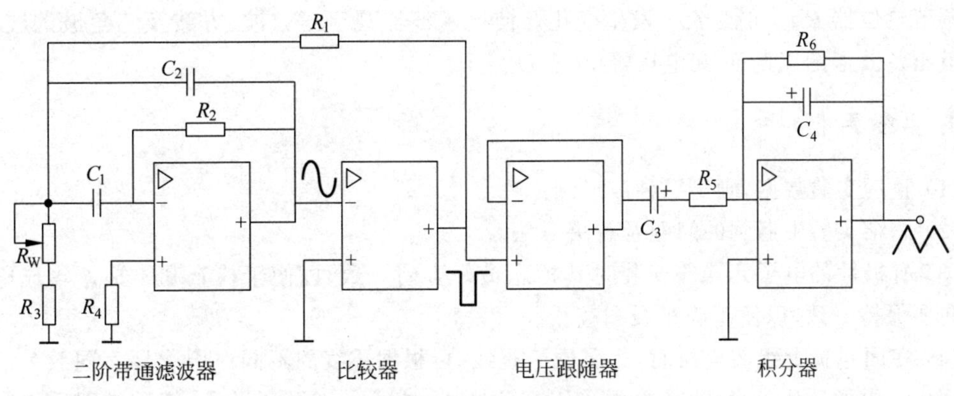

图 8-2　函数信号发生器电路原理图

R_3 可看作 R_{W} 的一部分，但因其阻值太小，在计算频率时可以忽略，它只是用来避免反馈对地短路(当 R_{W} 的滑动臂滑到最下端时)。由于 R_{W} 可调，从而改变信号的频率 f_{out}。

比较器输出的方波送入电压跟随器，以防振荡器过载，同样也有利于防止由负载变化而引起振荡频率发生变化。电压跟随器输出的方波信号送到积分器，以产生三角波信号。其中，电容 C_3 是用作通交隔直的输入耦合电容，电阻 R_6 是用来限制电路低频增益，否则运放失调电压可能使积分器输出饱和。因此，积分器输出与输入的关系如下：

$$u_{\text{o}}=-\frac{1}{R_5C_4}\int_0^t u_{\text{i}}\,\text{d}t \tag{8-2}$$

该式成立的条件是信号频率必须大于 $f_{\text{c}}=\dfrac{1}{2\pi R_6C_4}$。

3. 实验任务

1）电路条件

该函数信号发生器用到了 4 个运算放大器，为了使实际电路更为简便，我们选择集成了 4 个运放的集成芯片 LM324 来实现电路功能。LM324 的引脚图如图 8-3 所示，其中 4 号管脚接＋12V，11 号管脚接－12V 的工作电压。

电路中各电阻、电容的取值如表 8-1 所示。

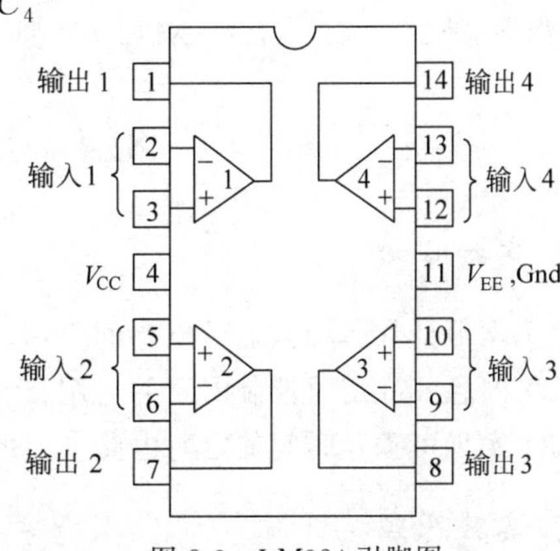

图 8-3　LM324 引脚图

表 8-1 电路元器件参数取值表

电阻	$R_1=1\text{M}\Omega, R_2=1\text{M}\Omega, R_3=100\Omega, R_4=51\text{k}\Omega, R_5=100\text{k}\Omega, R_6=510\text{k}\Omega$
电容	$C_1=0.1\mu\text{F}, C_2=0.1\mu\text{F}, C_3=1\mu\text{F}, C_4=1\mu\text{F}$
电位器	$R_W=51\text{k}\Omega$

2）电路测量

调节电位器 R_W，可使 f_{out} 发生变化。使用示波器观察正弦波、方波及三角波的波形，并测量出各波形的周期 T 和电压峰-峰值 $U_{p\text{-}p}$。

4. 实验要求

(1) 整理实验数据，画出三种波形图。

(2) 总结实验中遇到的问题及解决方法。

(3) 有极性的电子元器件安装时其标志最好方向一致，以便于检查和更换。集成电路的方向要保持一致，以便正确布线和查线。

(4) 在面包板上组装电路时，为了便于查线，可根据连线的不同作用选择不同颜色的导线。例如正电源采用红色线，负电源采用蓝色导线，地线采用黑色导线，信号线则采用其他颜色的导线。

(5) 布线要按信号的流向有序连接，连线要做到横平竖直，不允许跨接在集成电路上。另外，要选择 0.6mm 粗细单股导线，避免导线与面包板插孔之间接触不良。

(6) 运放的正、负电源不可接反。

(7) 调试时应逐级进行观测、检查及调整。先接好①、②级，观察到正弦波和方波后，再接③、④级观察三角波。

5. 实验设备

面包板	
直流稳压源	DF1731SC2A 型
双踪示波器	XJ4316B 型

8.4 定时电路

1. 实验目的

(1) 学习计数、译码、显示电路的应用；

(2) 熟悉 555 定时控制电路的应用；

(3) 实现可预置时间的定时电路。

2. 实验原理

本课题要求设计一个可预置时间的定时电路并具有时间显示功能。当按下定时器开关时，显示器上显示预先设置的时间。启动定时电路之后，每隔一秒，计时器减一。当计时器递减至零时，显示器上显示 00，同时发出光电报警信号。可预置定时显示报警系统框图如图 8-4 所示。

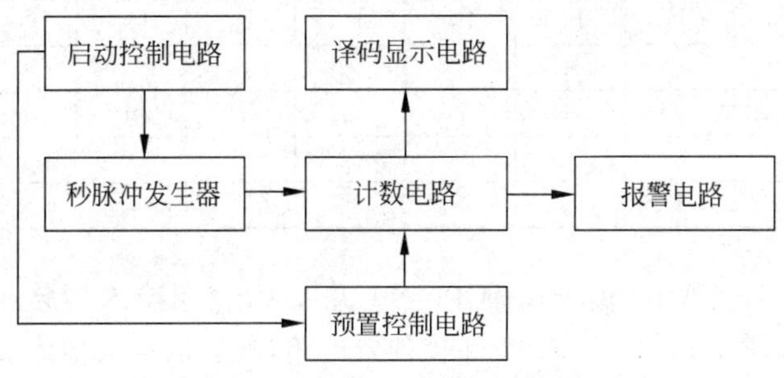

图 8-4 可预置定时系统框图

1）秒脉冲发生器

秒脉冲发生器采用 555 定时器构成的多谐振荡电路实现，基本电路如图 8-5 所示。根据 6.8 节对 555 定时器的介绍内容可知，多谐振荡电路的振荡周期 $T=T_H+T_L$，其中：$T_H\approx0.7(R_1+R_2)C_1$，$T_L\approx0.7R_2C_1$。因此，振荡周期为

$$T\approx0.7(R_1+2R_2)C_1 \tag{8-3}$$

取 $R_1=15\text{k}\Omega$，$R_2=68\text{k}\Omega$，$C_1=10\mu\text{F}$，$C_2=0.1\mu\text{F}$，从而在 3 号管脚得到周期 $T\approx1\text{s}$ 的秒脉冲信号。

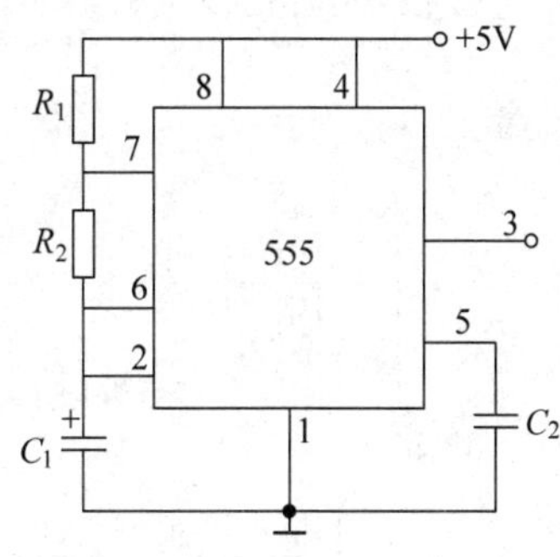

图 8-5 555 型多谐振荡电路

2）计数控制器

计数控制器选用同步十进制可逆计数器 74LS192 实现计数功能。它具有双时钟输入，并具有清除和置数等功能，其引脚排列及逻辑符号如图 8-6 所示。图 8-6 中，$\overline{\text{PL}}$ 为置数端，MR 为清除端，CP_U 为加计数脉冲输入端，CP_D 为减计数脉冲输入端，$\overline{\text{TC}_\text{U}}$ 为非同步进位输出端，$\overline{\text{TC}_\text{D}}$ 为非同步借位输出端，P_0、P_1、P_2、P_3 为计数器输入端，Q_0、Q_1、Q_2、Q_3 为数据输出端。功能表如表 8-2 所示。

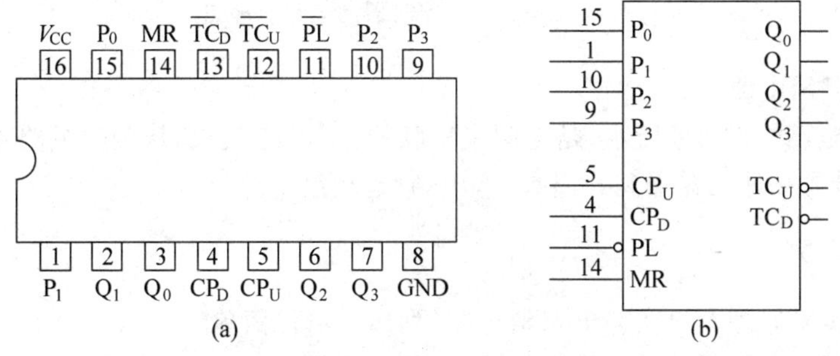

图 8-6 74LS192 引脚图及逻辑符号

（a）引脚排列；（b）逻辑符号

表 8-2 74LS192 功能表

输入								输出			
MR	$\overline{PL}$	CP_U	CP_D	P_3	P_2	P_1	P_0	Q_3	Q_2	Q_1	Q_0
1	×	×	×	×	×	×	×	0	0	0	0
0	0	×	×	d	c	b	a	d	c	b	a
0	1	↑	1	×	×	×	×	加计数			
0	1	1	↑	×	×	×	×	减计数			

从功能表中可知，当 MR＝0、$\overline{PL}=CP_U=1$ 并在 CP_D 端输入秒脉冲可实现倒计时功能。因此，可利用两块串联的 74LS192 外接预置电路（预置的最大值为 29s）实现倒计时功能，电路原理图如图 8-7 所示。开关 S 闭合时，$\overline{PL}=0$，计数器实现并行置数，预置为最大值。当 S 断开之后，$\overline{PL}=1$，个位上的 CP_D 每来一个秒脉冲，个位计数器就会减一秒。当个位减少至 0 时，个位的 $\overline{TC_D}$ 端发出借位脉冲，十位计数器才作减位计数。当个位、十位计数器完全处于 0 时，十位计数器的 $\overline{TC_D}$ 端为 0，通过一个反相器转化为高电平，并控制发光二极管发出警报，同时把该信号同秒脉冲一并送到与门输入端，封锁时钟脉冲，结束计时。

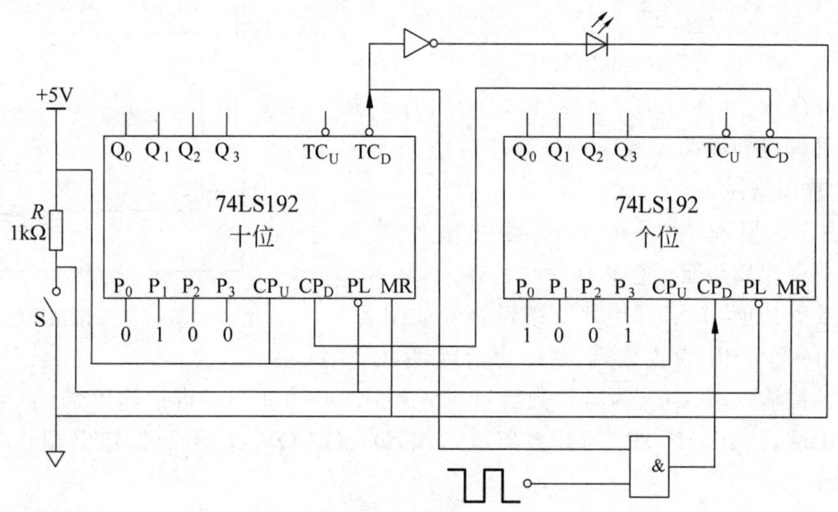

图 8-7 预置 29s 定时器的电路原理图

3）译码、显示电路

译码显示电路如图 8-8 所示，是由两块串联的 74LS47 组成，从定时电路端 Q_0、Q_1、Q_2、Q_3 送来的信号通过译码器送到共阳数码显示管进行显示。

3. 实验任务

（1）根据实验原理画出实验电路整体图，列出元器件清单。

（2）依照电路图在面包板上搭建电路，并进行功能测试。

（3）总结实验中遇到的问题及解决方法。

4. 实验要求

（1）电路中所使用的集成电路芯片较多，务必要合理布局。集成电路的方向要保持一

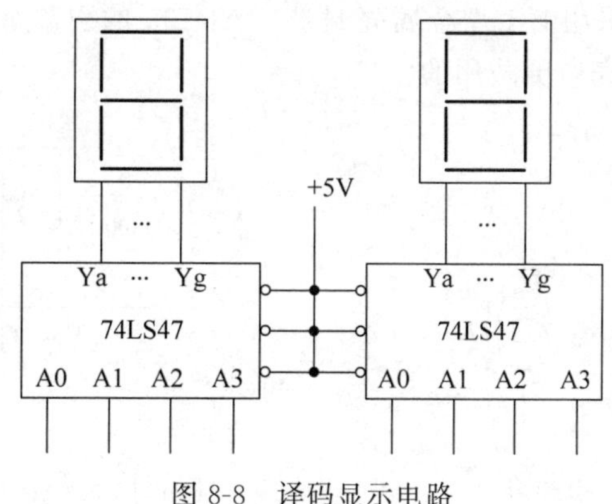

图 8-8　译码显示电路

致，以便正确布线和查线。

(2) 在面包板上组装电路时，为了便于查线，可根据连线的不同作用选择不同颜色的导线。例如正电源采用红色线，地线采用黑色导线，信号线则采用其他颜色的导线。

(3) 布线要按信号的流向有序连接，连线要做到横平竖直，不允许跨接在集成电路上。另外，要选择 0.6mm 粗细单股导线，避免导线与面包板插孔之间接触不良。

5. 实验设备

面包板

直流稳压源　　　　DF1731SC2A 型

8.5　温度控制器

1. 实验目的

(1) 了解温度传感器件的性能，学会在实际电路中应用。

(2) 进一步熟悉集成运算放大器的线性和非线性应用。

2. 实验原理

温度控制器是实现可测温和控温的电路，电路基本组成框图如图 8-9 所示。温度传感器的作用是把温度信号转换成电流或电压信号，K—℃变换器将绝对温度 K 转换成摄氏温度℃。信号经放大送入比较器与预先设定的固定电压(对应控制温度点)进行比较，由比较器输出电平高低变化来控制发光二极管，发出警报信号，实现温度自动控制。

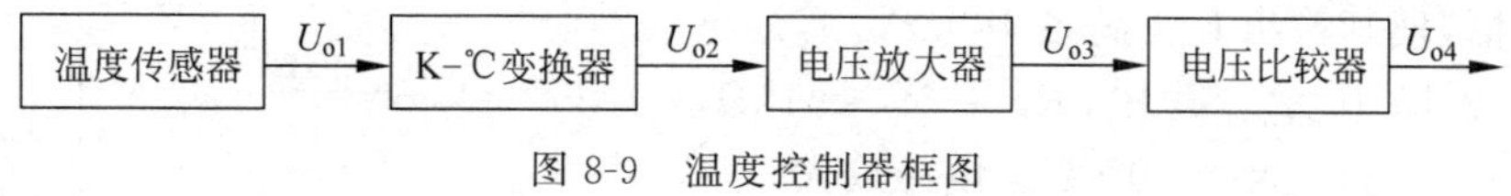

图 8-9　温度控制器框图

1) 温度传感器

本课题采用 AD590 集成温度传感器进行温度—电流转换，它是一种电流型二端器件，其内部已作修正，具有良好的互换性和线性，有消除电源波动的特性，输出阻抗达 10MΩ，转换当量为 1μA/K。器件采用 B-1 型金属壳封装。AD590 的引脚如图 8-10 所示，其中第三个引脚可以不用，是接外壳做屏蔽用的。

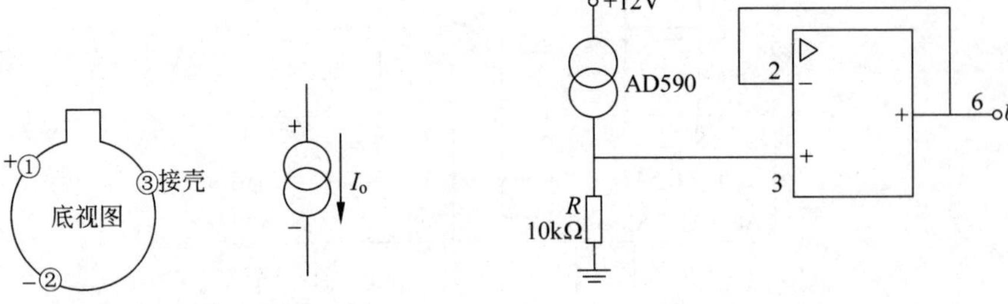

图 8-10　AD590 引脚图

图 8-11　温度—电压转换电路

温度—电压转换电路如图 8-11 所示。由图可得

$$U_{o1}=1\mu A/K\times R=R\times10^{-6}/K \tag{8-4}$$

电阻 R 取 10kΩ，则 $U_{o1}=10\text{mV/K}$。

2) K—℃变换器

因为 AD590 的温控电流值对应热力学温度 K，而在温控中需要使用摄氏温度℃，当 $t=0$℃时，$T=273$K，$U_{o1}=2.73$V，由 K—℃变换电路使得 $U_{o2}=0$V 与摄氏温度相对应。可采用运放组成的加法器实现这一转换，参考电路如图 8-12 所示。

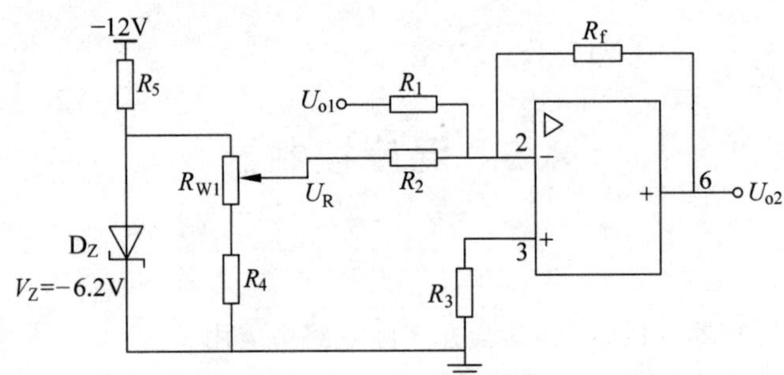

图 8-12　K—℃变换电路

电路中，电阻 $R_1=R_2=R_f=10\text{k}\Omega$，$R_3=3.3\text{k}\Omega$，$R_4=10\text{k}\Omega$，$R_5=1.2\text{k}\Omega$，电位器 $R_{W1}=50\text{k}\Omega$，稳压管 D_Z 的 $V_Z=-6.2$V。调节电位器 R_{W1} 的阻值，使参考电压 $U_R=-2.73$V。运放实现反相加法运算 $U_{o2}=-(U_R+U_{o1})$，从而实现 K—℃的转换。

3) 电压放大器

采用运放实现一个反相比例放大器，放大倍数为 −10 倍，使其输出 U_{o3} 满足 100mV/℃。电路图如图 8-13 所示。其中，$R_6=R_7=1\text{k}\Omega$，$R_{f2}=10\text{k}\Omega$，实现 $U_{o3}=-10\times U_{o2}$ 电压放大。

例如：当温度计传感器处的温度 $t=27$℃→$T=t+273=300$K，$U_{o1}=3$V，$U_{o2}=-(-2.73\text{V}+3\text{V})=-0.27$V，$U_{o3}=-10U_{o2}=2.7$V。

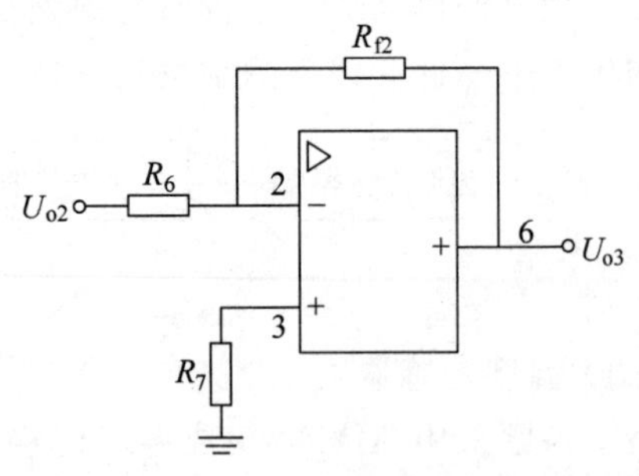

图 8-13　反相比例放大器

4）电压比较器

采用运放实现反相电压比较器，如图 8-14 所示。U_{REF} 为控制温度设定电压（对应控制温度），U_{o3} 接于运放反相输入端，与参考电压 U_{REF} 相比较。若温度传感器探测的温度高于控制温度，即 $U_{o3}>U_{REF}$，使比较器输出电压 $U_{o4}=-6.2V$，三极管处于截止状态，二极管正极接高电平，点亮发光二极管；反之，则使 $U_{o4}=6.2V$，三极管处于饱和状态，二极管正极接地，发光二极管熄灭。

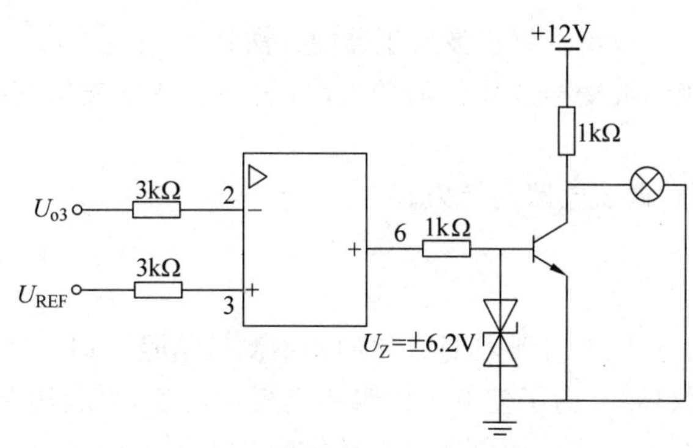

图 8-14　电压比较器

3. 实验任务

（1）根据实验原理画出实验电路整体图。

（2）列出元器件清单，依照电路图在面包板上搭建电路，并进行调试。

（3）整理实验数据，总结调试过程发现的故障及解决方法。

4. 实验要求

（1）有极性的电子元器件安装时其标志最好方向一致，以便于检查和更换。集成电路的方向要保持一致，以便正确布线和查线。

（2）在面包板上组装电路时，为了便于查线，可根据连线的不同作用选择不同颜色的导线。例如正电源采用红色导线，负电源采用蓝色导线，地线采用黑色导线，信号线则采用其他颜色的导线。

（3）布线要按信号的流向有序连接，连线要做到横平竖直，不允许跨接在集成电路上。另外，选择导线粗细要适中，要选择 0.6mm 粗细单股导线避免导线与面包板插孔之间接触不良。

（4）运放的正、负电源不可接反。

（5）调试时应逐级进行观测、检查及调整。尤其是 K—℃ 转换电路中参考电压 U_R 的取值需要进行精确调试。

5. 实验设备

面包板

直流稳压源　　　　　DF1731SC2A 型

双踪示波器　　　　　　　XJ4316B 型
数字万用表　　　　　　　UT39A 型

8.6　锯齿波发生器

1. 实验目的

(1) 学习使用集成运放组成锯齿波发生器的方法；

(2) 通过设计将矩形波变换成锯齿波的电路，进一步熟悉波形变换电路的工作原理及测试方法；

(3) 训练连接电路、调试电路的能力。

2. 实验原理

锯齿波和正弦波、方波、三角波都是常用的基本测试信号。锯齿波在实际中有广泛的应用。例如在示波器等仪器中，为了使电子按照一定规律运动，以利用荧光屏显示图像，常用到锯齿波产生器作为时基电路。而电视机中显像管荧光屏上的光点，是靠磁场变化进行偏转的，所以需要用锯齿波电流来控制。

锯齿波发生器原理框图如图 8-15 所示。首先由迟滞比较器输出矩形波，由充放电控制电路改变积分电路的积分常数，最后由积分器将波形转换为锯齿波。

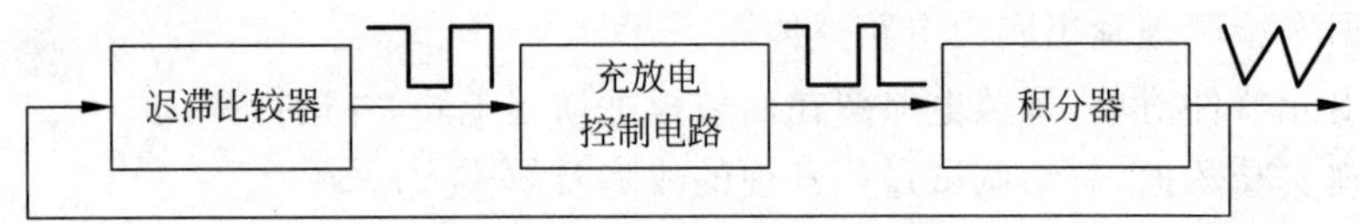

图 8-15　锯齿波发生器原理框图

迟滞比较器具有滞回特性，即具有惯性，因此也就具有一定的抗干扰能力。本课题所采用的锯齿波发生电路如图 8-16 所示。

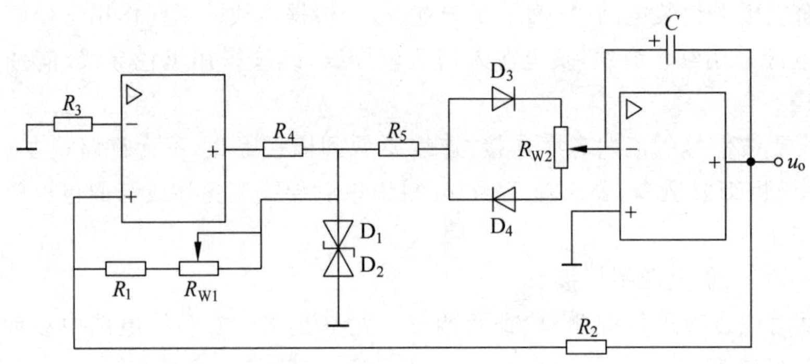

图 8-16　锯齿波发生电路原理图

其中迟滞比较器由运放 U_1，电阻 R_1、R_2、R_3、R_4，稳压二极管 D_1、D_2 和电位器 R_{W1} 构成。其中，稳压管 D_1、D_2 和限流电阻 R_4 构成输出限幅电路，稳定矩形波输出幅值。调节电位器 R_{W1} 可改变矩形波的频率，从而在一定范围内改变锯齿波的频率。

充放电控制电路则由正、反向二极管 D_3、D_4 和电位器 R_{W2} 构成。调节电位器 R_{W2}，正、反向的充放电时间常数将发生变化，当积分电路的正向积分时间常数远大于反向积分常数，或者反向积分时间常数远大于正向积分时间常数时，那么输出电压 u_o 上升和下降的斜率相差很多，从而实现左锯齿波和右锯齿波，波形如图 8-17 所示。

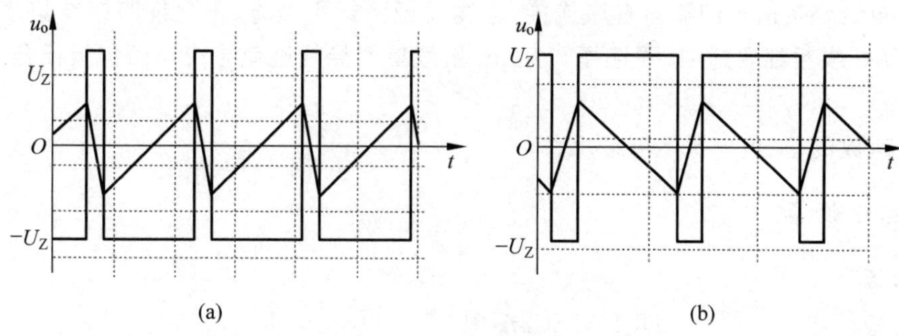

图 8-17 锯齿波形图

(a) 右锯齿波形图；(b) 左锯齿波形图

3. 实验任务

1）电路条件

该锯齿波发生器由两个运算放大器构成，因此可采用单运放集成芯片 μA741 实现该电路。集成芯片 μA741 引脚图如图 8-18 所示，其中 4 号引脚接 −12V，7 号引脚接 +12V 的工作电压。电路中各电阻、电容的取值如表 8-3 所示。

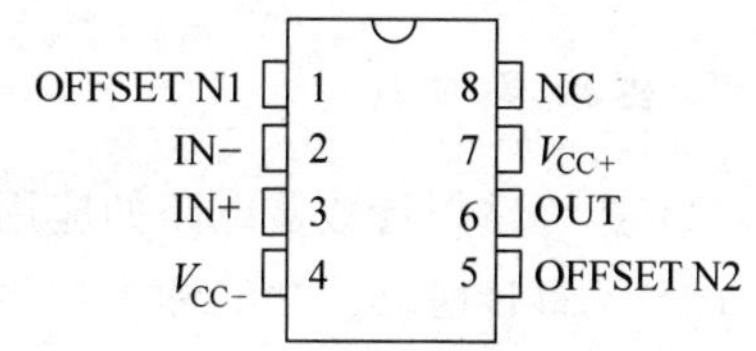

图 8-18 芯片 μA741 引脚图

表 8-3 电路元器件参数取值表

电阻		电容		电位器		稳压二极管	
R_1	20kΩ	C	0.047μF	R_{W1}	100kΩ	D_1	6V2
R_2	5.1kΩ					D_2	6V2
R_3	51kΩ			R_{W2}	50kΩ	二极管	
R_4	2kΩ					D_3	
R_5	100Ω					D_4	

2）电路调试

调节电位器 R_{W1}，使锯齿波频率 $f=200$Hz；调节电位器 R_{W2}，可使锯齿波占空比在一定范围内改变。使用示波器观察矩形波、锯齿波的波形，并测量出波形的周期 T，电压峰-峰值 $U_{p\text{-}p}$ 以及矩形波的占空比。

4. 实验要求

(1) 整理实验数据，画出波形图。

(2) 总结实验中遇到的问题及解决方法。

(3) 有极性的电子元器件安装时其标志最好方向一致，以便于检查和更换。集成电路的方向要保持一致，以便正确布线和查线。

(4) 在面包板上组装电路时，为了便于查线，可根据连线的不同作用选择不同颜色的导线。例如正电源采用红色导线，负电源采用蓝色导线，地线采用黑色导线，信号线则采用其他颜色的导线。

(5) 布线要按信号的流向有序连接，连线要做到横平竖直，不允许跨接在集成电路上。另外，选择导线粗细要适中，要选择 0.6mm 粗细单股导线避免导线与面包板插孔之间接触不良。

(6) 运放的正、负电源不可接反。

5. 实验设备

面包板
直流稳压源　　DF1731SC2A 型
双踪示波器　　XJ4316B 型
数字万用表　　UT39A 型

8.7 计时器

1. 实验目的

(1) 熟练掌握计数器电路的应用。
(2) 了解计时器的功能和工作原理，设计一个短跑计时器。
(3) 掌握数字电路典型芯片的逻辑功能和使用方法。
(4) 了解面包板的结构及其接线方法，熟练使用面包板搭建、调试电路。

2. 实验原理

本实验从日常生活中常见的事物入手，要求设计短跑计时器。计时器要求：①采用三个独立式开关 A、B、C 进行计时控制，三个开关对计时器的状态控制如表 8-4 所示。②采用数码管动态显示计时时间，要求能显示："分""秒""毫秒"，计数时长最长为 10min。③计数精度：0.01s。

表 8-4　计时器开关与工作状态表

开关 A	开关 B	开关 C	计时器工作状态
断开	×	×	停止计时
×	闭合	×	计时器复位
闭合	断开	闭合	正常计时
闭合	断开	断开	暂停计时(再次闭合继续当前计时)

如图 8-19 所示为计时器电路的原理框图。

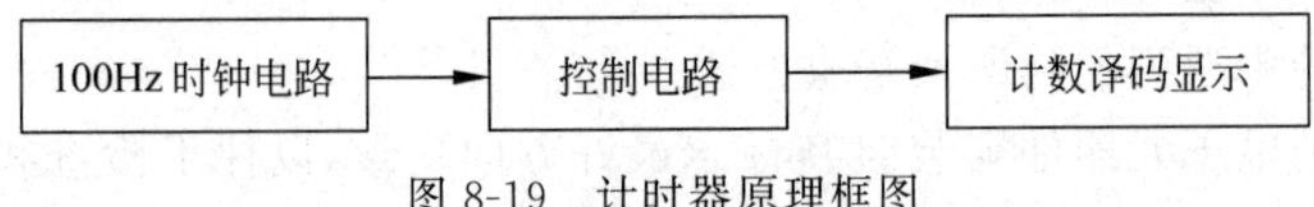

图 8-19　计时器原理框图

1) 100Hz 时钟

如图 8-20 所示，采用 555 定时器构成的多谐振荡电路实现周期为 10ms(100Hz)的时钟信号。注：为减小计时器的误差，应将 555 定时电路的输出接示波器，调节电位器 R_2，使输出时钟周期为标准的 10ms。

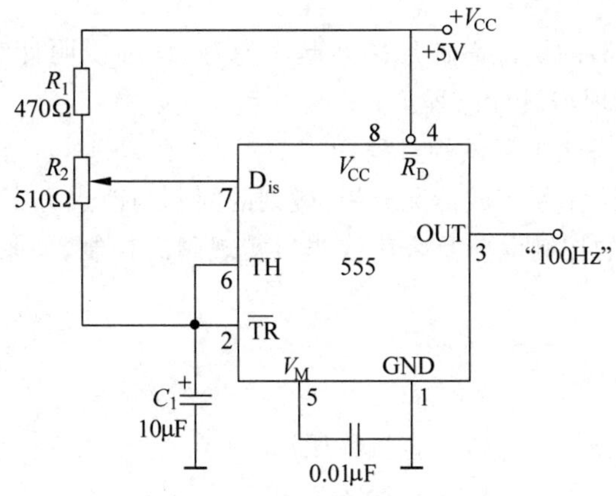

图 8-20　100Hz 时钟电路

2) 控制电路

控制电路的主要功能有三：①开关 A 优先级最高，对整个计时器的计时进行启动、停止控制；②开关 B 只要闭合，将计时器输出置 0，即复位；③开关 C，只有在 A 闭合，B 断开(即允许计时，没有复位信号)时可正常工作。开关 A、开关 C 的控制电路如图 8-21 所示。开关 B 控制电路比较简单，可设计一单稳态开关，将开关输出信号送至所有计数器的清零端，请自行设计。

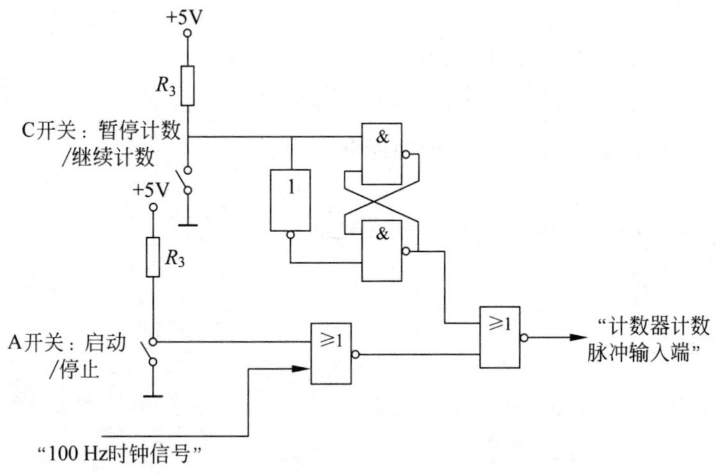

图 8-21　控制开关 A、C 电路

3) 计数、译码、显示

(1) 计数：可采用 5 片 74LS90 芯片分三组实现。第一组，两片 74LS90 组成百进制计数器，对 100Hz 信号进行计数；第二组，两片 74LS90 构成六十进制计数器，对毫秒计数的结果即秒信号计数；第三组，单片 74LS90 构成十进制计数器，对 60s 计数结果信号计数。74LS90 计数的原理参看 6.7 节。

(2) 译码与显示：可选用共阳极数码管与 74LS247，相关原理参看 6.7 节。

3. 实验报告要求

(1) 说明短跑计时器的设计总体思路及基本原理，详细说明计时器的整体方案设计及每一单元模块电路的原理与设计过程。

(2) 说明实验电路搭建与调试的过程。

(3) 设计小结：设计任务完成情况分析，碰到的问题与改进方案。

(4) 思考：本实验的控制电路是采用或非门实现阀门控制，如采用与非门控制，控制电路该如何设计？

4. 实验设备与器材

面包板　1 块	直流稳压源　1 台
74LS90 芯片 5 片	74LS247 芯片　5 片
共阳极数码管 5 只	555 集成定时器芯片　1 片
74LS00 芯片　2 片	74LS02 芯片　1 片
510Ω 电位器　1 只	
电阻、电容、导线若干	

8.8 频　率　计

1. 实验目的

(1) 进一步加深对计数器电路的理解。

(2) 了解频率计的功能和工作原理，设计一个计数频率范围为 1～9999Hz 的频率计。

(3) 掌握数字电路典型芯片的逻辑功能和使用方法。

(4) 了解面包板的结构及其接线方法，熟练使用面包板搭建、调试电路。

2. 实验原理

在进行模拟、数字电路的设计、安装和调试过程中，经常要用到数字频率计。数字频率计实际上就是一个脉冲计数器，即在单位时间内(1s)所统计的脉冲个数。

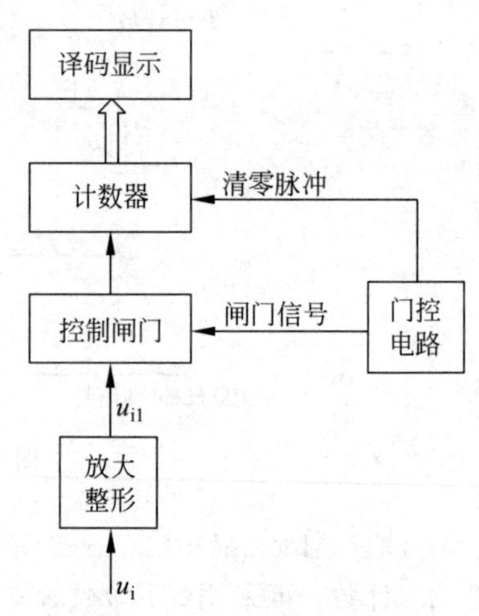

图 8-22　数字频率计组成框图

如图 8-22 所示是简单数字频率计的组成框图。图中 u_i 是被测量的电信号，通过放大整形电路将 u_i 转换成计数器所要求的脉冲信号并送入闸门，门控电路产生一个脉宽为 1s 的闸门信号将闸门打开，即闸门开启 1s，计数器计数 1s 内被测信号的脉冲数(信号的变化次数)，也就是信号的频率。闸门信号结束后，显示器上将显示被测信号的频率。此外，门控电路在下一个闸门信号到来前产生一个清零脉冲，使计数器每次测量从零开始计数。如图 8-23 所示为频率计各信号的时序图。

实验要求设计一个四位的频率计数器逻辑控制电路，显示范围为 1～9999Hz，误差 1Hz。

1）放大整形电路

由于待测信号是各种各样的，有三角波、正弦波、方波等，而计数信号必须为方波信号，所以，要使计数器准确计数，必须将输入波形进行整形，通常采用的是斯密特触发器。电路如图 8-24 所示。

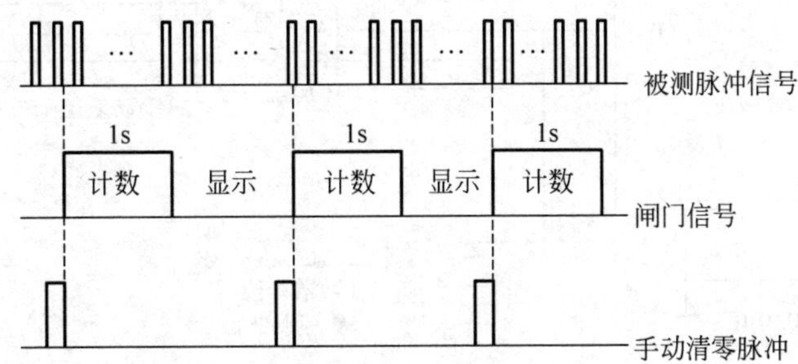

图 8-23　频率计信号时序图

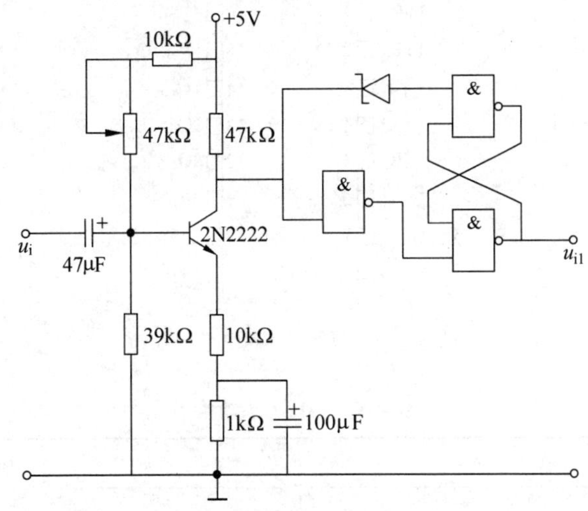

图 8-24　放大整形电路

2）控制闸门与门控电路

输入信号 u_i 经放大整形后的信号 u_{i1} 已是矩形波，也即形成了图 8-23 中的“被测脉冲信号”。信号 u_{i1} 送至控制闸门(与非门)，控制闸门的控制端由门控电路控制。门控电路产生一个脉宽为 1s 的闸门信号将闸门打开，即闸门开启 1s，计数器计数 1s 内被测信号的脉冲数(即信号的变化次数)，也就是信号的频率。闸门信号结束后，显示器上将显示被测信号的频率。此外，门控电路在下一个闸门信号到来前产生一个清零脉冲，使计数器每次测量从零开始计数。实现控制闸门与门控的电路如图 8-25 所示。

图 8-25 中采用的电路主要有两部分：采用 555 定时器构成的多谐振荡电路实现周期为 2s 的门控开启信号；采用 74LS123 构成单稳态触发电路控制计数器的清零。

555 定时器构成的多谐振荡器原理参看 6.8 节。74LS123 为两个可以重触发的单稳态触发器，其芯片引脚图如图 8-26 所示，功能表如表 8-5 所示。

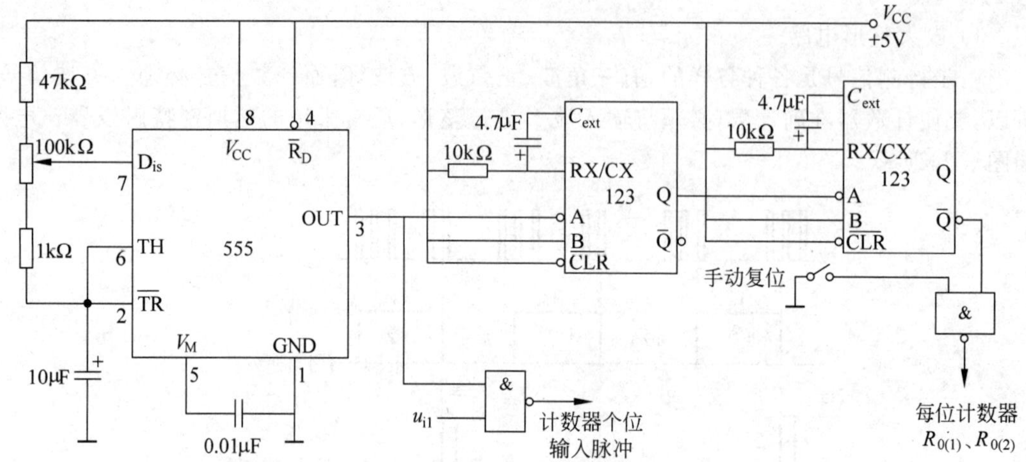

图 8-25　控制闸门与门控电路

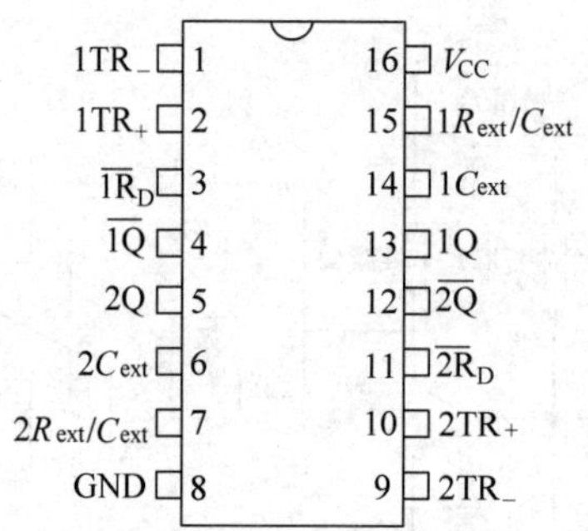

图 8-26　74LS123 单稳态触发器

表 8-5　74LS123 功能表

输入			输出	
$\overline{R}_D$	TR_-	TR_+	Q	$\overline{Q}$
L	×	×	L	H
×	H	×	L	H
×	×	L	L	H
H	L	↑	⊓	⊔
H	↓	H	⊓	⊔
↑	L	H	⊓	⊔

使用说明：

(1) 外接定时电容 C_T 接在 C_{ext} 端和 R_{ext}/C_{ext} 端(正)之间。

(2) 外接定时电阻 R_T 接在 R_{ext}/C_{ext} 端和 V_{CC} 之间。

(3) 输出脉冲宽度(即定时时间) $T_W=0.28R_TC_T\left(1+\frac{0.7\text{k}\Omega}{R_T}\right)$。

3) 计数与译码显示

(1) 计数电路：可用 4 片 74LS90 分为两组，每一组两片 90 芯片构成百进制计数器，然后把两组百进制计数器级联形成 0000～9999 进制计数器。

(2) 译码显示电路：必须选用带锁存功能的译码器与相对应的共阴或共阳数码管。如：选用 CC4511 芯片与共阴极数码管。

计数、译码显示电路较简单，请自行设计。

3. 实验任务

(1) 根据实验原理在 Multisim 或 EWB 软件中完成整体电路的设计。

(2) 根据设计好的电路图在面包板上搭建电路，并进行功能测试。

(3) 撰写一份科学、详尽、正确的实验报告。

4. 实验报告要求

(1) 说明数字频率计设计的总体思路及基本原理，并详细叙述频率计的整体方案设计及每一单元模块电路的原理与设计过程。

(2) 说明实验电路搭建与调试的过程。

(3) 设计小结：设计任务完成情况分析，碰到的问题与改进方案。

(4) 思考题：在控制闸门与门控电路中，开关输入为手动复位，试设计防抖动开关。

5. 实验设备与器材

面包板　1 块	直流稳压源　1 台
74LS90 芯片 4 片	74LS247 芯片　4 片
共阳极数码管 4 片	74LS123 芯片　2 片
555 集成定时器芯片　1 片	74LS00 芯片　2 片
NPN 三极管　1 只	100K 电位器　1 只
电阻、电容、导线若干	

8.9 脉搏计

1. 实验目的

(1) 进一步加深对计数器电路的理解。

(2) 了解数字脉搏计及工作原理，熟悉数字脉搏计的设计与制作。

(3) 掌握数字电路典型芯片的逻辑功能和使用方法。

(4) 了解面包板的结构及其接线方法，熟练使用面包板搭建、调试电路。

2. 实验原理

脉搏计是用来测量一个人心脏跳动次数的电子仪器，也是心电图的主要组成部分。它是用来测量频率较低的小信号(传感器输出电压一般为几个毫伏)，基本功能是：①用传感器将脉搏的跳动转换为电压信号，并加以放大、整形和滤波；②在短时间内(15s 内)测出每分钟的脉搏数。本实验要求设计一个电子脉搏计，要求实现在 15s 内测量 1min 的脉搏数，并且显示其数字。

已知，常人脉搏数为 60～80 次/min，婴儿为 90～100 次/min，老人为 60～100 次/min。能够实现设计功能的方案很多，本文给出如图 8-27 所示的方案。

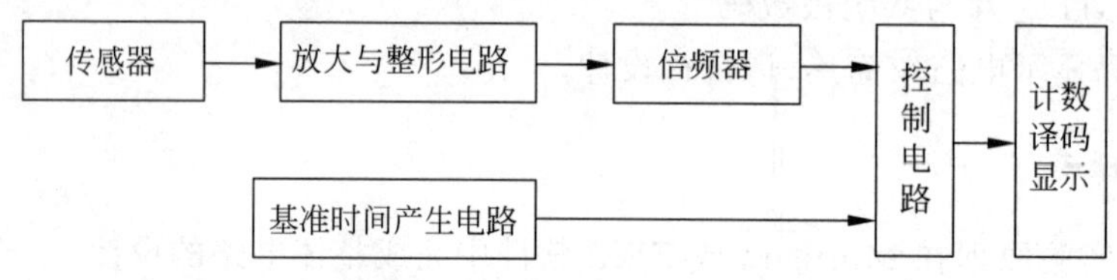

图 8-27　脉搏计总体设计框图

图 8-27 所示方案各部分的作用如下。

(1) 传感器：将脉搏跳动信号转换为与此相对应的电脉冲信号。

(2) 放大与整形电路：将传感器的微弱信号放大，整形除去杂散信号。

(3) 倍频器：将整形后所得到的脉冲信号的频率提高。将 15s 内传感器所获得信号频率 4 倍频，即可得到对应 1min 脉冲数，从而缩短测量时间。

(4) 基准时间产生电路：产生短时间的控制信号，以控制测量时间。

(5) 控制电路：用以保证在基准时间控制下，使 4 倍频后的脉冲信号送到计数、显示电路中。

(6) 计数、译码、显示电路：用来读出脉搏数，并以十进制数的形式由数码管显示出来。

上述测量过程中，由于对脉冲进行了 4 倍频，计数时间也相应缩短至原来的 1/4(15s)，而数码管显示的数字是 1min 脉搏跳动次数，所以这种方案的测量误差为 4 次/min，测量时间越短，误差越大。下面将详细说明各单元模块的原理电路。

1) 传感器

光敏传感器是最常见的传感器之一，它的种类繁多，主要有：光电管、光敏电阻、光敏三极管、红外线传感器、紫外线传感器等。它的敏感波长在可见光波长附近，包括红外线波长和紫外线波长。最简单的光敏传感器是光敏电阻，当光子冲击接合处就会产生电流。因此，传感器可采用红外光电转换器，作用是通过红外光照射人的手指的血脉流动情况，把脉搏跳动转换为电信号，其原理电路如图 8-28 所示，红外线发光管 VD 采用 TLN104，接收三极管 VT 采用 TLN104。

2) 放大与整形电路

传感器将脉搏信号转换为电信号，此电信号一般为几十毫伏，必须加以放大，以达到整形电路所允许的电压，一般为几伏。放大后的信号是不规则的脉冲信号，必须加以滤波整形，整形电路的输出电压应满足计数器的要求。

所选放大与整形电路的方框图如图 8-29 所示。

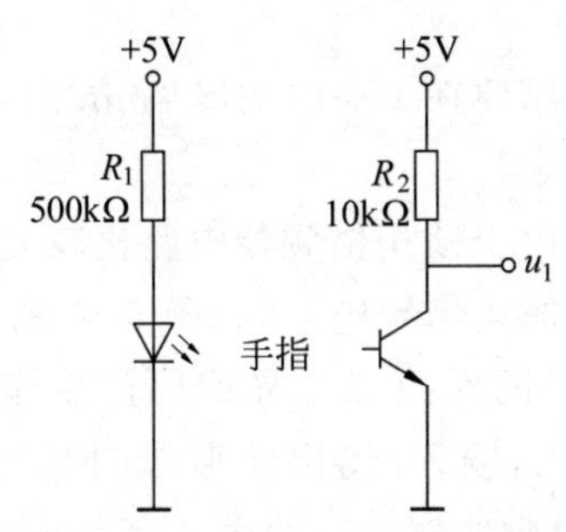

图 8-28　传感器信号调节原理图

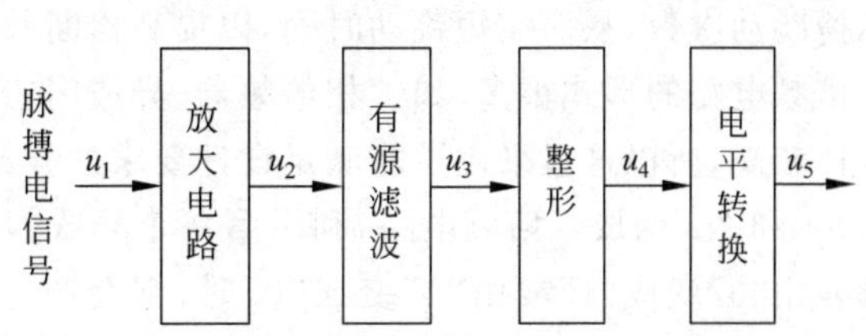

图 8-29　放大与整形电路方框图

（1）放大电路

"放大"的本质是实现能量的控制，即能量的转换：用能量比较小的输入信号来控制另一个能源，使输出端的负载上得到能量比较大的信号。放大的对象是变化量，放大的前提是传输不失真。由于传感器输出电阻比较高，故放大电路采用了同相放大器，如图 8-30 所示。

（2）有源滤波电路

在此采用二阶压控有源低通滤波电路，目的是把脉搏信号中的高频干扰成分滤掉，同时把脉搏信号加以放大。因为要去掉脉搏信号中的干扰尖脉冲，有源滤波电路的截止频率为 1kHz 左右。为了使脉搏信号放大到整形电路所需的电压值，电压放大倍数选用 1.6 倍左右，具体电路如图 8-31 所示，集成运放采用 LM324。

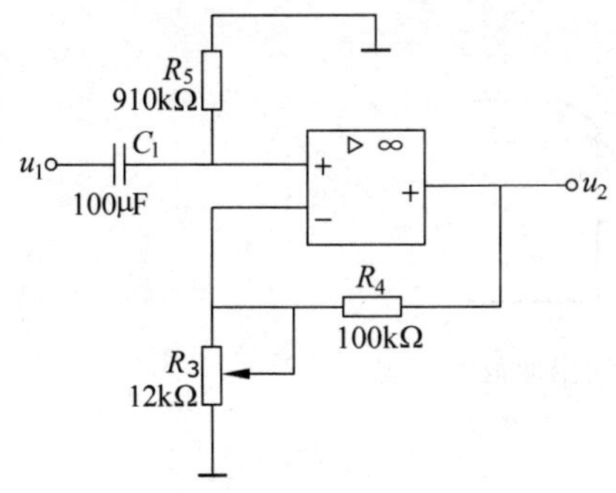

图 8-30　同相放大电路

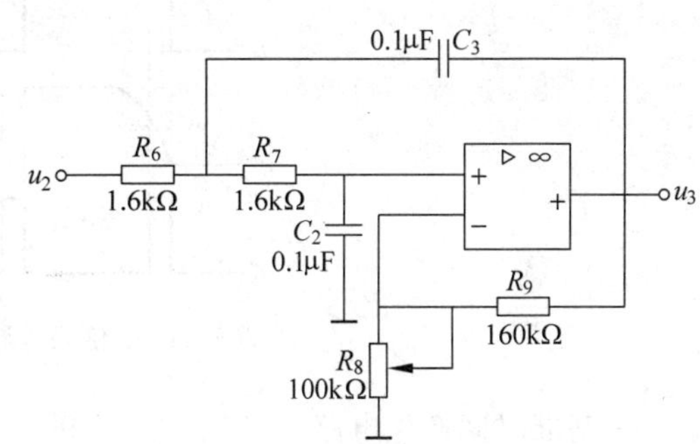

图 8-31　二阶有源滤波电路

（3）整形和电平转换电路

经过放大滤波后的脉搏信号仍是不规则的脉冲信号，且有低频干扰，仍不满足计数器的要求，必须采用整形电路，可选用滞回电压比较器，如图 8-32 所示，其目的是为了提高抗干扰能力，集成运放采用 LM324。滞回电压比较器输出的脉冲信号是一个正负脉冲信号，不满足计数器要求的脉冲信号，故采用电平转换电路，加入二极管 D 来实现。

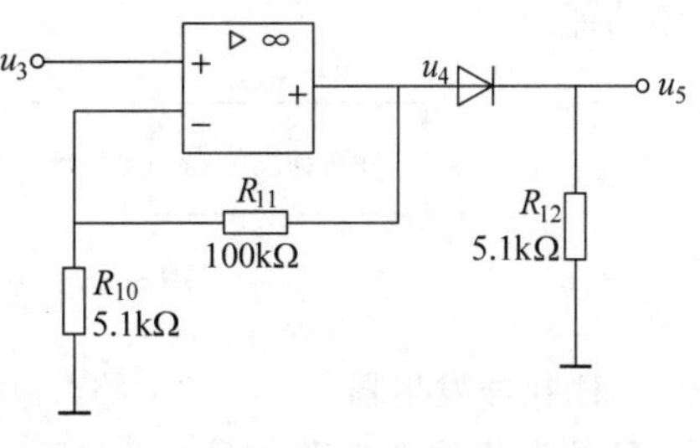

图 8-32　整形和电平转换电路

3）倍频器

该电路的作用是对放大整形后的脉搏信号进行 4 倍频，以便在 15s 内测出 1min 内的人体脉搏跳动次数，从而缩短跳动时间，以提高诊断效率。

倍频电路的形式很多，如锁相倍频器、异或门倍频器等，由于锁相倍频器电路比较复杂，成本比较高，所以这里采用了能满足设计要求的异或门组成的 4 倍频电路，如图 8-33 所示。

N1 和 N2 构成二倍频电路，利用第一个异或门的延迟时间对第二个异或门产生作用，当输入由“0”变成“1”或由“1”变成“0”时，都会产生脉冲输出，输入/输出波形如图 8-34 所示。电容 C_4、C_5 的作用是为了增加延迟时间，从而加大输出脉冲宽度。两个二倍频电路就构成了 4 倍频电路。异或门选用 74LS86。

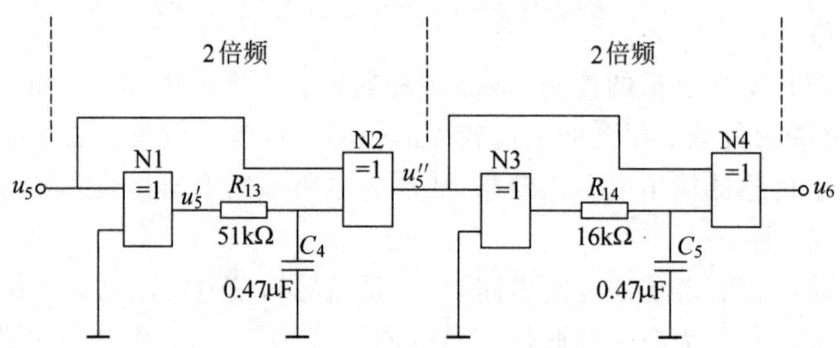

图 8-33　4 倍频电路

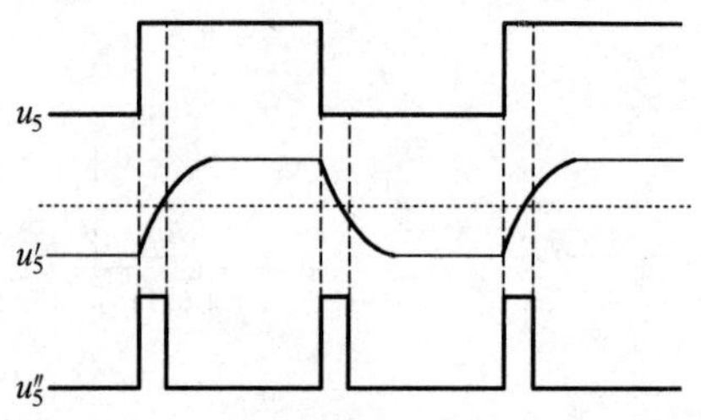

图 8-34　2 倍频电路的输入/输出波形

4）基准时间产生电路

基准时间产生电路的功能是产生一个周期为 30s(脉冲宽度为 15s)的脉冲信号，以控制在 15s 内完成 1min 的测量任务。为了保证基准时间的准确，可以采用如图 8-35 所示框图实现该功能。

图 8-35　基准时间产生电路的框图

（1）秒脉冲发生器

秒脉冲发生器的电路如图 8-36 所示。为了使基准时间准确，采用了石英晶体振荡电路，石英晶体的主频为 32.768kHz，反相器采用了 CD4060 内部的反相器。CD4060 是 14 位二进制计数器，可对振荡信号 2^{14} 分频后，产生 2Hz 的脉冲信号，再用 74LS74 进行 2 分频得到周期为 1s 的脉冲信号。

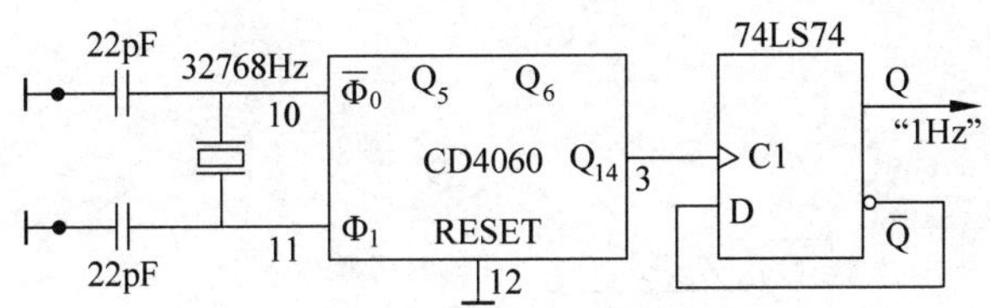

图 8-36　秒脉冲发生器

(2) 15 分频器与 2 分频器

如图 8-37 所示，由 74LS161(可预置的 4 位二进制同步计数器)组成十五进制计数器将秒信号进行 15 分频，然后用 D 触发器再次 2 分频，产生一个周期为 30s 的方波，即一个脉宽为 15s 的脉冲信号。

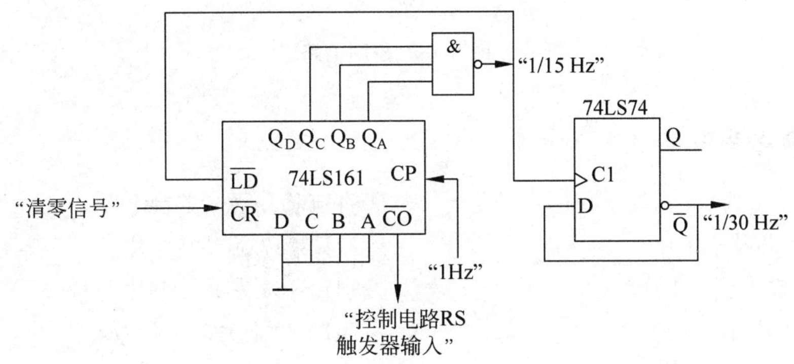

图 8-37　十五分频和二分频电路

5) 计数译码显示

(1) 计数电路：因为人体的脉搏数最高为 150 次/min，所以采用三片 74LS90 级联实现计数，相关原理参看 6.7 节，自行设计。

(2) 译码显示电路：有多种方法，可采用共阳极数码管与对应的驱动芯片，相关原理参看 6.7 节，自行设计。

6) 控制电路

控制电路的作用主要是控制脉搏信号经放大、整形、倍频后进入计数器的时间，同时还应具有为各部分电路清零等功能。参考电路如图 8-38 所示。

3. 实验报告要求

(1) 说明数字脉搏计的总体思路及基本原理，并详细叙述整体方案设计及每一单元模块电路的原理与设计过程。

(2) 说明实验电路搭建与调试的过程。

(3) 设计小结：设计任务完成情况分析，碰到的问题与改进方案。

(4) 思考题：试采用 555 集成定时器定时构成秒脉冲发生器。

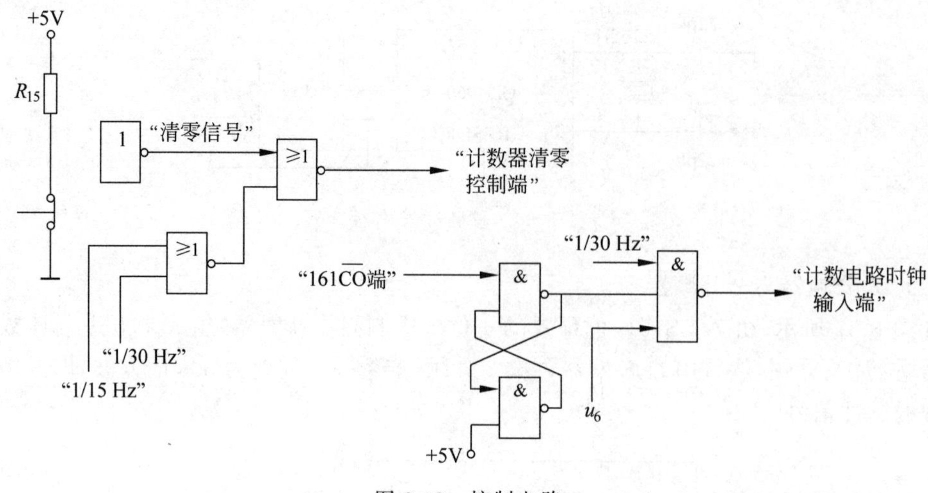

图 8-38 控制电路

4. 实验设备与器材

面包板 1块	直流稳压源 1台
74LS90 芯片 3片	74LS247 芯片 3片
共阳极数码管 3片	74LS161 芯片 1片
CD4060 芯片 1片	74LS20 芯片 1片
LM324 芯片 1片	74LS86 芯片 1片
74LS74 芯片 1片	74LS04 芯片 1片
74LS00 芯片 2片	74LS02 芯片 1片

TLN104 红外线发光三极管 1只

TLN104 红外线接收三极管 1只

电阻、电容、导线若干

8.10 数字电子钟

1. 实验目的

(1) 熟悉数字电子钟的功能、组成、工作原理，设计一个具有整点报时功能的数字钟电路。

(2) 掌握数字电路典型芯片的逻辑功能和使用方法。

(3) 了解面包板的结构及其接线方法，熟练使用面包板搭建、调试电路。

2. 实验原理

数字电子钟是一种利用数字电路来显示秒、分、时的计时装置，与传统的机械钟相比，它具有走时准确、显示直观、无机械传动装置等优点，因而得到广泛应用。实验要求设计的数字电子钟具有如下功能：①用石英晶体振荡器与分频器来产生标准的秒信号；②由六个计数器对秒信号进行计数形成秒、分、时(二十四进制),并通过译码器驱动数码管显示计数结果；③实现整点报时功能：逢 59 分 54 秒开始鸣叫五次低音(512Hz),整点时再鸣叫一次高音(1024Hz)。

数字电子钟由以下几部分组成：石英晶体振荡器和分频器组成的秒脉冲发生器；校时电路(可选)；六十进制秒、分计数器,二十四进制时计数器；秒、分、时的译码显示电路；整点报时控制电路。数字钟的总体方案图如图 8-39 所示。

1) 秒脉冲发生器

振荡器是数字钟的核心,它的作用是产生一个标准时间频率信号,然后再由分频器分频得到秒脉冲。因此,振荡器频率的精度与稳定度决定了数字电子钟的质量和计时的准确程度。通常采用石英晶体振荡器发出的脉冲经过整形、分频得到 1Hz 的秒脉冲。

如图 8-40 所示,采用 32768(2^{15})Hz 的晶振,通过 CD4060 2^{14} 次分频得到 2Hz 脉冲信号,再通过 D 触发器构成的二分频电路,得到 1Hz 标准秒脉冲,提供时钟计数脉冲。此外,CD4060 还可对 32768Hz 的脉冲信号进行 2^5 分频、2^6 分频,分别得到 1024Hz、512Hz 的高频脉冲,提供给整点报时电路。

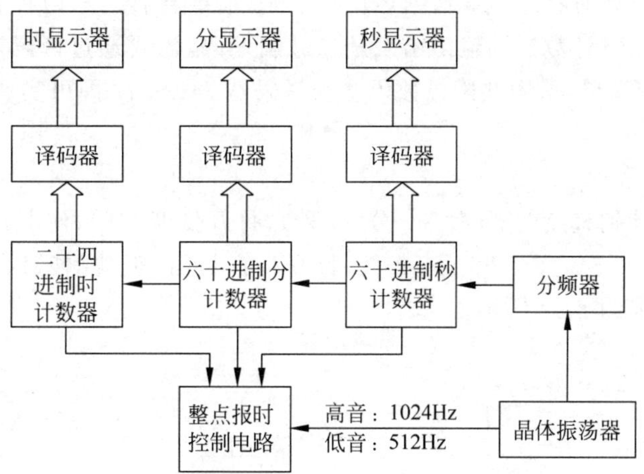

图 8-39　数字电子钟总体方案图

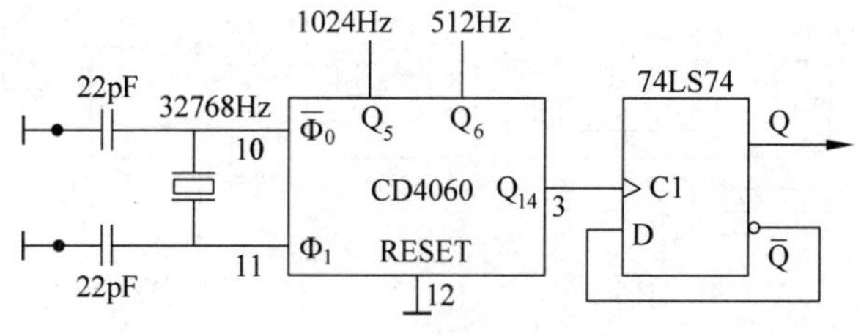

图 8-40　秒脉冲发生器

2) 时间计数电路

时间计数电路由秒计数器、分计数器及时计数器构成。其中,秒计数器和分计数器为六十进制计数器；时计数器为二十四进制计数器。在设计电路时需要考虑：①秒、分、时计数电路的构成；②秒向分进位、分向时进位的进位脉冲如何产生。如图 8-41 所示为采用

74LS90 中规模集成计数器设计的六十进制的分计数器、二十四进制的时计数器，以及分计数向时计数的进位脉冲电路。秒计数电路、秒向分的进位电路可参照该电路自行设计。

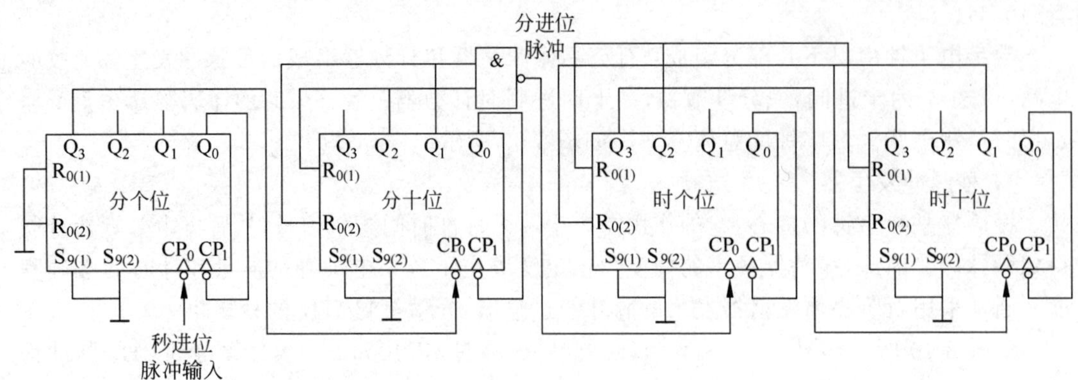

图 8-41　分、时计数电路

3）译码显示电路

为了将数字钟的计时状态直观清晰地反映出来，需要将秒、分、时计数的结果实时地显示到数码管。秒、分、时计数器的输出结果是二进制编码，需要通过译码器驱动数码管显示 BCD 码，该电路比较简单，采用共阳极数码管和译码器 74LS247 即可实现，相关原理请参看 6.7 节内容。

4）整点报时电路

当时计数器在计到整点前 6s 时(59 分 54 秒)，打开低音与门，使电路以 512Hz 低音开始报时，每秒报低音一次，直至 59 分 59 秒，打开高音与门，驱动喇叭以 1024Hz 报一次高音。整点报时电路如图 8-42 所示。

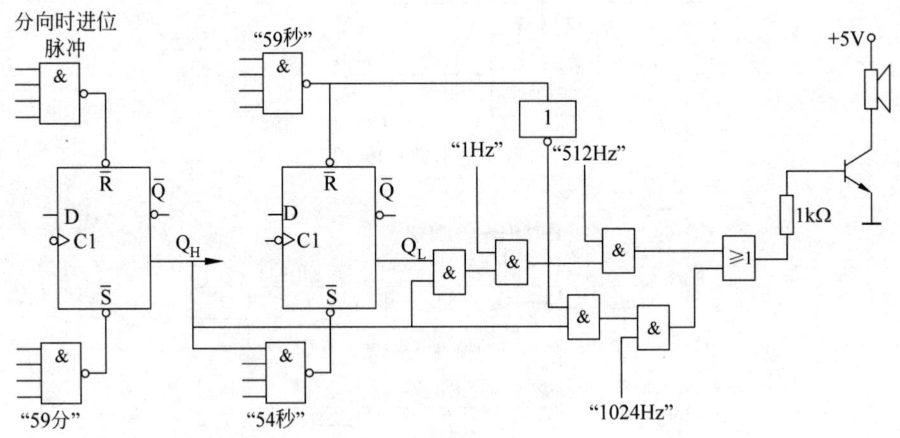

图 8-42　整点报时电路

3. 实验任务

(1) 根据实验原理在 Multisim 或 EWB 软件中完成整体电路的设计。

(2) 根据设计好的电路图在面包板上搭建电路，并进行功能测试。

(3) 撰写一份科学、详尽、正确的实验报告。

4. 实验报告要求

(1) 说明数字电子钟设计的总体思路及基本原理，并详细叙述数字钟的整体方案设计及每一单元模块电路的原理与设计过程。

(2) 详细说明实验电路搭建与调试的过程。

(3) 设计小结：设计任务完成情况分析，碰到的问题与改进方案。

(4) 思考题：

① 如果数字钟采用共阴极数码管显示计数的结果，电路需要进行哪些改动；

② 若计数器芯片更换为 74LS161，在构成计数电路上有何不同？

③ 试在实验电路中加入手动校时电路。

5. 实验设备与器材

面包板　1 块　　直流稳压源　1 台

74LS90 芯片　6 片　　74LS247 芯片　6 片

共阳极数码管　6 片　　74LS32 芯片　1 片

74LS74 芯片　2 片　　74LS04 芯片　1 片

74LS08 芯片　2 片　　74LS00 芯片　1 片

74LS20 芯片　2 片　　CD4060 芯片　1 片

蜂鸣器　1 个　　NPN 型三极管　1 只

电阻、导线若干

附录A

MES-Ⅳ型模拟电子技术实验箱

1. MES-Ⅳ型模拟电子技术实验箱面板如附图A-1所示，各部分的功能简单说明如下：

①②：电源部分。①是保险丝座，②是电源开关。

③④：直流稳压电源：±12V，+5V及接地输出，电源LED指示。

⑤⑥⑦⑧：直流信号源：V_{i1}与V_{i2}可通过输出调节旋钮调节输出电源在−5～+5V范围内连续变化。

⑨：稳压电源实验区：可进行整流、滤波、稳压实验。

⑩：分立元件模拟电路实验区：可进行单管放大（共发射极、共集电极、共基极）电路，多极放大（阻容、直接耦合）电路，负反馈放大电路，差分放大电路，分立元件文氏电桥振荡器等实验。

⑪：集成模拟电路实验区：可进行基本直流放大电路，积分、微分电路，加、减法器，交流放大电路，振荡电路，比较器等实验。

⑫：电位器组。

⑬：扩展实验区，可使用自备元件进行其他电路的应用研究。

2. MES-Ⅳ型模拟电子技术实验箱使用说明：

(1) 实验之前，应检查实验箱输入～220V是否处于连接状态，连接正确后按下电源开关，观察直流稳压电源③④是否正常工作，电源指示灯是否正常点亮。

(2) 稳压电源实验区⑨的降压变压器次级输出端为双15V交流电压，最大输出电流是0.3A。

(3) 本系统的分立、集成模拟电路实验区所需工作电源均是独立的(±12V)，实验时须按要求连接电源。地是共用，实验箱内部已连接。

(4) 实验过程中接线、插接元器件前应先切断电源。检查实验线路正确无误，并清理实验箱面板上不必要的物品后再接通电源。

(5) 在拔插导线时，需要略微旋转导线，使接触点更为可靠。

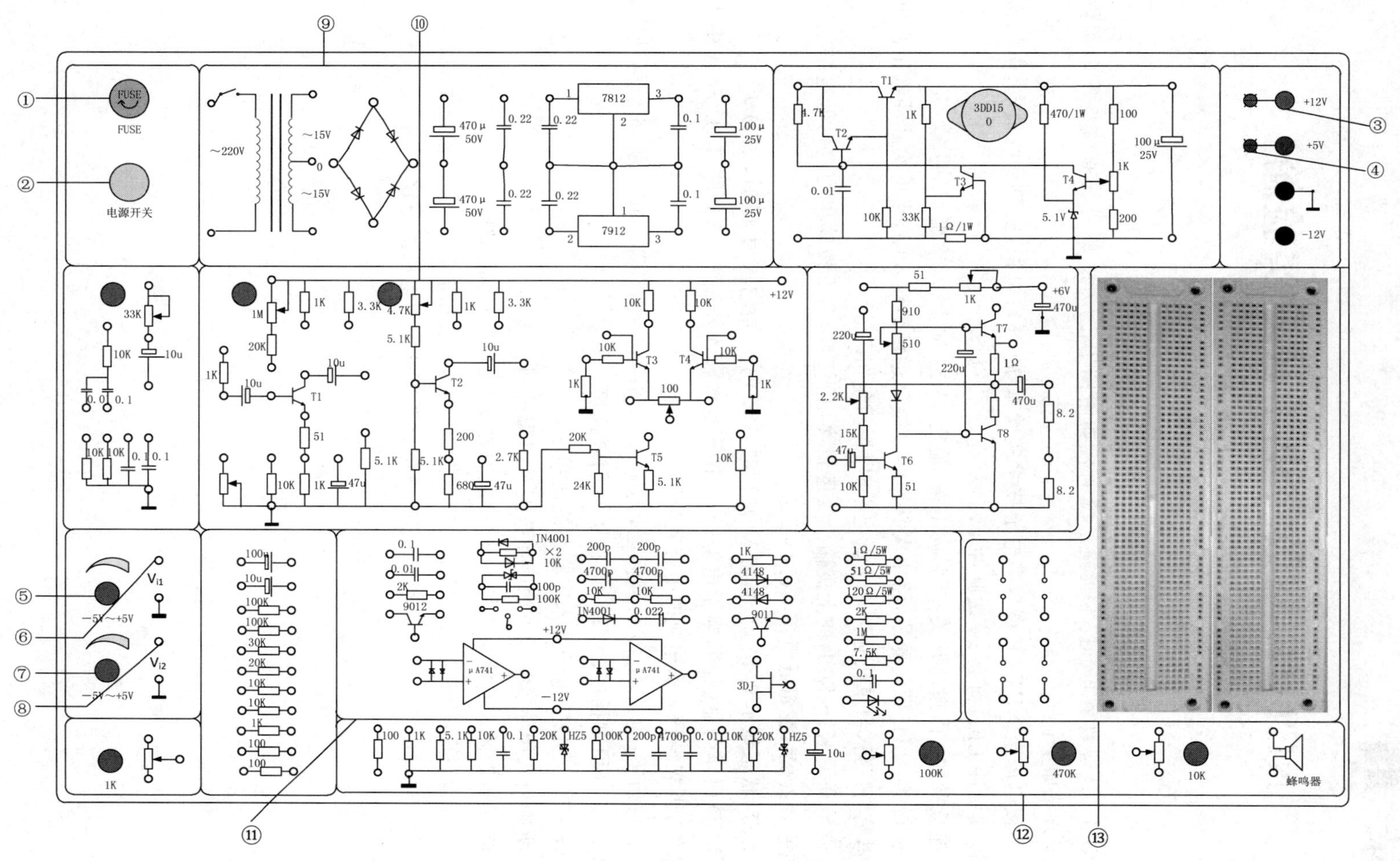

附图 A-1　MES-Ⅳ型模拟电子技术实验箱

NET-1E 型数字电子技术实验箱

1. NET-1E 型数字电子技术实验系统面板如附图 B-1 所示，需外接直流稳压电源供电，其使用方法如下：

(1) 外接电源至 NET-1E 型数字电子技术实验系统，开启电源，实验系统通电，电源指示灯亮、连续脉冲 LED 灯亮、单次脉冲 LED 灯亮。

(2) 连续脉冲：由拨动开关控制，向下拨，输出 1Hz；向上拨，输出 1kHz。

(3) 逻辑笔：用自锁紧导线，将单次脉冲输出接至逻辑笔输入端，当单次脉冲输出高电平时，逻辑笔"H"亮，当单次脉冲输出低电平时，逻辑笔"L"亮。

(4) 逻辑开关 K1～K10，向上拨输出为逻辑高电平"1"，向下拨输出为逻辑低电平"0"。其中高电平＞2.8V，逻辑低电平＜0.4V。

(5) LED 状态显示共 10 位，当输入为"1"时，LED 亮；当输入为"0"时，LED 灭。

(6) BCD 码译码显示：将显示电源＋5V 接至电源输入插座＋5V 中，在 D、C、B、A 输入二进制数值，则数码管显示相应的十进制数字。

(7) 芯片插座：IC1 为 40 引脚插座；IC2 为 20 引脚插座；IC3～IC6 为 16 引脚插座；IC7 与 IC12 为 8 引脚插座；IC8～C11 为 14 引脚插座。

2. NET-1E 型数字电子技术实验系统使用注意事项：

(1) 明确所选用元器件的电源电压范围及引脚排列。

(2) 将元器件插入实验系统时，应注意用力要均匀，以防折断引脚。

(3) 按实验原理图接线，接线的长短应根据电路合理选择和布置。接线检查无误后，方可接通电源。电源电压的输出应和 IC 芯片及电路要求的电源电压值一致。

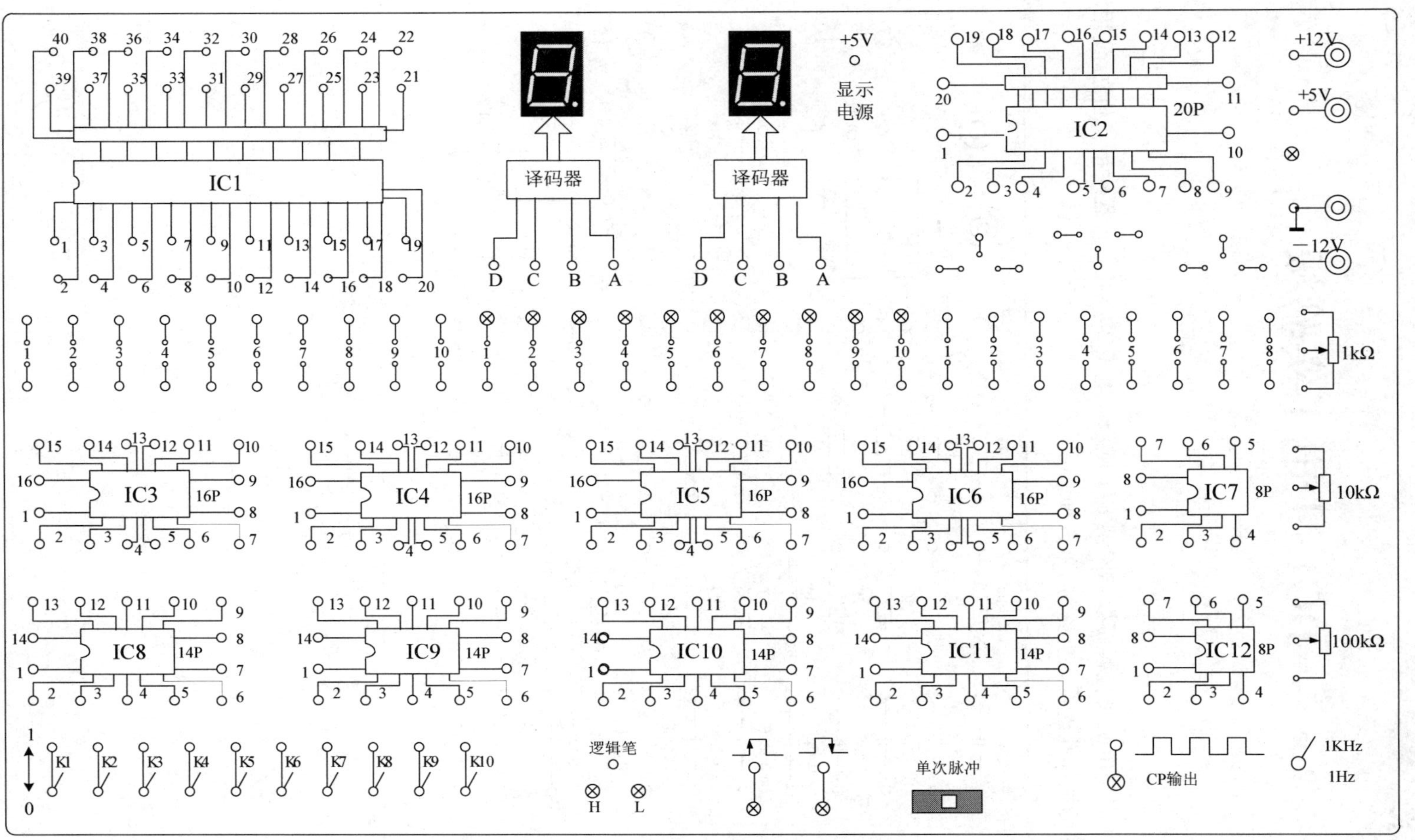

附图 B-1　NET-1E 型数字电子技术实验系统

DGL-Ⅰ电工实验板

DGL-Ⅰ型电工实验板面板如附图 C-1 所示。电工实验板上元器件相互独立,使用时只需将元件两端插孔连接入电路,简单方便。

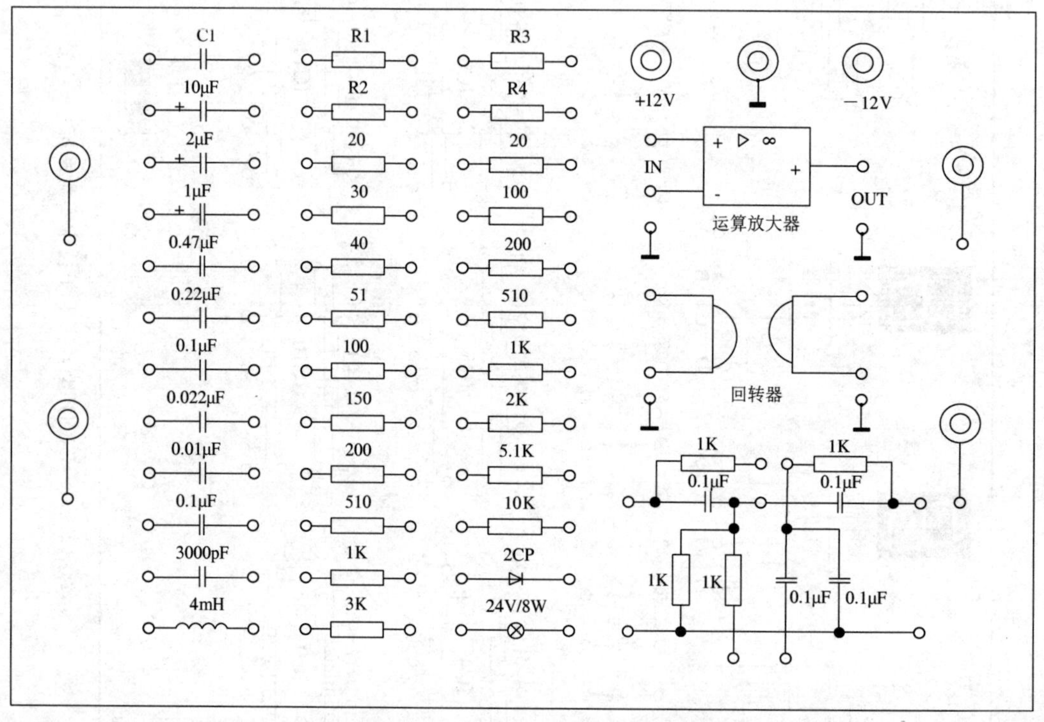

附图 C-1　DGL-Ⅰ型电工实验板

DGL-Ⅰ型电工技术实验系统(电源箱)

DGL-Ⅰ型电工技术实验系统面板如附图 D-1 所示，该电源箱上集成有大功率电阻、大功率电感线圈、日光灯、整流器、启辉器、电容组等元件，更为重要的是，该实验系统还提供有 380V 的交流电源、220V 的交流电源，在使用过程中一定要注意用电安全，严禁带电接、拆线！

DGL-Ⅰ型电工技术实验系统的电源启动三步：①顺时针旋转“断开 OFF”开关，使其弹出；②按下“启动 ON”按键；③闭合三相或者单相空气开关。

DGL-Ⅰ型电工技术实验系统的电源断电：①紧急情况下可直接按下“断开 OFF”键，切断整个实验系统工作电源；②正常情况下断开电源步骤：先切断空气开关，然后按下“断开 OFF”按键。

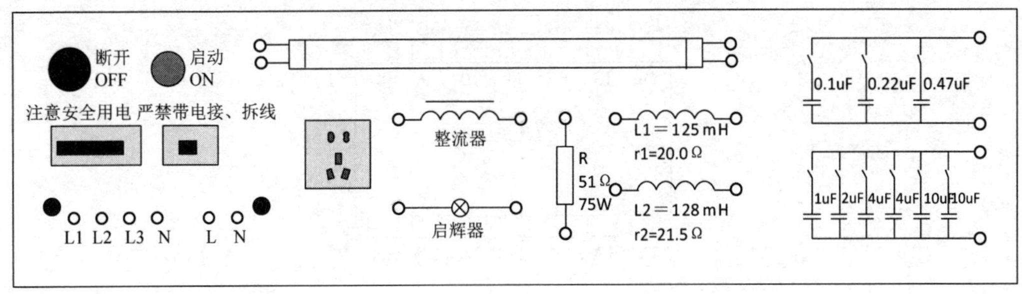

附图 D-1 DGL-Ⅰ型电工技术实验系统

DGL-Ⅰ(6)电流接线盒

如附图 D-2 所示为电流接线盒，配合使用专用的导线，可将电流表串入电路中。电流接线盒有 A—A′、B—B′、C—C′、D—D′共 4 组接线，在无电流表接入状态下，AA′、BB′、CC′、DD′间相互导通，等同于导线；在将专用导线连接电流表以后，插入 AA′、BB′、CC′、DD′之间的插孔，即可将电流表串入到相应的支路中。

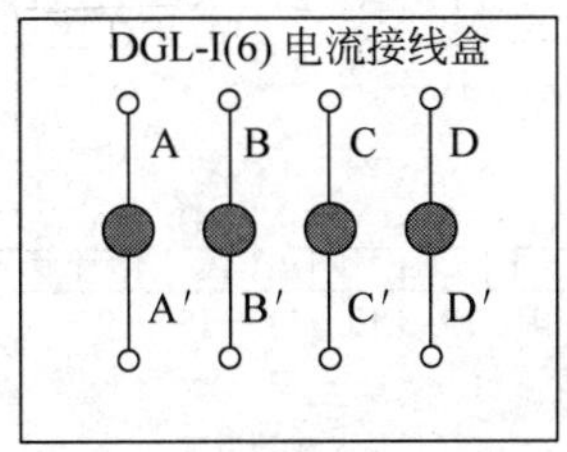

附图 D-2 电流接线盒

常用集成电路的型号、功能及引脚图

74LS00 四 2 输入与非门　$Y=\overline{A\cdot B}$

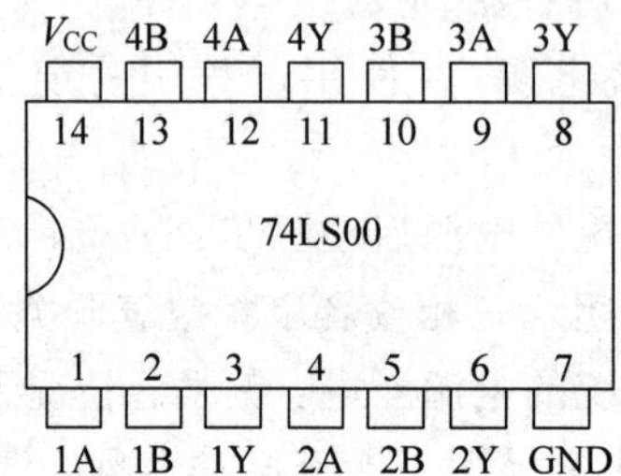

74LS02 四 2 输入或非门　$Y=\overline{A+B}$

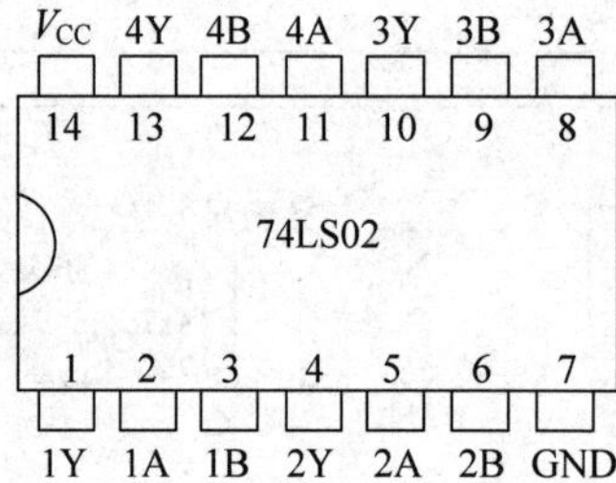

74LS04 六反相器　$Y=\overline{A}$

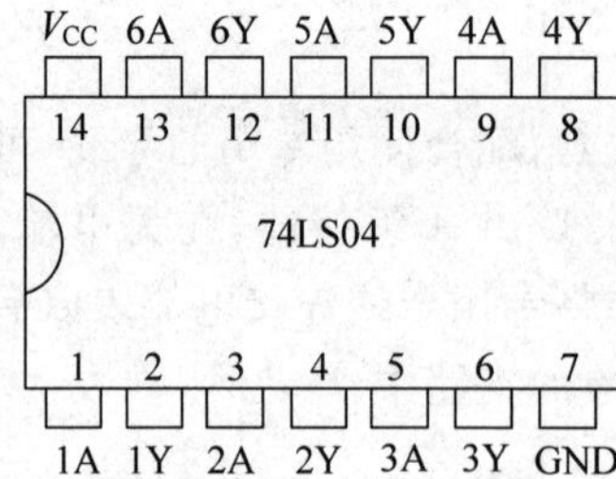

74LS08 四 2 输入与门　$Y=A\cdot B$

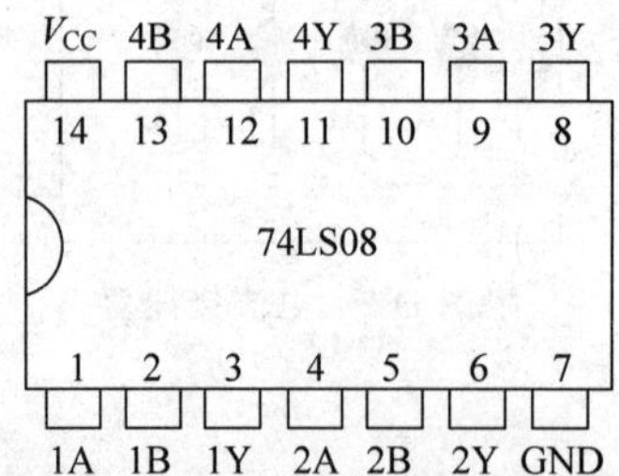

74LS20 双4输入与非门 $Y=\overline{A \cdot B \cdot C \cdot D}$

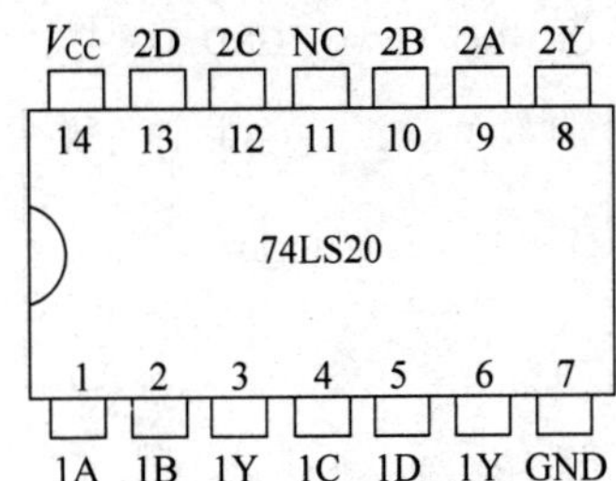

74LS32 四2输入或门 $Y=A+B$

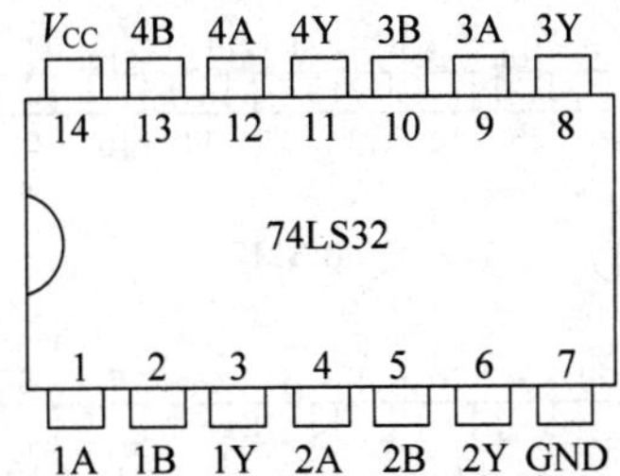

74LS47 BCD-七段译码器/驱动器

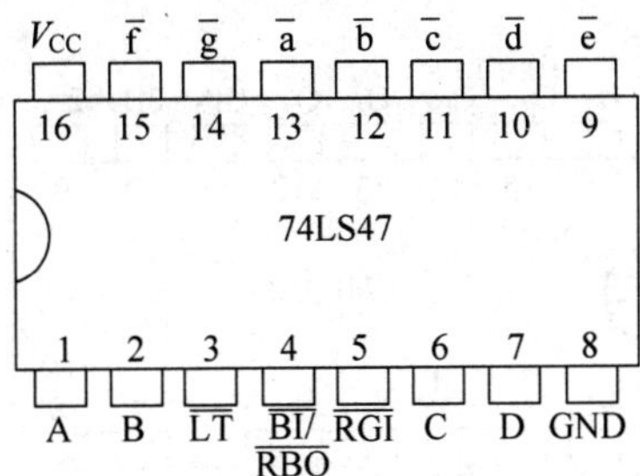

74LS74 双上升沿D触发器(带置位、复位端)

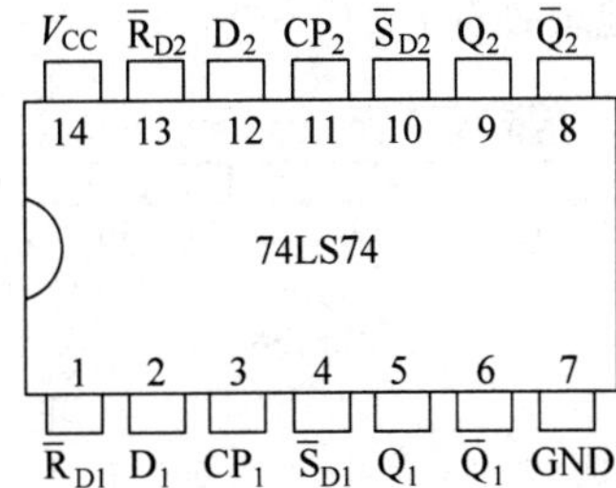

74LS86 四2输入异或门 $Y=A \oplus B$

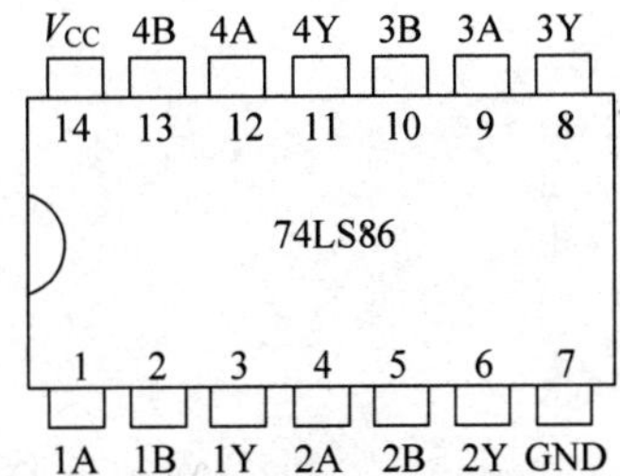

74LS90 二-五-十进制计数器

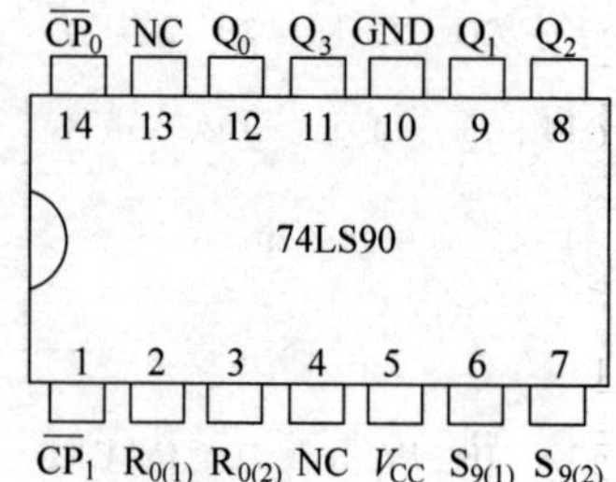

74LS112 双 JK 触发器(带置位、复位端)

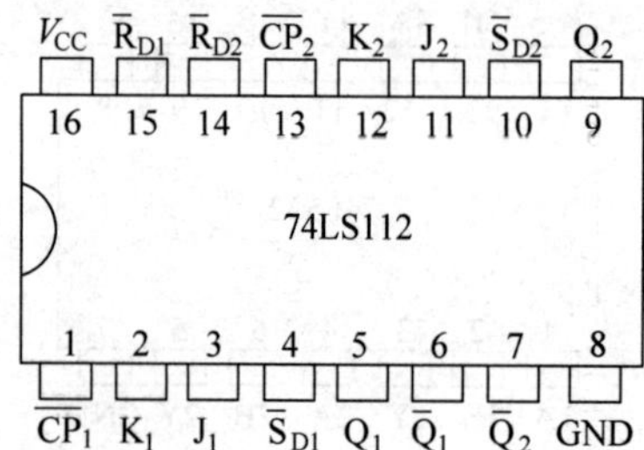

74LS123 双可再触发单稳多谐振荡器

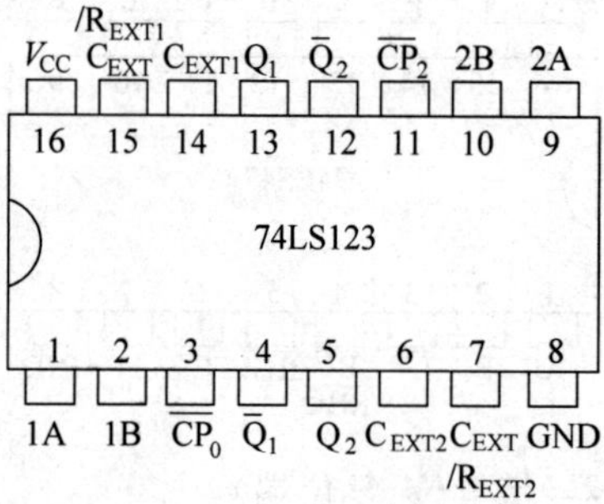

74LS138 3-8 线译码器(带地址锁存)

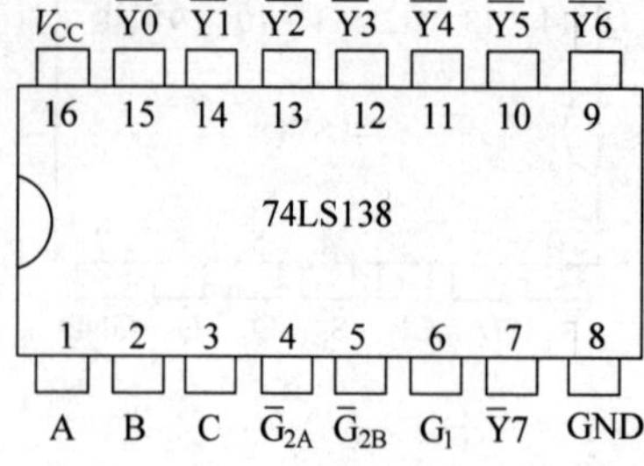

74LS161 同步 4 位计数器

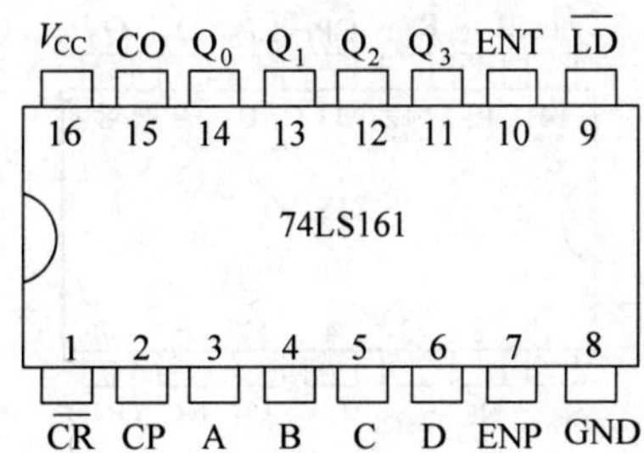

74LS192 可预置 BCD 十进制同步可逆计数器(双时钟带清除)

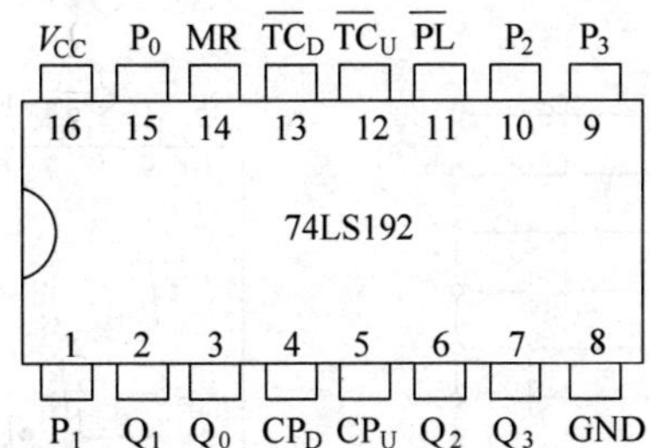

74LS247 BCD-七段译码器/驱动器(驱动共阳极数码管)

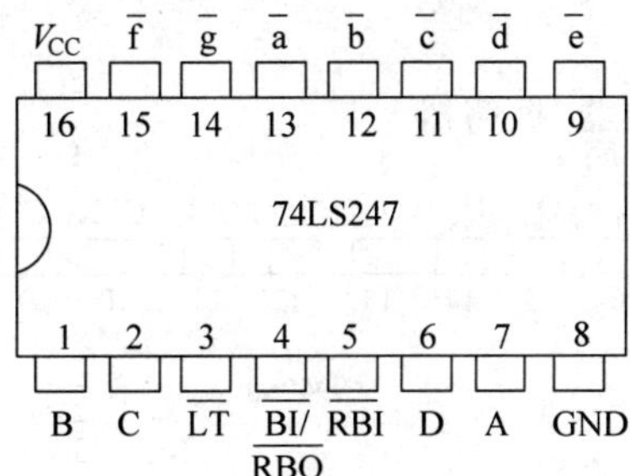

74LS248 BCD-七段译码器/驱动器(驱动共阴极数码管)

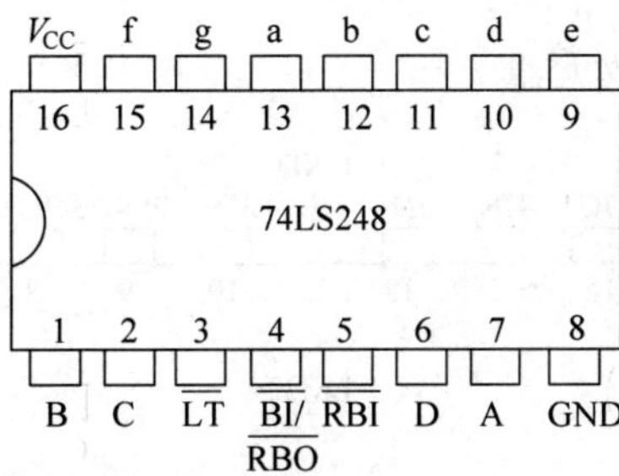

74LS290 二-五-十进制计数器

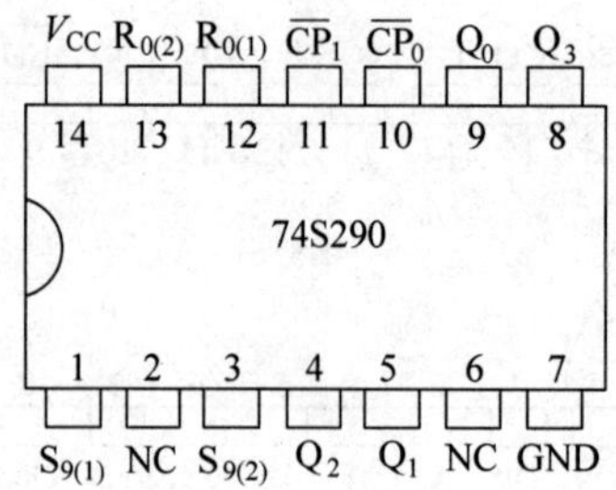

共阳极数码管　　　　　　　　共阴极数码管

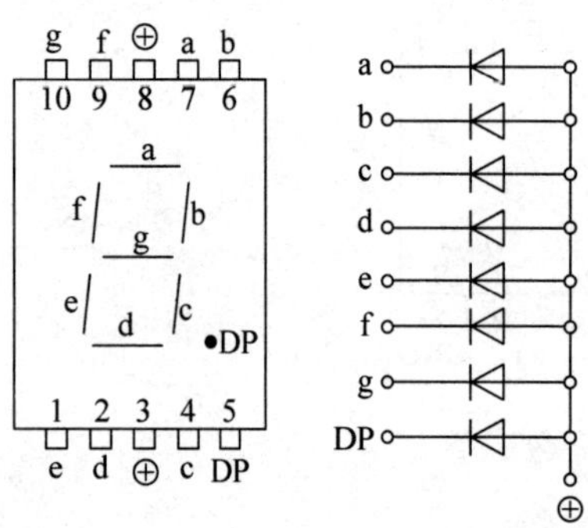

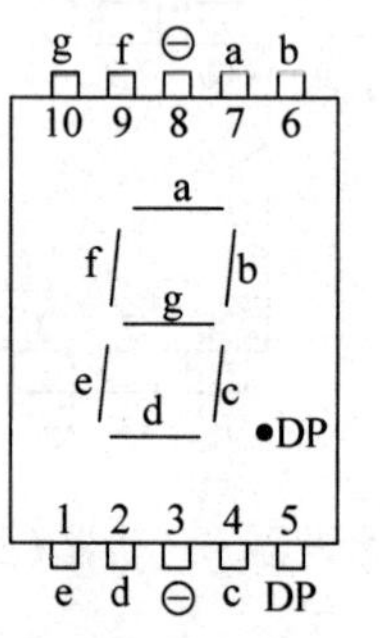

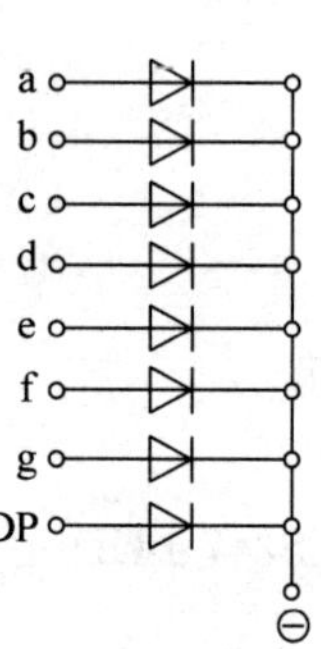

CD4060 14 位二进制分频器/振荡器

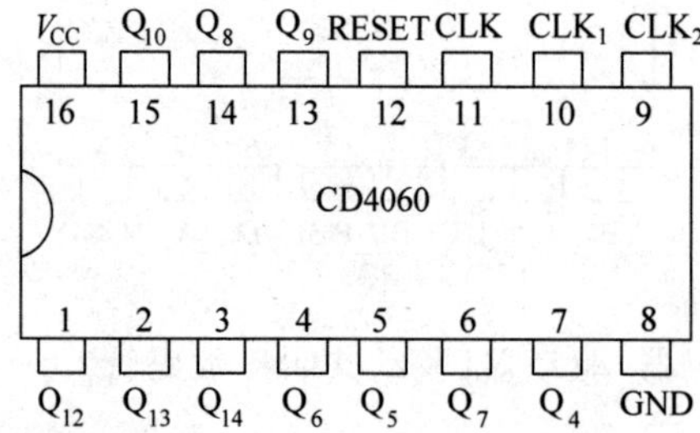

LM324 单电源四路运算放大器

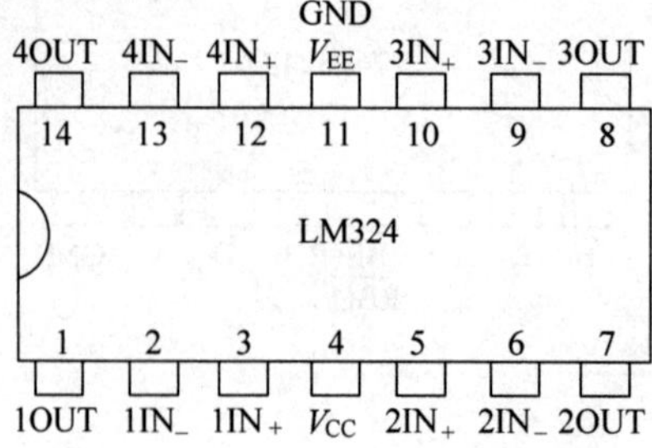

NE555 定时器

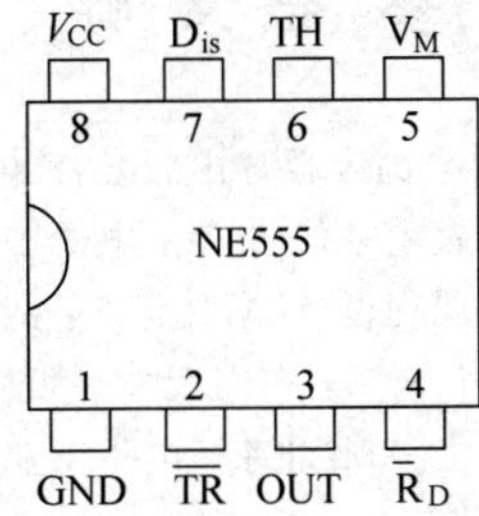

μA741（单运放）高增益运算放大器

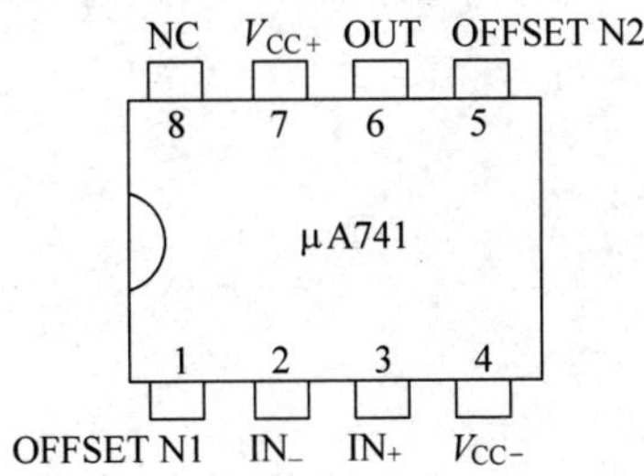

参考文献

[1] 秦曾煌,姜三勇,等.电工学[M].北京:高等教育出版社,2009.
[2] 张志立,邓海琴,等.电路实验与实践教程[M].北京:电子工业出版社,2016.
[3] 王素青,鲍宁宁,等.电子线路实验与课程设计[M].北京:清华大学出版社,2019.
[4] 张彩荣,等.电路实验与实训教程[M].南京:东南大学出版社,2008.
[5] 杨祖荣,陈耕,杨清德.电气作业与安全[M].北京:电子工业出版社,2012.
[6] 林育兹,等.电工学实验[M].北京:高等教育出版社,2010.
[7] 郭选明,等.电工电子基本技能实训[M].成都:西南交通大学出版社,2011.
[8] 张新喜,等.Multisim10 电路仿真及应用[M].北京:机械工业出版社,2010.